华章程序员书库

Windows内核编程

[美] 帕维尔·约西福维奇（Pavel Yosifovich） 著

李亮 译

Windows Kernel
Programming

机械工业出版社
CHINA MACHINE PRESS

图书在版编目（CIP）数据

Windows 内核编程 /（美）帕维尔·约西福维奇（Pavel Yosifovich）著；李亮译 . -- 北京：
机械工业出版社，2021.6（2024.6 重印）
（华章程序员书库）
书名原文：Windows Kernel Programming
ISBN 978-7-111-68475-6

I. ① W… II. ① 帕… ② 李… III. ① Windows 操作系统 – 程序设计 IV. ① TP316.7

中国版本图书馆 CIP 数据核字（2021）第 105759 号

Windows 内核编程

出版发行：机械工业出版社（北京市西城区百万庄大街 22 号 邮政编码：100037）
责任编辑：赵亮宇 责任校对：马荣敏
印 刷：北京机工印刷厂有限公司 版 次：2024 年 6 月第 1 版第 3 次印刷
开 本：186mm×240mm 1/16 印 张：20
书 号：ISBN 978-7-111-68475-6 定 价：119.00 元

客服电话：（010）88361066 68326294

Preface 译者序

我翻译这样一本相当专业且深入到操作系统内核的技术书籍，纯粹是出于对技术的喜爱。

在很多年之后，市场上好不容易又出现了一本谈论 Windows 内核编程的书，并且内容和质量都不错，我作为一个写了三十多年程序的老码农，还是希望有那么一些（我知道一定不多）程序员会喜欢这样比较深入的纯技术书。

这本书的内容相当不错，适合中级到高级水平的读者阅读。对于有 Windows 内核开发经验的程序员来说，可以了解到一些新近加入 Windows 中的特性，比如文件系统小过滤驱动等；对于没有 Windows 内核开发经验的程序员来说，可以看到内核编程的威力。当然，熟悉 Windows 本身，以及一般的 Windows 应用开发，还是必要的先决条件。

废话不多说。如果有愿意跟我讨论一些什么的读者，可以通过 holly.lee@gmail.com 联系我。

目 录 *Contents*

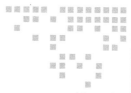

第 1 章 *Chapter 1*

Windows 内部概览

本章描述 Windows 内部实现中最重要的概念。其中一些主题将在本书的后续部分进行更加详细的描述，它们与那里讨论的内容联系十分紧密。请确保理解本章的概念，因为它们奠定了驱动程序和用户模式底层代码的基础。

1.1 进程

进程代表了程序的一个运行实例，是起容纳和管理作用的对象。有个相当常用的术语叫作"进程运行"，它其实是不准确的。进程不运行——它只管理。从技术上来说，线程才是执行代码的东西。从高层次的角度来看，进程拥有如下内容：

- ❑ 可执行程序。它包含了用来在进程中执行的原始的代码和数据。
- ❑ 私有虚拟地址空间。进程中的代码不管出于何种目的要分配内存时，都从这里分配。
- ❑ 主令牌（primary token）。它是一个保存进程默认安全上下文的对象，在进程内执行代码的线程会用到它，除非某个线程通过身份扮演（impersonation）而使用了另一个不同的令牌。
- ❑ 私有的句柄（handle）表。它是保存了执行体对象（executive object）如事件（event）、信号量（semaphore）和文件的句柄。
- ❑ 一个或多个执行线程。普通的用户模式进程在创建时具有一个线程，该线程执行经典的 main/WinMain 函数。没有任何线程的用户模式进程多半是没用的，并且正常情况下会被内核销毁。

图 1-1 中描绘了进程中的元素。

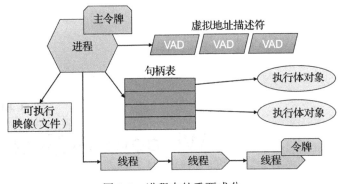

图 1-1　进程中的重要成分

进程用一个唯一的进程标识符来标识，只要内核仍然有这个进程对象存在，这个标识符就是唯一的。一旦内核中的进程对象被销毁了，这个标识符就有可能被新的进程所使用。大家需要意识到有一点很重要，可执行文件本身并非一个进程的唯一标识符。例如，可能同时有五个 notepad.exe 的实例正在运行。每个进程都有自己的地址空间、自己的线程、自己的句柄表、自己的唯一进程标识符，等等。所有这五个进程使用同一个映像文件（notepad.exe）作为初始代码和数据。图 1-2 显示了任务管理器中详情标签页的一个屏幕截图，其中显示了五个 notepad.exe 的实例，每个都有自己的属性。

Name	PID	Status	User name	CPU	Memory (p...	Han...	Thr...	Description
msiexec.exe	12804	Running	SYSTEM	00	20 K	204	1	Windows® ir
MSOSYNC.EXE	4068	Running	Pavel	00	21,932 K	810	26	Microsoft Off
notepad.exe	1520	Running	Pavel	00	10,308 K	654	20	Notepad
notepad.exe	18988	Running	Pavel	00	9,700 K	642	18	Notepad
notepad.exe	19700	Running	Pavel	00	2,208 K	269	5	Notepad
notepad.exe	12480	Running	Pavel	00	2,232 K	269	5	Notepad
notepad.exe	19336	Running	Pavel	00	2,228 K	269	5	Notepad
novapdfs.exe	4764	Running	SYSTEM	00	900 K	263	5	novaPDF Serv
nssm.exe	4844	Running	SYSTEM	00	276 K	121	1	The non-suck

图 1-2　记事本的五个实例

1.2　虚拟内存

每个进程都有自己的虚拟、私有、线性的地址空间。这个地址空间起始是空的（或者接近于空，因为可执行映像和 NTDLL.dll 首先被映射到内存中，继而是更多的子系统 DLL）。一旦主（第一个）线程开始执行，很可能就会开始分配内存，同时会有更多的 DLL 装入地址空间中，等等。这个地址空间是私有的，意味着别的进程无法直接访问。地址空间从 0

开始（虽然从技术上来说，第一个 64KB 的地址是不能以任何形式分配或使用的），一直增长到最大值，最大值依赖于进程的"位数"（32 或 64 位）和操作系统的"位数"。规则如下：

❑ 32 位 Windows 系统上的 32 位进程，进程地址空间的默认大小是 2GB。

❑ 32 位 Windows 系统上的 32 位进程，且使用了增加用户地址空间的设置（PE 文件头里的 LARGEADDRESSAWARE 标志），最大地址空间可以达到 3GB（取决于实际的设置）。为了获得这部分扩展了的地址空间，用于创建进程的可执行文件必须在其文件头中标记了 LARGEADDRESSAWARE 链接器标志。如果没有，那地址空间还是限制为 2GB。

❑ 64 位进程（自然是在 64 位的 Windows 系统上），地址空间大小为 8TB（Windows 8 和更早版本）或者 128TB（Windows 8.1 和以后版本）。

❑ 64 位 Windows 系统上的 32 位进程，如果映像文件链接时用了 LARGEADDRESSAWARE 标志，那么地址空间大小为 4GB，否则，仍然是 2GB。

> ⓘ 对 LARGEADDRESSAWARE 标志的需求来自这样一个事实，即 2GB 的地址空间只需要 31 位，因此可以把最高有效位（MSB）给应用程序使用。指明这个标志表示这个程序不会使用第 31 位，因此将此位设置为 1（设置为 1 表示地址大于 2GB）不会引起任何问题。

每个进程都有自己的地址空间，这就导致了进程内的任何地址都是相对地址，而不是绝对地址。例如，要试图搞清楚地址 0x20000 上有什么内容，光靠这个地址是不够的，还必须指明这个地址相关联的进程。

这些地址被称为虚拟地址，意思是地址范围与它实际在物理内存（RAM）中的位置之间是间接关系。进程中的一块缓冲区可能被映射到物理内存中，也可能临时存在于文件（比如页面文件）中。"虚拟"这个术语指出了这么一个事实，从代码执行的角度来看，没有必要知道将要访问的内存是不是在 RAM 里。如果内存确实被映射到了 RAM 里，CPU 就可以直接访问数据；如果没有，CPU 会产生一个页错（page fault）异常，内存管理器的页错异常处理程序会从适当的文件中读取数据，将数据复制到 RAM 里，对负责映射缓冲区的页表（page table）入口做相应的修改，并指示 CPU 重试访问。图 1-3 显示了两个进程中从虚拟内存到物理内存的映射。

内存以页面为单位进行管理。任何一种内存相关的属性，比如内存保护，都是以页面为粒度的。页面的大小由 CPU 的类型决定（在有些处理器里，是可以配置的），内存管理器必须顺应这个要求。在所有 Windows 支持的体系结构里，普通的（有时候称为小的）页面大小是 4 KB。

除了普通的（小的）页面之外，Windows 也支持大页面。大页面的大小是 2MB（x86/x64/ARM64）和 4 MB（ARM）。大页面直接使用页目录入口（Page Directory Entry，PDE）进行映射，而不使用页表进行映射。这会得到更快的转换速度，但最重要的是能更好地利用地址转换缓冲区（Translation Lookaside Buffer，TLB）——一个由 CPU 维护的近期转换页面的缓存。在使用大页面的情况下，单个 TLB 入口能比使用小页面映射更多的内存。

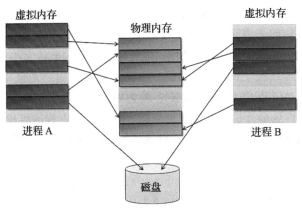

图 1-3　虚拟内存映射

ℹ️ 大页面的缺点是其内存需要在 RAM 里是连续的，这在内存紧张或者非常碎片化的时候会失败。另外，大页面始终是非分页的并且只能设置读/写保护。Windows 10 和 Server 2016 及以后版本还支持 1GB 的巨型页面。当一次内存分配至少有 1GB 那么大，并且能够满足在 RAM 里连续时，系统会自动使用这样的巨型页面。

1.2.1　页状态

虚拟内存中的每个页面处于如下三种状态之一：

❑ 空闲——这个页面未被分配，那里没有任何东西存在。对此页面的任何访问将引起一个访问违例（access violation）异常。一个新创建的进程的大多数页面都是空闲的。

❑ 已提交——空闲的相反情形，已分配的页面在不违反页面保护属性时可以成功访问（例如，写到一个只读页面会引起访问违例）。已提交的页面通常被映射到 RAM 或者文件中（比如一个页面文件）。

❑ 保留——页面未提交，但是保留了地址范围供以后可能发生的提交操作使用。从 CPU 的角度看，这与空闲是一样的——任何访问都会导致一个访问违例异常。但是随后通过 VirtualAlloc 函数（或者 NtAllocateVirtualMemory，相应的原生 API）进行新的内存分配时，如果没有指定特定地址的话，将不会在保留的地址范围中进行分配。一个经典的例子是在分配内存时利用保留内存维护连续的虚拟地址空间，这将在 1.3 节中讲述。

1.2.2　系统内存

地址空间的较低部分由进程使用。当某个线程正在执行时，它相关的进程地址空间从 0 到上节所描述的最高限都是可见的。但是，操作系统本身也必须驻留于某个地方——这个地方位于系统支持的地址空间的高端部分，如下所述：

❑ 32 位系统，没有配置成增加用户虚拟地址空间时，操作系统驻留于虚拟地址空间的高端 2GB，从地址 0x80000000 到 0xFFFFFFFF。

❑ 32 位系统，配置成增加用户虚拟地址空间时，操作系统驻留于剩余的地址空间中。举个例子，如果系统配置成每个进程最大 3 GB 用户地址空间，操作系统就使用高端 1 GB（从 0xC0000000 到 0xFFFFFFFF）。从这样的地址空间缩减中最可能受到影响的是文件系统缓存。

❑ Windows 8、Server 2012 或更早版本的 64 位系统，操作系统使用高端 8TB 的虚拟地址空间。

❑ Windows 8.1、Server 2012 R2 及以后版本的 64 位系统，操作系统使用高端 128TB 的虚拟地址空间。

系统空间与进程是无关的——毕竟，在系统中，是同一个"系统"、同一个内核、同一个驱动程序在为每一个进程提供服务（有个例外，有部分系统内存是基于会话的，但是在现在的讨论中这不重要）。因此，系统空间中的任何地址都是绝对地址而不是相对地址，从任何一个进程上下文来"看"，它都是一样的。当然，从用户模式访问系统空间会导致一个访问违例异常。

系统空间是内核所在之处，硬件抽象层（Hardware Abstraction Layer，HAL）和内核驱动程序在加载之后也会驻留在这里。因此内核驱动程序也会自动受到保护，不能从用户模式直接访问。这也意味着，这些驱动程序的影响是系统范围的。例如，如果一个内核驱动程序产生了内存泄漏，这块内存即使在驱动程序卸载之后也得不到释放。另一方面，用户模式进程不会有超出进程生命周期的内存泄漏。内核会负责关闭并释放任何死进程内部的东西（所有句柄都会被关闭，所有内存都会被释放）。

1.3　线程

执行代码的真正实体是线程。线程位于进程之内，使用进程提供的资源来完成任务（比如虚拟内存和内核对象的句柄）。线程所拥有的最重要的信息如下：

❑ 当前的访问模式。或者是用户模式，或者是内核模式。

❑ 执行上下文。包括处理器的寄存器和执行状态。

❑ 一个或者两个栈。用于局部变量分配和调用管理。

❑ 线程局部存储（TLS）数组。它为存储线程的私有数据提供了统一的访问语义。

❑ 基本优先级和当前（动态的）优先级。

❑ 处理器亲和性（affinity）。指明线程可以在哪个处理器上运行。

线程最常见的状态包括：

❑ 运行——正在一个（逻辑）处理器上执行代码。

❑ 就绪——所有的处理器都忙或者不可用，因此处于等待被调度执行的状态。

❑ 等待——等待某些事件发生以继续处理。一旦事件发生，该线程进入就绪状态。

图 1-4 显示了这些状态之间的关系图。括号里的数字代表了状态的编号，就像在"性能监视器"（performance monitor）工具中看到的一样。请注意就绪状态还有一个同级的状态叫作延后就绪。延后就绪与就绪很相似，它的存在是为了最小化内部锁使用。

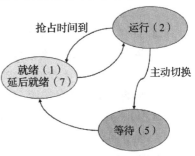

图 1-4　常见的线程状态

线程栈

每个线程在执行时都有一个栈，用来存放局部变量，传递函数参数（在某些情况下），以及在调用函数之前存放其返回地址。线程至少有一个栈位于系统（内核）空间，这个栈相当小（在 32 位系统下默认为 12KB，在 64 位系统下默认为 24 KB）。用户模式线程在进程的用户空间地址范围内有第二个栈，这个栈相对来说比较大（默认可以扩大到 1MB）。图 1-5 中显示了一个例子，其中包含了三个用户模式线程以及它们的栈。图中，线程 1 和 2 在进程 A 中，而线程 3 则属于进程 B。

当线程处于运行或者就绪状态时，内核栈一直驻留在 RAM 中。其理由比较微妙，我们会在本章的后面进行讨论。另一方面，用户模式的栈可能被换页换出（page out），就与所有的用户模式内存一样。

从栈的大小方面来说，用户模式栈在处理方式上与内核模式栈不同。用户模式栈起始时只提交一小部分内存（可能和单页一样小），栈地址空间的其余部分作为保留内存，意思是这部分没有实际分配。目的是当该线程的代码需要更多的栈空间时，栈能够增大。为了做到这一点，用一个特殊的保护属性 PAGE_GUARD 标记已提交内在的下一页（有时候会多于一页），指明这是一个警戒页面（guard page）。如果线程需要更多的栈空间，它会写到警戒页面，产生一个异常并被内存管理器处理。内存管理器移除该页上的警戒保护，提交该页，然后设置下一页的警戒保护。这样，栈就能按需增长，所需的全部栈内存也不用事先提交。图 1-6 显示了用户模式线程栈的样子。

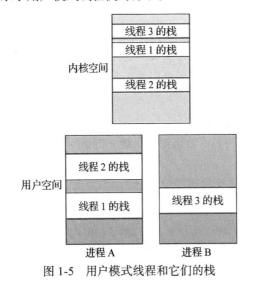

图 1-5　用户模式线程和它们的栈

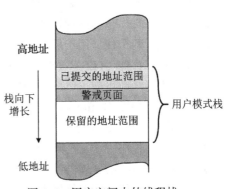

图 1-6　用户空间中的线程栈

线程用户模式栈的大小按如下方式确定：

❑ 可执行映像在其 PE 文件头内指定了栈的提交大小和保留大小。如果线程没有指定其他的值，它们就作为默认值。

❑ 当用 CreateThread（以及类似的函数）创建线程时，调用者可以指定所需的栈大小，根据提供给函数的标志，可以指定预先提交的大小或者保留的大小（但无法两者都指定）。如果将大小指定为零，那么将根据上一条使用默认值。

🛈 很奇怪，CreateThread 和 CreateRemoteThread(Ex) 函数只能为栈大小指定单个值，或者是提交大小或者是保留大小，但无法都指定。原生（未公开的）函数 NtCreateThreadEx 则允许同时指定两个值。

1.4　系统服务

应用程序需要进行一些并不纯粹是计算的操作，比如分配内存、打开文件、创建线程等。这些操作最终只能由位于内核模式的代码来进行。那么用户空间的代码怎么进行这些操作呢？我们看一个典型的例子：某个正在运行记事本进程的用户用"文件"菜单请求打开一个文件。记事本的代码通过调用有文档记载的 Windows API 函数 CreateFile 来响应。文档中记载了 CreateFile 在 kernel32.dll 中实现，这里 kernel32.dll 是 Windows 子系统的一个 DLL。这个函数依然在用户模式运行，因此无法直接打开文件。在进行了一些错误检查之后，它调用了 NtCreateFile。这是一个在 NTDLL.dll 中实现的函数，而 NTDLL.dll 是一个基础的 DLL，它实现了被称为"原生 API"的 API，并且它实际上是位于用户模式的底层代码。这个 API（官方未公开）是一个执行到内核模式的转换的 API。在进行实际的转换之前，它先把一个叫作系统服务号的数字放到 CPU 的寄存器里（在 Intel/AMD 体系结构上是 EAX）。然后它会执行一个特殊的 CPU 指令（在 x64 系统里是 syscall，在 x86 系统里是 sysenter）来实际转换到内核模式，并跳转到一个预定义的被称为系统服务分发器（system service dispatcher）的例程。

系统服务分发器继而使用 EAX 寄存器中的值作为系统服务分发表（System Service Dispatch Table, SSDT）的入口索引，代码跳转至相应的系统服务（又称为系统调用）中。对我们的记事本例子来说，SSDT 中相应的入口会指向 I/O 管理器（I/O Manager）的 NtCreateFile 函数。请注意，这个函数与 NTDLL.dll 里的函数有相同的名称，而且还有一样的参数。当系统服务执行完毕后，线程会返回到用户模式，执行紧接着 sysenter/syscall 的指令。这些事件的顺序在图 1-7 中绘出。

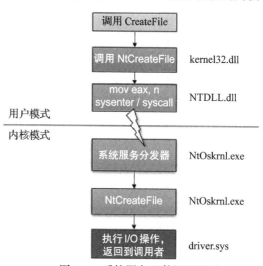

图 1-7　系统服务函数调用流程

1.5　系统总体架构

图 1-8 显示了 Windows 系统的总体架构，由用户模式和内核模式的各个组件组成。

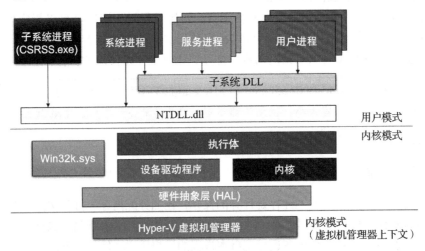

图 1-8　Windows 系统体系结构

下面是图 1-8 中各个带名称的方框的概要描述：

❑ **用户进程**　这是基于映像文件的普通进程，在系统中执行，例如 Notepad.exe、cmd.exe、explorer.exe 等实例。

❑ **子系统 DLL**　子系统 DLL 是实现子系统的 API 的动态链接库（DLL）。子系统是内核暴露出来其能力的一个确定视图。从技术上来说，从 Windows 8.1 开始，只存在一个子系统——Windows 子系统。子系统 DLL 包括众所周知的文件，比如 kernel32.dll、user32.dll、gdi32.dll、advapi32.dll、combase.dll 等。这些 DLL 包含了大部分官方公开的 Windows API。

❑ **NTDLL.dll**　这是一个系统范围的 DLL，它实现了 Windows 原生 API。这是用户模式代码的底层。它最重要的作用是为系统调用提供到内核模式的转换。NTDLL 也实现了堆管理、映像加载以及部分用户模式线程池功能。

❑ **服务进程**　服务进程是普通的 Windows 进程，它与服务控制管理器（SCM，在 services.exe 中实现）进行通信，并允许对它的生命周期进行一些控制。SCM 能够启动、停止、暂停、恢复服务和给服务发送其他的消息。通常，服务用某个特殊的 Windows 账号——本地系统（local system）、网络服务（network service）或者本地服务（local service）来运行。

❑ **执行体**　执行体（executive）位于 NtOskrnl.exe（内核本身）的高层。它包含了大多数内核代码，其中大部分是各种"管理器"：对象管理器、内存管理器、I/O 管理器、即插即用管理器、电源管理器、配置管理器，等等。显然，它比较低的内核层要大。

❑ **内核**　内核层实现了最基础和最时间敏感的内核模式操作系统代码，包括线程调度、中断和异常分发，并实现了各种内核原语，比如互斥量和信号量。一些内核代码用特定 CPU 的机器语言编写，以达到高效和直接访问特定 CPU 细节的目的。

❑ **设备驱动程序**　设备驱动程序是可装载的内核模块。其代码在内核模式运行，因此具有完全的内核能力。本书致力于某些内核驱动程序的编写。

❑ **Win32k.sys**　这是"Windows 子系统的内核模式组件"。本质上它是一个内核模块（驱动程序），处理 Windows 的用户界面部分和经典的图形设备接口（GDI）API。这意味着所有的窗口操作（CreateWindowEx、GetMessage、PostMessage 等）都由此组件处理。系统的其余部分很少甚至没有用户界面的知识。

❑ **硬件抽象层（HAL）**　HAL 是接近 CPU 的硬件之上的一个抽象层。它使得设备驱动程序可以通过调用 API 来工作，而不需要知道细节和具有类似中断控制器或者 DMA 控制器之类的特定知识。很自然地，这一层对于编写控制硬件设备的驱动程序是非常有用的。

❑ **系统进程**　系统进程是一个总体的说法，它用来描述那些通常"就在那里"干自己的活的进程，一般情况下不需要与这些进程直接打交道。不过它们都是很重要的，并且事实上其中一些进程对于系统的正常运行至关重要。终止其中一些进程是致命的，会导致系统崩溃。一些系统进程是原生进程，它们只使用原生 API（由 NTDLL 实现的 API）。系统进程的例子有 Smss.exe、Lsass.exe、Winlogon.exe、Services.exe 等。

❑ **子系统进程**　Windows 子系统进程运行的映像文件是 Csrss.exe，它可以被视为一个助手进程，帮助内核对 Windows 系统中运行的进程进行管理。这是一个关键进程，一旦被杀掉，系统就会崩溃。通常每一个会话都有一个 Csrss.exe 的实例在运行，因此在标准系统上会存在两个实例——一个对应会话 0，另一个对应已登录的用户会话（通常是 1）。虽然 Csrss.exe 是 Windows 子系统（当前仅有的一个子系统）的"管理器"，但它的重要性远远超出这个角色。

❑ **Hyper-V 虚拟机管理器**　Hyper-V 虚拟机管理器存在于 Windows 10 或者 Server 2016（和以后版本）系统里，如果它支持基于虚拟化的安全性（VBS）的话。VBS 提供了一个额外的安全层，让实际的机器事实上只是一个由 Hyper-V 控制的虚拟机。VBS 超出了本书的范围，请参考 *Windows Internals* 一书来获得更多信息。

Windows 10 1607 版引入了 Windows 的 Linux 子系统（WSL）。虽然它看起来只是又一个子系统，但是它与 Windows 以前支持的 POSIX 和 OS/2 子系统并没有那么类似。旧的子系统能够运行 Windows 的编译器编译出来的 POSIX 和 OS/2 应用程序，而 WSL 却不需要这样。来自 Linux 的可执行文件（以 ELF 格式存储）能够直接在 Windows 里运行，不需要重新编译。

为了达到这个目的，人们创建了一种新的进程类型——微（pico）进程加上微提供者（pico provider）。简要地说，微进程是一个空地址空间的进程（最小的进程），供 WSL 进程使用。WSL 进程运行时的每个系统调用（Linux 系统调用）都必须被截取并转换成等价于 Windows 的系统调用。这个工作由微提供者完成（微提供者是一个设备驱动程序）。所以，这是一个安装在 Windows 机器上的真正的 Linux 系统（用户模式部分）。

1.6 句柄和对象

Windows 内核系统显露了多种类型的对象供用户模式进程、内核本身以及内核模式驱动程序使用。这些类型的实例是位于系统空间的数据结构，由对象管理器（执行体的一部分）在用户模式或者内核模式代码请求时创建。对象是引用计数的——只有当对象的最后一个引用被释放之后，对象才会被销毁并从内存中释放。

由于这些对象位于系统空间，所以它们不能被用户模式直接访问。用户模式必须使用一种间接的访问机制，这种机制被称为句柄。句柄是指向一个表格的入口索引，该表格在进程的基础上维护，逻辑上指向驻留在系统空间的一个内核对象。有各种 Create* 和 Open* 函数用来创建 / 打开对象，并返回指向对象的句柄。举个例子，CreateMutex 这个用户模式的函数允许创建或者打开一个互斥量（依赖于对象是否有名称以及是否存在）。如果执行成功，此函数返回一个指向对象的句柄。返回值为零则表示返回的是一个无效句柄（表示函数调用出错）。另一方面，OpenMutex 函数会试图打开一个有名字的互斥量。如果有该名字的互斥量不存在，此函数就会失败并返回 null（0）。

内核（和驱动程序）代码可以使用句柄或者对象的直接指针。选择哪个通常由代码调用的 API 决定。在某些情况下，由用户模式传给驱动程序的句柄必须用 ObReferenceObject-ByHandle 函数转换成对象指针。我们会在下一章讨论这些细节。

 多数函数在失败时返回 null（0），但是有些不是。特别值得注意的是，CreateFile 函数在失败时返回 INVALID_HANDLE_VALUE（-1）。

句柄的值是 4 的倍数，第一个有效的句柄值是 4，0 永远都不是有效的句柄值。

内核模式代码在创建 / 打开对象的时候可以使用句柄，也可以直接使用指向内核对象的指针。这通常根据使用的 API 的要求来决定。内核模式代码可以调用 ObReferenceObject-ByHandle 函数从一个有效的句柄得到指针。如果调用成功，对象的引用计数会加 1，所以即使拥有这个句柄的用户模式客户决定关闭句柄，也不会对拥有指针的内核模式代码造成危险。在内核代码调用 ObDerefenceObject 函数之前，不管句柄的拥有者做什么，通过指针访问对象都是安全的。ObDerefenceObject 函数会将对象的引用计数减 1，如果内核代码忘记调用该函数，就会造成资源泄漏，这个泄漏只能通过重启系统来解决。

所有的对象都是引用计数的。对象管理器维护着句柄计数和对象引用总数。一旦某个对象不再被需要，该对象的客户必须关闭句柄（如果用句柄来访问对象的话）或者解除对此对象的引用（如果内核模式的客户使用指针的话）。从这里开始，客户程序需认为句柄 / 指针已经无效。对象管理器会在引用计数成为零时销毁对象。

每个对象指向一个对象类型，对象类型保存着此类型本身的信息，这意味着每一类对象都有一个对象类型。对象类型也作为全局内核变量暴露出来，其中有一些在内核头文件中有定义。如同我们会在随后的章节中看到的那样，这些信息在某些情况下非常有用。

1.6.1　对象名称

一些类型的对象可以有名称。可以通过合适的 Open 函数使用名称来打开对象。请注意并非所有对象都有名称，比如，进程和线程就没有名称——它们有标识符。这就是为什么 OpenProcess 和 OpenThread 函数需要进程 / 线程标识符（一个数字），而不需要字符串名称。另一个有些奇怪的无名称对象是文件，文件名并非对象名——这是两个不同的概念。

从用户模式代码里使用名称调用 Create 函数，在此名称的对象不存在的情况下，会创建一个对象，但是如果该对象已经存在，它只会打开已经存在的对象。在后面的情况下，调用 GetLastError 将会返回 ERROR_ALREADY_EXISTS，表示这不是一个新创建的对象，并且返回的句柄仅是已经存在的对象的又一个句柄。

提供给 Create 函数的名称并非对象的最终名称。名称的前面会加上 \Sessions\x\BaseNamedObjects\，其中 x 是调用者的会话标识符。如果是 0 号会话，名称的前面会加上 \BaseNamedObjects\。如果调用者在应用容器内（一般是一个通用 Windows 平台（Universal Windows Platform）进程）运行，那么加到前面的字符串会更加复杂，包含了唯一的应用容器 SID：\Sessions\x\AppContainerNamedObjects\{AppContainerSID}。

以上这些情况都意味着，对象的名称是相对于会话的（在应用容器的情形下，还相对于包（package））。如果一个对象需要在会话之间共享，可以通过加上前缀 Global\ 在 0 号会话中创建它。例如，调用 CreateMutex 函数创建一个叫作 Global\MyMutex 的对象，系统会在 \BaseNamedObjects\ 下创建这个对象。请注意，应用容器没有使用 0 号会话名字空间的能力。名字空间的层次结构可以用 Sysinternals 的 WinObj 工具（通过提升权限）来查看，如图 1-9 所示。

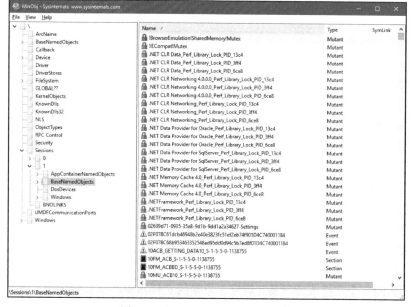

图 1-9　Sysinternals WinObj 工具

图 1-9 显示了对象管理器名字空间，由有名称的对象的层次结构组成。整个结构都保留在内存里，由对象管理器（执行体的一部分）根据需要进行操作。请注意没有名称的对象不在这个结构里，所以 WinObj 里能看到的并不是所有存在的对象，而是所有使用名称创建的对象。

每个进程有一个私有的、指向内核对象的句柄表格，而无论这些对象有没有名称。这个表格可以通过 Sysinternals 的 Process Explorer 和 / 或 Handles 工具进行查看。图 1-10 是一个 Process Explorer 的截屏，其中显示了一些进程的句柄。在句柄视图中，默认显示的列只有对象类型和名称。然而，还有其他的列可供选择，如图 1-10 所示。

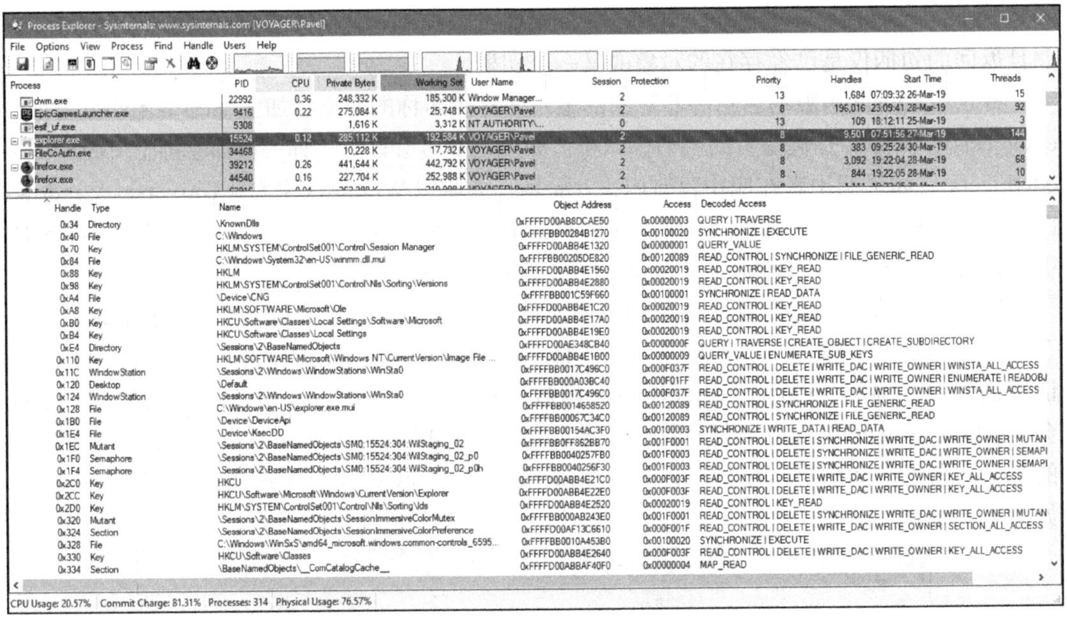

图 1-10　用 Process Explorer 查看进程的句柄

默认情况下，Process Explorer 只显示有名称的对象的句柄（根据 Process Explorer 对于"名称"的定义，稍后讨论）。要显示进程的所有句柄，需要从 Process Explorer 的 View 菜单中选择 Show Unnamed Handles and Mappings。

句柄视图的各列提供了关于句柄的更多信息。句柄值列和对象类型列的意思从名字就能了解，名称列就比较复杂了。对互斥量（类型列中显示 Mutant）、信号量、事件、节、ALPC 端口、任务、时钟和其他一些较少用到的对象，它显示的是真正的对象名称，而对另外一些对象，显示的则是别的含义：

❑ 对进程和线程对象，显示的是它们的唯一标识符。

❑ 对文件对象，显示的是文件对象所指向的文件名（或者设备名）。这不同于对象名称，因为无法从文件名得到文件对象的句柄——只能创建一个新的文件对象去访问底下的同一个文件或者设备（假定在原来的文件对象共享设置中允许这么做）。

❑ （注册表）键值对象显示注册表的键值路径。这不是一个对象名称，理由同文件对象。

- ❏ 目录对象显示的是路径，而不是真正的对象名称。这个目录对象并不是文件系统里的目录，而是对象管理器的目录——可以用 Sysinternals 的 WinObj 工具来查看。
- ❏ 令牌对象显示的是存储在令牌中的用户名。

1.6.2 访问已经存在的对象

Process Explorer 的句柄视图中的访问（access）列显示了打开或者创建句柄时使用的访问掩码（access mask）。访问掩码是允许特定的句柄做哪些操作的关键。例如，假设客户代码希望终止一个进程，它必须指定含有 PROCESS_TERMINATE 的访问掩码来调用 OpenProcess 函数得到进程的句柄，否则得到的句柄是无法用来终止进程的。如果调用成功了，用得到的句柄调用 TerminateProcess 才会成功。这里有一段用户模式代码，用来终止一个给定进程标识符的进程：

```
bool KillProcess(DWORD pid) {
    // open a powerful-enough handle to the process

    HANDLE hProcess = OpenProcess(PROCESS_TERMINATE, FALSE, pid);
    if (!hProcess)
        return false;

    // now kill it with some arbitrary exit code
    BOOL success = TerminateProcess(hProcess, 1);

    // close the handle
    CloseHandle(hProcess);

    return success != FALSE;
}
```

访问解码（decoded access）列提供了访问掩码值（对部分对象类型）的文本描述，这样辨别某个句柄允许哪些访问就比较简单了。

在一个句柄行上双击会显示一些对象的属性。图 1-11 显示了事件对象的属性示例。

图 1-11 中的属性包括了对象的名称（如果有的话）、类型、描述、在内核内存中的地址、打开的句柄数以及一些特定的对象信息，比如图中显示的事件对象的状态和事件类型。请注意，"引用（References）"显示的并不是对象实际正在使用的引用计数。查看对象引用计数的一个正确方法是使用内核调试器的 !trueref 命令，如下所示：

```
lkd> !object 0xFFFFA08F948AC0B0
Object: ffffa08f948ac0b0  Type: (ffffa08f684df140) Event
    ObjectHeader: ffffa08f948ac080 (new version)
    HandleCount: 2  PointerCount: 65535
    Directory Object: ffff90839b63a700  Name: ShellDesktopSwitchEvent
lkd> !trueref ffffa08f948ac0b0
ffffa08f948ac0b0: HandleCount: 2 PointerCount: 65535 RealPointerCount: 3
```

图 1-11 Process Explorer 里的对象属性

我们会在后面的章节里更仔细地考察对象的属性和内核调试器。

现在，我们写一个非常简单的驱动程序，展示并使用一下许多我们在本书中将要用到的工具。

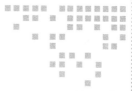

第 2 章 *Chapter 2*

开始内核开发

本章讲述配置和开发内核驱动程序的基础知识。在本章的学习过程中，将安装必要的工具，以及开发一个非常基础的能够被载入和卸载的驱动程序。

2.1 安装工具

从前（在 2012 年之前），开发和构建驱动程序需要使用设备驱动程序工具包（Device Driver Kit，DDK）里的专用工具。它与开发用户模式应用程序不一样，没有集成开发环境可用。虽然有一些间接的办法，但是都不那么完善，并且也得不到官方的支持。幸运的是，从 Visual Studio 2012 和 Windows Driver Kit 8 开始，微软官方支持使用 Visual Studio（和 msbuild）构建驱动程序，不再需要另外的编译器和构建工具了。

要开始进行驱动程序的开发，必须安装（按顺序安装）下列工具：

❑ 最新的 Visual Studio 2017 或者 2019。安装时确保选择了 C++ 支持。在写作本书时 Visual Studio 2019 刚刚发布，它能够用来开发驱动程序。注意，Visual Studio 的所有不同版本都支持驱动程序的开发，包括免费的社区版。

❑ Windows 10 SDK（通常最新的版本最合适）。确保在安装时至少选择了 Debugging Tools for Windows 这一项。

❑ Windows 10 Driver Kit（WDK）。最新的版本就好，不过确保在执行标准安装的最后选择了 Visual Studio 的项目模板。

❑ Sysinternals 的工具。它们是任何"内部"开发的无价之宝，可以从 http://www.sysinternals.com 免费下载。在此网页的左边单击 Sysinternals Suite 下载 Sysinternals Suite 的 zip 文件。解压到随便哪个目录，这些工具就能用了。

有一个快速的办法来确认 WDK 模板已被正确安装。打开 Visual Studio，选择新建项目，找一下有没有驱动程序的项目，比如"Empty WDM Driver"。

2.2 创建一个驱动程序项目

在上述安装都到位之后，就可以创建一个新的驱动程序项目了。本节中将会用到的是"WDM Empty Driver"模板。图 2-1 显示了在 Visual Studio 2017 里新建这类驱动程序的对话框。图 2-2 则显示了 Visual Studio 2019 中新建同样项目的初始向导界面。在这两个图里，项目都被命名为"Sample"。

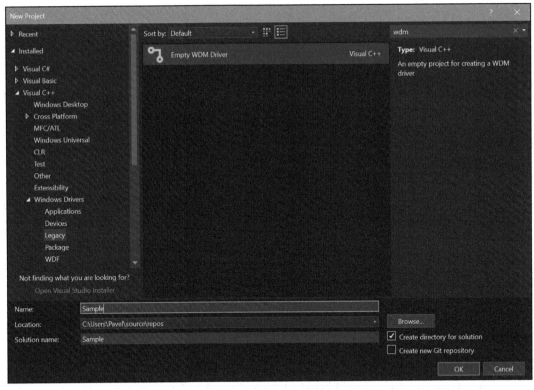

图 2-1 在 Visual Studio 2017 中新建 WDM 驱动程序项目

一旦项目创建完成，Solution Explorer 就将显示单个文件——`Sample.inf`。在此例中不需要这个文件，所以删除就好了。

现在该加入源代码文件了。右击 Solution Explorer 的 Source Files 节点，从 File 菜单中选择 Add/New Item…菜单项，选择 C++ 源文件并将其命名为 Sample.cpp，单击 OK 创建。

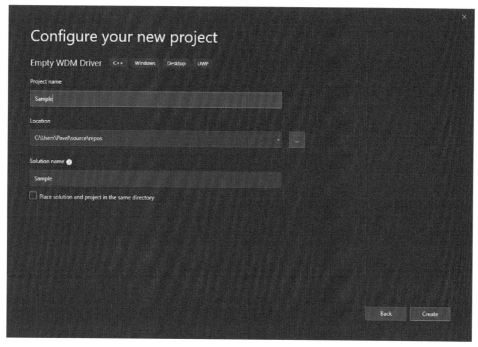

图 2-2　在 Visual Studio 2019 中新建 WDM 驱动程序项目

2.3　DriverEntry 和 Unload 例程

默认情况下，每个驱动程序都有一个叫作 DriverEntry 的入口点。用用户模式应用中经典的 main 函数来打比方，可以把 DriverEntry 当作驱动程序的"main"函数。这个函数会被系统线程在 IRQL PASSIVE_LEVEL（0）上调用（IRQL 会在第 8 章详细讨论）。

DriverEntry 有预先定义好的原型，如下所示：

```
NTSTATUS
DriverEntry(_In_ PDRIVER_OBJECT DriverObject, _In_ PUNICODE_STRING RegistryPath);
```

_In_ 标注是源代码标注语言（Source Annotation Language，SAL）的一部分。这些标注对编译器来说是透明的，但是它们提供了有用的元数据，供人们阅读和静态分析工具使用。我们会尽可能地使用它们来提高代码清晰度。

最小的 DriverEntry 例程只返回一个成功状态，像这样：

```
NTSTATUS
DriverEntry(_In_ PDRIVER_OBJECT DriverObject, _In_ PUNICODE_STRING RegistryPath) {
    return STATUS_SUCCESS;
}
```

这段代码现在还无法通过编译。首先，代码需要包含一个头文件，里面有 DriverEntry

用到的类型的定义。下面是一个可能的头文件：

```
#include <ntddk.h>
```

现在代码离能成功编译更近一步了，不过依然还会失败。一个原因是编译器被默认设置成将警告作为错误对待，而 DriverEntry 函数并没有使用它的两个参数。不建议去掉这个将警告当作错误对待的设置，因为有些警告可能是隐藏的错误。为了消除这些警告，可以去掉参数的名称（或者注释掉），这样做对 C++ 来说完全可行。还有一个传统的方法，就是使用 UNREFERENCED_PARAMETER 宏：

```
NTSTATUS
DriverEntry(_In_ PDRIVER_OBJECT DriverObject, _In_ PUNICODE_STRING RegistryPath) {
    UNREFERENCED_PARAMETER(DriverObject);
    UNREFERENCED_PARAMETER(RegistryPath);

    return STATUS_SUCCESS;
}
```

观察这个宏的内部实现，它其实是通过给参数重新赋一次原有的值来达到引用的效果，这样就能让编译器停止工作，让变量变成已经被"引用过"的。

此时构建这个项目就能通过编译了，但是会引起一个链接错误。DriverEntry 函数必须具有 C 语言的链接方式，但是 C++ 编译默认的方式不是 C 的。下面才是能够成功构建且仅包含一个 DriverEntry 函数的驱动程序的最终版本：

```
extern "C"
NTSTATUS
DriverEntry(_In_ PDRIVER_OBJECT DriverObject, _In_ PUNICODE_STRING RegistryPath) {
    UNREFERENCED_PARAMETER(DriverObject);
    UNREFERENCED_PARAMETER(RegistryPath);

    return STATUS_SUCCESS;
}
```

有时候驱动程序需要卸载。在那时，DriverEntry 里做过的所有事都必须被恢复原状。无法恢复的部分会产生泄漏，在下一次重启之前，内核无法清除这些泄漏。驱动程序可以拥有一个 Unload 例程，它会在驱动程序从内存中卸载时自动得到调用。必须使用驱动程序对象的 DriverUnload 成员来设置指向这个例程的指针。

```
DriverObject->DriverUnload = SampleUnload;
```

Unload 例程接受驱动程序对象（与传给 DriverEntry 的是同一个）并返回 void。由于我们的 sample 驱动程序在 DriverEntry 里并没有分配任何资源，所以在 Unload 例程里也就没什么要做的，于是我们就让它保持为一个空函数：

```
void SampleUnload(_In_ PDRIVER_OBJECT DriverObject) {
    UNREFERENCED_PARAMETER(DriverObject);
}
```

下面是到目前为止完整的驱动程序代码：

```c
#include <ntddk.h>

void SampleUnload(_In_ PDRIVER_OBJECT DriverObject) {
    UNREFERENCED_PARAMETER(DriverObject);
}

extern "C"
NTSTATUS
DriverEntry(_In_ PDRIVER_OBJECT DriverObject, _In_ PUNICODE_STRING RegistryPath) {
    UNREFERENCED_PARAMETER(RegistryPath);

    DriverObject->DriverUnload = SampleUnload;

    return STATUS_SUCCESS;
}
```

2.4 部署驱动程序

现在，我们有了一个能够成功编译的 Sample.sys 驱动程序文件，让我们把它安装到系统里并加载。通常我们希望用一个虚拟机来安装和载入驱动程序，以避免主机崩溃的风险。否则的话，需要为这个最小的驱动程序稍稍承担点风险。

安装软件驱动程序与安装用户模式服务一样，要么用合适的参数调用 CreateService API，要么使用现成的工具。有一个用来做这件事的众所周知的工具叫作 Sc.exe。这是一个用来对服务进行操作的 Windows 内置工具，我们会用它来安装和加载驱动程序。请注意，安装和加载驱动程序是特权操作，一般只有管理员才能这么做。

打开一个提升了权限的命令窗口，键入如下内容（最后部分必须是系统里 SYS 文件所在的路径）：

```
sc create sample type= kernel binPath= c:\dev\sample\x64\debug\sample.sys
```

注意在 type 和等号之间没有空格，而等号和 kernel 之间有空格，后面那个也一样。

如果一切顺利，你会看到操作成功的输出信息。为了测试安装是否成功，可以打开注册表编辑器（regedit.exe），在 HKLM\System\CurrentControlSet\Services\Sample 下寻找这个驱动程序。图 2-3 显示了完成前一命令之后注册表编辑器的屏幕截图。

可以再次使用 Sc.exe 来加载驱动程序。这次用的是 start 选项，这个选项使用 StartService API 来加载驱动程序（同一个 API 也用来加载服务）。不过，在 64 位系统中，驱动程序必须经过签名才能被加载，因此这个命令通常会失败：

```
sc start sample
```

由于在开发时对驱动程序进行签名并不方便（甚至可能因为没有合适的证书无法签名），有个更好的选择是把系统设置成测试签名模式。在此模式下，未签名的驱动程序能够顺利加载。

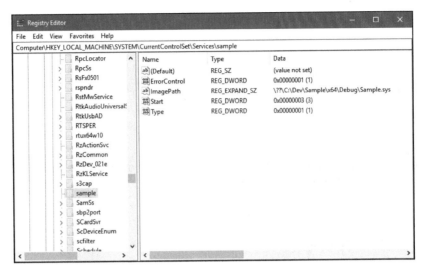

图 2-3　已安装的驱动程序的注册表项

可以在一个提升了权限的命令窗口里，用如下方式打开测试签名模式：

```
bcdedit /set testsigning on
```

不幸的是，这个命令需要重启系统才能生效。重启之后，前面的 start 命令应该就能成功执行了。

⚠ 如果在打开了安全启动的 Windows 10 上进行测试，上面修改测试签名模式的命令将会失败。这个设置是受安全启动保护的（另一项受保护的设置是本地内核调试）。如果由于 IT 策略或者别的原因，导致无法从 BIOS 设置中关闭安全启动的话，最好的办法还是用虚拟机进行测试。

如果希望在 Windows 10 之前的版本上进行测试，那还有一个地方需要设置。你需要在项目属性的对话框里设置目标操作系统的版本，如图 2-4 所示。注意图中选择了所有配置和所有平台，这样在切换配置（调试 / 发布）或者平台（x86/x64/ARM/ARM64）时，设置的值可以保持不变。

在打开了测试签名模式并且成功加载了驱动程序之后，将会看到如下输出：

```
SERVICE_NAME: sample
        TYPE               : 1   KERNEL_DRIVER
        STATE              : 4   RUNNING
                                 (STOPPABLE, NOT_PAUSABLE, IGNORES_SHUTDOWN)
        WIN32_EXIT_CODE    : 0   (0x0)
        SERVICE_EXIT_CODE  : 0   (0x0)
        CHECKPOINT         : 0x0
        WAIT_HINT          : 0x0
        PID                : 0
        FLAGS              :
```

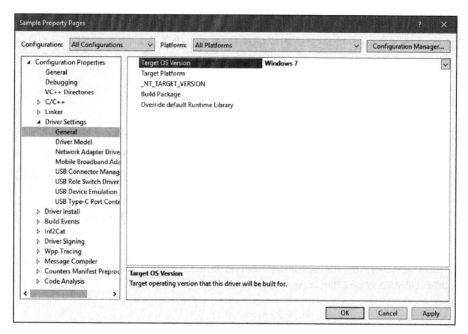

图 2-4　在项目属性中设置目标操作系统的版本

这表示一切正常，驱动程序已经加载。为了证实这一点，可以打开 Process Explorer 寻找 Sample.sys 驱动的映像文件。图 2-5 显示了加载到系统空间中的 Sample 驱动程序映像文件的细节。

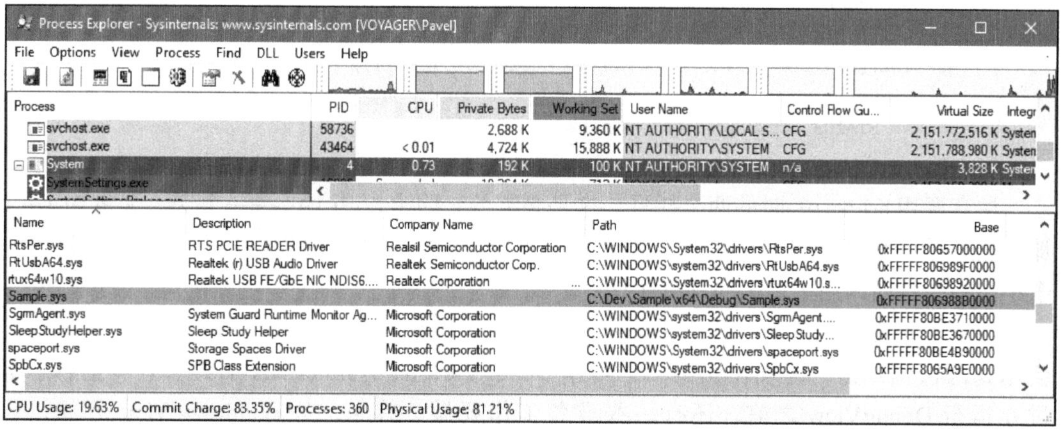

图 2-5　加载到系统空间中的 Sample 驱动程序映像文件

此时我们可以用下面这个命令卸载驱动程序：

```
sc stop sample
```

在其内部，Sc.exe 使用 SERVICE_CONTROL_STOP 的值调用了 ControlService 这个

API。卸载驱动程序导致其 Unload 例程被调用，目前 Unload 例程还没做什么。你可以通过再次观察 Process Explorer 验证驱动程序的确已经被卸载了。

2.5　简单的跟踪

要怎样才能确切地知道 DriverEntry 和 Unload 例程已经执行了呢？让我们来向其中加入一些简单的跟踪。驱动程序可以使用 KdPrint 宏来输出 printf 风格的文本，这些文本可以用内核调试器和其他工具查看。KdPrint 是一个只在调试构建时编译进结果代码的宏，它调用了底层的 DbgPrint 内核 API。

下面是更新后的 DriverEntry 和 Unload 例程的代码，其中用 KdPrint 跟踪了代码的执行：

```
void SampleUnload(_In_ PDRIVER_OBJECT DriverObject) {
    UNREFERENCED_PARAMETER(DriverObject);

    KdPrint(("Sample driver Unload called\n"));
}

extern "C"
NTSTATUS
DriverEntry(_In_ PDRIVER_OBJECT DriverObject, _In_ PUNICODE_STRING RegistryPath) {
    UNREFERENCED_PARAMETER(RegistryPath);

    DriverObject->DriverUnload = SampleUnload;

    KdPrint(("Sample driver initialized successfully\n"));

    return STATUS_SUCCESS;
}
```

注意调用 KdPrint 时的两个括号。这是必需的，因为 KdPrint 是一个宏，又像 printf 那样能够接受任意数目的参数。宏无法处理可变数目的参数，所以这里利用了编译器的一个小技巧，从而调用了真正的 DbgPrint 函数。

加上了跟踪语句之后，我们再来加载驱动程序并看看这些跟踪信息。在第 4 章里我们会用到内核调试器，但现在先用一个叫作 DebugView 的 Sysinternals 工具来查看信息。不过在运行 DebugView 之前，还有一些准备工作要做。首先，从 Windows Vista 开始，只有在注册表中设置了某个值之后，DbgPrint 才会真正产生输出信息。这需要向注册表的 HKLM\SYSTEM\CurrentControlSet\Control\Session Manager 下面增加一个叫作 Debug Print Filter 的键（这个键通常不存在）。在这个新建的键里，增加一个叫作 DEFAULT 的 DWORD 值（不是键本身的那个默认值）并置其值为 8（理论上说，只要位 3 置位的任意值均可）。图 2-6 显示了 RegEdit 里的设置。不过还是需要重启系统才能让这个设置生效。

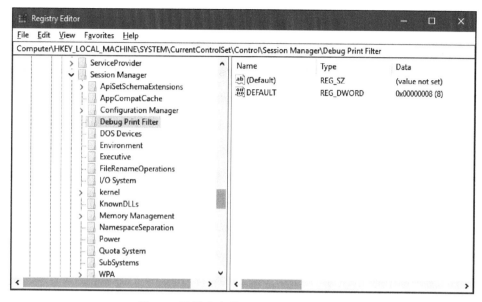

图 2-6　注册表中的 Debug Print Filter 键

应用了这个设置之后，在权限提升的情况下运行 DebugView（DbgView.exe）。在其 Options 菜单里选中 Capture Kernel（或者按快捷键 Ctrl+K）。不要选中 Capture Win32 和 Capture Global Win32，这样来自各个进程的输出不会搞乱显示。

如果还没有构建驱动程序，请构建。从提升了权限的命令窗口再次加载驱动程序（sc start sample）。我们会看到如图 2-7 所示的 DebugView 输出内容。如果卸载驱动程序，就能看到另一条信息出现，这是因为 Unload 例程被调用了。（第三行来自另外一个驱动程序，与 Sample 驱动程序无关。）

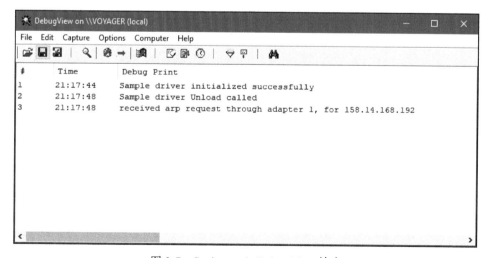

图 2-7　Sysinternals DebugView 输出

2.6　练习

　　向 Sample 驱动的 DriverEntry 里加入输出 Windows 操作系统版本的代码，包括主版本号、次版本号和构建版本号。使用 RtlGetVersion 函数来获取相关信息。用 DebugView 检查结果。

2.7　总结

　　本章里我们了解了进行内核开发所需要的工具，还写了一个非常小的驱动程序来检验这些工具。下一章我们将会学习内核 API 的基础构造元素、概念以及结构。

第 3 章 *Chapter 3*

内核编程基础

本章将深入探讨内核的 API、结构和定义，也会考察一些驱动程序代码的调用机制。最后，我们会基于这些知识，创建首个具有实际功能的驱动程序。

3.1 内核编程的一般准则

开发内核驱动程序需要 Windows 驱动程序开发工具包（WDK），其中包含了开发所需的头文件和库文件。内核 API 由 C 函数组成，本质上与用户模式应用开发很像。不过，这两者之间还是有很多不同之处。表 3-1 总结了用户模式编程与内核模式编程之间的一些重要差别。

表 3-1 用户模式和内核模式开发之间的差别

	用户模式	内核模式
未处理的异常	进程崩溃	系统崩溃
终止	进程终止时，所有私有的内存和资源都自动释放	如果驱动卸载时没有释放用过的所有资源，就会造成泄漏。只有重启才能解决
返回值	API 错误有时候会被忽略	必须（几乎）从不忽略错误
IRQL	永远是 PASSIVE_LEVEL（0）	可能是 DISPATCH_LEVEL（2）或者更高
写得不好的代码	一般局限在进程内	会影响到整个系统
测试和调试	通常在开发者的机器上进行测试和调试	必须在另一台机器上进行调试
库	能使用几乎全部 C/C++ 库（例如 STL、boost）	无法用大多数标准库
异常处理	可以使用 C++ 异常处理和结构化异常处理（SEH）	只能用 SEH
C++ 用法	可以使用完整的 C++ 运行时支持	没有 C++ 运行时支持

3.1.1 未处理的异常

如果用户模式下出现的异常没有被程序所捕获，会造成进程过早中止。另一方面，内核模式代码这种隐含可信的代码，是无法从未处理的异常中恢复的。这样的异常会造成系统崩溃，出现烦人的蓝屏死机（BSOD）（在比较新的 Windows 版本里，崩溃屏幕有更多的颜色）。BSOD 的出现初看像是一种惩罚，但它其实是一种基本的保护机制。其理念是：此时允许代码继续执行可能会给 Windows 系统造成不可逆转的损坏（比如删除重要的文件或者弄坏注册表），这些损坏可能导致系统无法启动。因此在此时立即停止一切，从而阻止可能的损坏，是一种更好的选择。我们会在第 6 章详细地讨论 BSOD。

所有这些都至少能得出一个简单的结论：内核代码必须非常小心地、一丝不苟地编写，绝不能跳过任何细节和错误检查。

3.1.2 终止

当某个进程终止时，不管是因为正常结束、未处理的异常，还是因为外部代码中止了它，这个进程什么都不会泄漏：所有的私有内存会被释放，所有的句柄会被关闭，等等。当然，提早关闭句柄可能会造成数据的丢失，例如在将数据写到磁盘之前就关闭文件句柄，但是不会有资源泄漏，内核保证了这一点。

另一方面，内核驱动程序并不能提供这样的保证。如果驱动程序在依然保留着分配的内存或者打开的内核句柄时卸载了，那么这些资源不会被自动释放，只有下一次系统重启时才会被释放。

为什么会这样？内核不能跟踪驱动程序分配的内存和使用的资源，因此在驱动程序卸载时，这些资源能自动释放吗？

理论上来说，这的确是能做到的（虽然目前内核并不跟踪资源的使用情况）。真正的问题在于内核试图去做这种清理是件危险的事。内核无法知道驱动程序是不是有意泄漏那些资源。例如，一个驱动程序分配了一些缓冲区，把它们传递给另一个协作的驱动程序。第二个驱动程序可能会使用这些内存缓冲区并最终释放它们。如果在第一个驱动程序卸载时，内核想要释放这些缓冲区，第二个驱动程序就会在访问刚刚被释放的缓冲区时产生一个访问违例，从而导致系统崩溃。

再次强调，妥善地做好自己的清除工作，是内核驱动程序的责任，没有别的东西会去做这件事。

3.1.3 函数返回值

在典型的用户模式代码里，API 函数的返回值有时候会被忽略。开发者在某种程度上会乐观地认为被调用的函数不大会失败。这种做法可能合适也可能不合适，视不同的函数而定。在最坏的情况下，会产生未处理的异常，从而导致进程崩溃，但系统会保持完整无损。

忽略从内核 API 返回的值会更加危险（请参看 3.1.2 节），通常必须避免这么做。就算是看上去完全"无辜"的函数也会由于未曾预料的原因而失败。所以这里的黄金法则是——永远都要检查内核 API 的返回状态值。

3.1.4　IRQL

中断请求级别（IRQL）是一个重要的内核概念，我们会在第 6 章详加讨论。就此处而言，一般情况下处理器的 IRQL 是 0，特别是当用户模式代码正在执行时，处理器的 IRQL 永远都是 0。在内核模式下，大多数时间 IRQL 依然是 0，但并非永远是 0。大于 0 的 IRQL 造成的影响将在第 6 章中讨论。

3.1.5　C++ 用法

在用户模式编程中，C++ 用了很多年，并且跟用户模式 API 调用结合在一起时，C++ 工作得很好。在内核代码中，微软从 Visual Studio 2012 和 WDK 8 开始官方支持 C++。当然，并非必须使用 C++，但是 C++ 通过使用叫作资源申请即初始化（Resource Acquisition Is Initialization，RAII）的惯用法，在资源清理方面有一些好处。我们会相当多地使用这一惯用法来确保没有资源泄漏。

C++ 作为一种编程语言，几乎全部内容都能用在内核代码里。不过，内核里面没有 C++ 运行时，因此一些 C++ 特性就没法用了：

❑ 不支持 new 和 delete 操作符，使用它们会导致编译失败。这是由于它们的正常操作是从用户模式堆分配内存，而在内核模式里这显然毫无意义。内核 API 里有接近于 malloc 和 free 这些 C 函数的"替代"函数，我们会在本章的后面部分讨论它们。然而，用类似于用户模式的 C++ 的方式重载这些操作符，并调用内核的分配和释放函数这是可以的。在本章后面我们也会介绍怎么做。

❑ 非默认构造函数中的全局变量将不会被调用——没有哪里的代码会去调用它们。这些情况可以用下面这些方法来避免：

○ 避免把代码放到构造函数中，而是创建一些 Init 函数，并显式地从驱动程序代码（比如 DriverEntry）中调用。

○ 仅仅把类指针定义成全局变量，然后动态分配其实例。编译器会生成正确的代码调用构造函数。这需要有一个假设，即 new 和 delete 操作符已经像本章后面描述的那样被重载了。

❑ C++ 异常处理的那些关键字（try、catch、throw）无法通过编译。这是因为 C++ 的异常处理机制需要它自己的运行时，而在内核中没有这个运行时。异常处理只能通过结构化异常处理（SEH）——内核的异常处理机制来实现。我们会在第 6 章详细观察 SEH。

❑ 在内核中不能用标准 C++ 库。虽然标准库里大部分内容是基于模板的，但它还是无法编译。这是因为它依赖于用户模式库及其语义。也就是说，C++ 模板作为一个语言特性，在内核里可以使用，例如，能够用于为用户模式库里像 std::vector<>、std::wstring 等类型创建内核的替换类型。

本书中的示例代码用到了一些 C++，其中用得最多的特性有：

❑ nullptr 关键字，表示一个空指针。
❑ auto 关键字，在声明和初始化变量时进行类型推断，对减少字面上的混乱、节约键入次数以及集中于代码关键部分很有用。
❑ 在需要时会使用模板。
❑ 重载 new 和 delete 操作符。
❑ 构造函数和析构函数，特别是在构造 RAII 类型时。

严格地说，驱动程序可以用纯 C 来写，不会有任何问题。如果读者喜欢这么写，请用 .c 而不是 .cpp 作为源文件的后缀，这样编译时会自动调用 C 的编译器。

3.1.6 测试和调试

用户模式代码的测试通常是在开发者的机器上进行的（如果所有的依赖项都能满足的话）。调试则一般是把一个调试器（大多数时候是 Visual Studio）附加到一个运行的进程上（或者多个进程上）。

内核模式的测试一般在另一台机器上进行，通常会在一个运行在开发者机器上的虚拟机上。这能确保万一出现了 BSOD，开发者的机器不会受影响。调试内核代码则必须用另一台机器来运行驱动程序。这是因为在内核模式下，一个断点的触发将会停下整个系统而不只是单个进程。这意味着需要在开发者的机器上运行调试器，用第二台机器（通常还是用虚拟机）执行驱动程序代码。这两台机器需要用某种机制连接起来，以便数据在宿主机（运行调试器的那台）和目标机之间传输。我们会在第 5 章细究内核调试。

3.2 调试构建与发布构建

跟用户模式项目一样，内核模式驱动程序也能用调试或者发布模式构建。其区别跟用户模式下也类似——调试构建默认不进行优化，但容易调试。发布构建利用编译器的优化更快地生成代码，但这会导致生成的目标代码和原始代码不完全一致。

在内核的术语中，准确的说法应该是检查（调试）和自由（发布）。虽然 Visual Studio 内核项目沿用了调试 / 发布的术语，但在旧的文档中使用的是检查 / 自由术语。从编译角度看，内核的调试构建定义了符号 DBG 并将其值设置为 1（相对于在用户模式下定义的 _DEBUG 符号）。这使我们在条件编译中可以用 DBG 符号来区分调试构建和发布构建。事实上，KdPrint 宏就是这么干的：在调试构建时编译为对 DbgPrint 的调用，在发布构建时什么都不编译，其结果就是 KdPrint 调用在发布构建下是无效果的。这通常就是我们想要的效果，因为这些调用相对来说比较昂贵。我们会在第 10 章讨论一些其他记录日志的途径。

3.3 内核 API

内核驱动程序使用的是从内核的组件输出的函数。这些函数被视为内核的 API。大多数函数则在内核本身模块（NtOskrnl.exe）里实现，但还有些在别的模块中实现，比如在 HAL（hal.dll）中。

内核 API 是大量 C 函数的集合，其中多数的名称含有一个前缀，这个前缀指示了实现该函数的模块。表 3-2 显示了一些常见的前缀和它们的含义。

表 3-2 常见的内核 API 前缀

前　缀	含　义	示　例
Ex	通用执行体函数	ExAllocatePool
Ke	通用内核函数	KeAcquireSpinLock
Mm	内存管理器	MmProbeAndLockPages
Rtl	通用运行时库	RtlInitUnicodeString
FsRtl	文件系统运行时库	FsRtlGetFileSize
Flt	文件系统小过滤程序库	FltCreateFile
Ob	对象管理器	ObReferenceObject
Io	I/O 管理器	IoCompleteRequest
Se	安全	SeAccessCheck
Ps	进程结构	PsLookupProcessByProcessId
Po	电源管理	PoSetSystemState
Wmi	Windows 管理规范	WmiTraceMessage
Zw	原生 API 包装	ZwCreateFile
Hal	硬件抽象层	HalExamineMBR
Cm	配置管理器（注册表）	CmRegisterCallbackEx

如果看一下 NtOsKrnl.exe 输出的函数列表，会发现有很多函数在 WDK 中没有文档。这只是内核开发者生活中的事实而已——并非所有东西都是有文档的。

这里有一组函数值得讨论一下——以 Zw 开头的函数。这组函数作为 NTDLL.dll 中的原生 API 的镜像，是从原生 API 到位于执行体中的实现之间的网关。当用户模式调用了 Nt 函数，比如 NtCreateFile 时，最终将到达执行体中实际的 NtCreateFile 实现。此时，基于原始调用来自用户模式这个事实，NtCreateFile 可能会做各种合法性检查。这里调用者的信息以线程为基础保存在每个线程对应的 KTHREAD 结构中未公开的 PreviousMode 字段里。

另一方面，如果内核驱动程序要调用某个系统服务，它就没必要做跟用户模式一样的检查以及接受用户模式调用者所受的限制。这就是为什么要有 Zw 系列函数。调用 Zw 函数会将 PreviousMode 设置成 KernelMode（0），然后调用原生函数。举个例子，调用 ZwCreateFile 会将前一个调用者的模式设置为 KernelMode，然后调用 NtCreateFile，这使得 NtCreateFile 绕过一些安全性和缓冲区的检查。底线是，驱动程序必须调用 Zw 系列函数，除非它们有令人信服的理由不这么做。

3.4　函数和错误代码

多数内核 API 函数会返回一个状态，用来指示操作成功或者失败。这个状态被定义为类型 NTSTATUS，它是一个 32 位的整数。值 STATUS_SUCCESS（0）表示成功。负数值则表示某种错误。在文件 ntstatus.h 中可以找到所有定义的 NTSTATUS 值。

多数代码并不关心确切的错误值，因此它们只要测试最高位就行。这能用 NT_SUCCESS 宏来完成。下面就是一个测试是否失败并在失败时记录错误值的例子：

```
NTSTATUS DoWork() {
    NTSTATUS status = CallSomeKernelFunction();
    if(!NT_SUCCESS(status)) {
        KdPrint((L"Error occurred: 0x%08X\n", status));
        return status;
    }

    // continue with more operations

    return STATUS_SUCCESS;
}
```

在某些情况下，从函数返回的 NTSTATUS 值最终会返回到用户模式。这时候 STATUS_xxx 值会被转换成 ERROR_yyy 值，在用户模式中可以通过 GetLastError 函数得到这些值。注意转换前后的值是不一样的。首先，用户模式的错误值是正的。其次，值的对应关系并不是一对一的。不过无论如何，这些都不是内核驱动程序应该关心的。

系统内部的内核驱动程序里的函数基本上也都会返回 NTSTATUS 来表明它们的成功 / 失败状态。这通常是一个便捷的方法。这是因为这些函数会调用内核 API，所以能够通过简单地返回从某个特定的 API 返回的状态来传递任何可能的错误。这也隐含了驱动程序函数"真正的"返回值通常是指针或者引用形式的参数。

3.5　字符串

内核 API 在很多需要的地方用到了字符串。某些地方用到的就是简单的 Unicode 指针（wchar_t * 或者它的 typedef 类型的指针，比如 WCHAR），但大多数用到字符串的函数期望一个类型为 UNICODE_STRING 的结构。

> 本书中提到的术语 Unicode 大致等于 UTF-16，每个字符两个字节。这是内核组件内部字符串的存储形式。

UNICODE_STRING 结构用字符串的长度和已知的最大长度来表示这个字符串。这里是一个结构简化之后的定义:

```
typedef struct _UNICODE_STRING {
    USHORT Length;
    USHORT MaximumLength;
    PWCH   Buffer;
} UNICODE_STRING;
typedef UNICODE_STRING *PUNICODE_STRING;
typedef const UNICODE_STRING *PCUNICODE_STRING;
```

Length 字段包含了按字节计算(而不是按字符计算)的字符串长度,并且如果存在结尾的 Unicode-NULL 终结字符(不是必需的),Length 并不包含它。MaximumLength 字段包含了字符串在不重新分配内存的情况下,能够增长到的最大的字节数。

通常我们会使用一组用于字符串的 *Rtl* 函数来操作 UNICODE_STRING 结构。表 3-3 列出了 Rtl 函数族中一些常见的用于字符串操作的函数。

表 3-3　常用的 UNICODE_STRING 函数

函　数	描　述
RtlInitUnicodeString	基于已有的 C 字符串指针初始化一个 UNICODE_STRING 结构,设置 Buffer 字段计算得到 Length 字段的长度值,并将 MaximumLength 字段设置成一样的值。注意此函数并不分配内存,仅仅是初始化结构里的字段
RtlCopyUnicodeString	将一个 UNICODE_STRING 复制到另一个。目标字符串指针(Buffer)必须事先分配好内存,并且 MaximumLength 已经设置成正确的值
RtlCompareUnicodeString	比较两个 UNICODE_STRING(等于、小于、大于),指明是大小写相关还是无关比较
RtlEqualUnicodeString	比较两个 UNICODE_STRING 是否相等,大小写相关
RtlAppendUnicodeStringToString	将一个 UNICODE_STRING 表示的字符串附加到另一个
RtlAppendUnicodeToString	将 UNICODE_STRING 表示的字符串附加到 C 字符串之后

除了上述函数之外,还有一些函数是用于 C 字符串指针的。此外,为了方便起见,一些众所周知的 C 运行时库字符串函数也在内核里实现了:wcscpy、wcscat、wcslen、wcscpy_s、wcschr、strcpy、strcpy_s 等。

> ℹ️ wcs 前缀用于 C 的 Unicode 字符串,而 str 前缀用于 C 的 Ansi 字符串。有些函数中的后缀 _s 指明了这是一个安全的函数,这样的函数多一个必须提供的附加参数,用来指明字符串的最大长度,这样函数就不会传递多于这个最大长度的数据。

3.6　动态内存分配

驱动程序经常需要进行动态内存分配。我们曾在第 1 章中提到,内核的栈相当小,因此任何大块的内存都必须动态分配。

内核为驱动程序提供了两个通用的内存池（内核本身也使用它们）。

❑ 分页池——在需要时能够将页面换出的内存池。

❑ 非分页池——永远不会换出页面，保证驻留在 RAM 里的内存池。

很显然，非分页池是一个"更好"的内存池，因为它不会导致页面错误。在本书的后面我们会看到一些需要从非分页池分配的例子。驱动程序要尽可能少地使用非分页池，除非必需。其他任何情况驱动程序都应该使用分页池。POOL_TYPE 这个枚举类型表示内存池的类型。这个枚举类型包括很多内存池的"类型"，但是只有三种可以被驱动程序使用：PagedPool、NonPagedPool 和 NonPagePoolNx（没有执行权限的非分页池）。

表 3-4 总结了最常用的内核内存池函数。

表 3-4　内核内存池分配函数

函　　数	描　　述
ExAllocatePool	从某个内存池中分配内存，带有默认标记。这个函数过时了，用本表中下一个函数代替
ExAllocatePoolWithTag	从某个内存池中分配内存，带有指明的标记
ExAllocatePoolWithQuotaTag	从某个内存池中分配内存，带有指明的标记，并消耗当前进程的分配额度
ExFreePool	释放一块分配的内存。此函数知道内存是从哪个内存池中分配的

有些函数中的 tag 参数允许用一个 4 字节的值为分配的内存做标记。通常这个值由 4 个 ASCII 字符组成，用来在逻辑上指明该驱动程序或者它的一部分。这些标记可以用来指内存泄漏——如果发现在驱动程序卸载之后，仍然有带有该驱动程序标记的内存块遗留。从这些内存池分配的内存块（以及各块的标记）可以用 WDK 的 PoolMon 工具来查看。也能用我写的 PoolMonX 工具（可以从 http://www.github.com/zodiacon/AllTools 下载）。图 3-1 显示了 PoolMonX（v2）的截屏。

下面的代码显示了内存分配和字符串复制过程，用来将传递给 DriverEntry 的注册表路径保存下来，并在 Unload 例程中释放。

```cpp
// define a tag (because of little endianness, viewed in PoolMon as 'abcd')

#define DRIVER_TAG 'dcba'

UNICODE_STRING g_RegistryPath;

extern "C" NTSTATUS
DriverEntry(_In_ PDRIVER_OBJECT DriverObject, _In_ PUNICODE_STRING RegistryPath) {
    DriverObject->DriverUnload = SampleUnload;

    g_RegistryPath.Buffer = (WCHAR*)ExAllocatePoolWithTag(PagedPool,
        RegistryPath->Length, DRIVER_TAG);
    if (g_RegistryPath.Buffer == nullptr) {
        KdPrint(("Failed to allocate memory\n"));
        return STATUS_INSUFFICIENT_RESOURCES;
    }
```

```
    g_RegistryPath.MaximumLength = RegistryPath->Length;
    RtlCopyUnicodeString(&g_RegistryPath, (PCUNICODE_STRING)RegistryPath);

    // %wZ is for UNICODE_STRING objects
    KdPrint(("Copied registry path: %wZ\n", &g_RegistryPath));
    //...
    return STATUS_SUCCESS;
}


void SampleUnload(_In_ PDRIVER_OBJECT DriverObject) {
    UNREFERENCED_PARAMETER(DriverObject);

    ExFreePool(g_RegistryPath.Buffer);
    KdPrint(("Sample driver Unload called\n"));
}
```

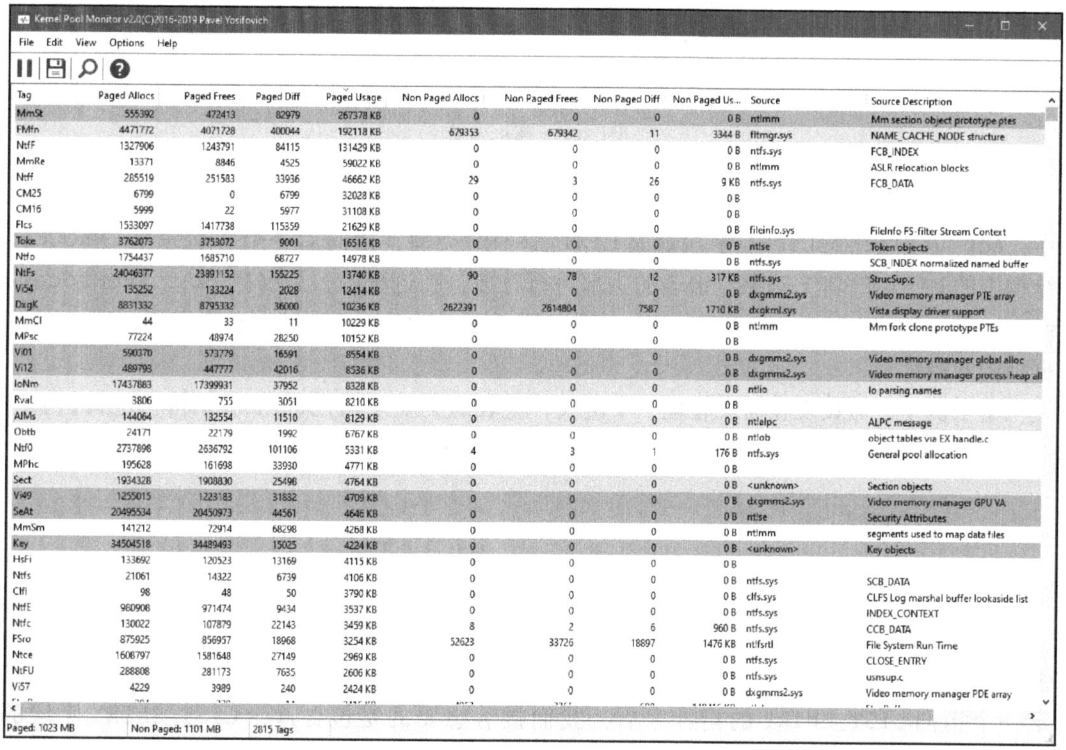

图 3-1　PoolMonX（v2）

3.7　链表

内核在很多内部数据结构中使用了环形双向链表。例如，系统中的所有进程使用 EPROCESS 结构进行管理，这些结构就用一个环形双向链表连接在一起，其中链表的头部存储在内核变量 PsActiveProcessHead 中。

所有这样的链表都使用相似的方式围绕着 LIST_ENTRY 结构进行构建。这个结构定义如下：

```
typedef struct _LIST_ENTRY {
    struct _LIST_ENTRY *Flink;
    struct _LIST_ENTRY *Blink;
} LIST_ENTRY, *PLIST_ENTRY;
```

图 3-2 展示了一个这样的链表，它包含一个头和三个（LIST_ENTRY 的）实例。

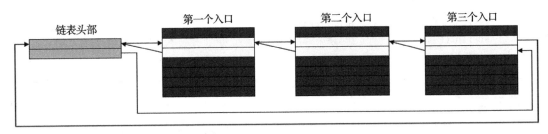

图 3-2　环形链表

将一个 LIST_ENTRY 结构嵌入需要成为链表项的真正结构中。比如在 EPROCESS 结构中，ActiveProcessLinks 字段就是 LIST_ENTRY 类型，指向后一个和前一个 EPROCESS 结构中的 LIST_ENTRY 对象。链表的头部另行存放，在进程中，是放在 PsActiveProcessHead 里。给出 LIST_ENTRY 的地址，可以用 CONTAINING_RECORD 宏获得指向真正的数据结构的指针。

举个例子，假设现在需要管理一个链表，链表的类型为 MyDataItem 结构，定义如下：

```
struct MyDataItem {
    // some data members
    LIST_ENTRY Link;
    // more data members
};
```

在操作这样的链表时，需要有一个存储在变量里的链表头部。这意味着最自然的遍历链表的方式是使用 LIST_ENTRY 的 Flink 字段，它指向链表中的下一个 LIST_ENTRY。给定一个指向 LIST_ENTRY 的指针之后，我们接着想要的是包含这个 LIST_ENTRY 字段的 MyDataItem 结构。这里就要用到 CONTAINING_RECORD 宏了：

```
MyDataItem* GetItem(LIST_ENTRY* pEntry) {
    return CONTAINING_RECORD(pEntry, MyDataItem, Link);
}
```

这个宏能够执行正确的偏移量计算，并对结果进行强制类型转换（本例中是转换成 MyDataItem）。

表 3-5 显示了常见的链表操作函数。所有这些函数的执行时间都为常量。

表 3-5　环形链表的操作函数

函　　数	描　　述
InitializeListHead	初始化一个链表头部从而创建一个空的链表。其前向指针和后向指针都指向自身
InsertHeadList	从链表头部插入一项
InsertTailList	从链表尾部插入一项
IsListEmpty	检查链表是否为空
RemoveHeadList	从链表头部移去一项
RemoveTailList	从链表尾部移去一项
RemoveEntryList	从链表中移去指定的一项
ExInterlockedInsertHeadList	使用指定的自旋锁，原子化地从链表头部插入一项
ExInterlockedInsertTailList	使用指定的自旋锁，原子化地从链表尾部插入一项
ExInterlockedRemoveHeadList	使用指定的自旋锁，原子化地从链表头部移去一项

表 3-5 中的最后 3 个函数使用了一种称为自旋锁（spinlock）的同步原语来执行原子化的操作。自旋锁将在第 6 章中讨论。

3.8　驱动程序对象

我们已经看到，DriverEntry 函数接受两个参数，其中第一个参数是某种驱动程序的对象。这是一个在 WDK 的头文件中定义的半文档化结构，叫作 DRIVER_OBJECT。"半文档化"的意思是部分字段公开给驱动程序使用，部分不公开。这个结构由内核分配，并且进行了部分初始化，然后传递给 DriverEntry(在驱动程序卸载之前，还会传递给 Unload 例程)。此时驱动程序需要进一步对这个结构进行初始化，从而指明该驱动程序能支持哪些操作。

我们在第 2 章见到过这些"操作"之一——Unload 例程。另外那些需要初始化的重要操作集合被称为分发例程。它是一个函数指针数组，位于 DRIVER_OBJECT 的 MajorFunction 字段。这个集合指明了驱动程序支持哪些操作，像创建、读取、写入等。数组的索引被定义成带有 IRP_MJ_ 前缀的常量。表 3-6 显示了一些常用的主功能（major function）代码以及其含义。

表 3-6　常用的主功能代码

主功能	描　　述
IRP_MJ_CREATE (0)	创建操作。通常由于 CreateFile 或者 ZwCreateFile 而被调用
IRP_MJ_CLOSE (2)	关闭操作。一般由于 CloseFile 或者 ZwCloseFile 而被调用

（续）

主功能	描　述
IRP_MJ_READ (3)	读操作。通常由于 ReadFile、ZwReadFile 或者类似的读 API 而被调用
IRP_MJ_WRITE (4)	写操作。通常由于 WriteFile、ZwWriteFile 或者类似的写 API 而被调用
IRP_MJ_DEVICE_CONTROL (14)	普通的驱动程序调用，由于 DeviceIoControlFile 或 ZwDeviceIoControlFile 而被调用
IRP_MJ_INTERNAL_DEVICE_CONTROL (15)	跟前一个类似，但仅限于被内核模式调用
IRP_MJ_PNP (31)	即插即用管理器引起的即插即用回调。通常基于硬件的驱动程序或者这类的过滤驱动程序会对此有兴趣
IRP_MJ_POWER (22)	由电源管理器引发的电源回调。通常基于硬件的驱动程序或者这类的过滤驱动程序会对此有兴趣

　　起初 MajorFunction 数组会被内核初始化成指向内核的内部例程 IopInvalidDeviceRequest，它给调用者返回一个错误的状态，以表明不支持所请求的操作。这意味着驱动程序只需要在 DriverEntry 例程中初始化它所支持的那些操作，其余都保持默认值就可以。

　　举一个例子，我们的 Sample 驱动程序到现在为止还不支持任何分发例程，因此现在无法与驱动程序通信。驱动程序必须至少支持 IRP_MJ_CREATE 和 IRP_MJ_CLOSE 操作，才能打开该驱动程序设备对象的一个句柄。下一章我们会把这些想法付诸实践。

3.9　设备对象

　　虽然驱动程序对象看上去是跟客户程序通信的不错候选，但实际情况并不是这样。客户程序与驱动程序实际进行通信的端点是设备对象。设备对象是半文档化的 DEVICE_OBJECT 结构的实例。没有设备对象就无法进行通信。所以驱动程序至少得创建一个设备对象并给它起个名字，然后客户程序才能跟它联系。

　　CreateFile 函数（以及它的变体）接受的第一个参数叫作"文件名"，但事实上它应该指向设备对象的名称，而真正的文件只是一个特例而已。CreateFile 这个名字有点误导性——"文件"这个词在这里的意思其实是文件对象。打开文件或者设备的句柄会创建内核结构 FILE_OBJECT 的一个实例，这个 FILE_OBJECT 又是一个半文档化的结构。

　　更准确地说，CreateFile 接受一个符号链接。符号链接是一个内核对象，它知道如何指向另外一个内核对象。（可以用文件系统中的快捷方式与之进行类比。）所有能够用在用户模式的 CreateFile 或者 CreateFile2 调用中的符号链接都位于对象管理器中名为 ?? 的目录下。用 Sysinternals 的工具 WinObj 就能看到它们。图 3-3 显示了这个目录（在 WinObj 里叫作 Global??）。

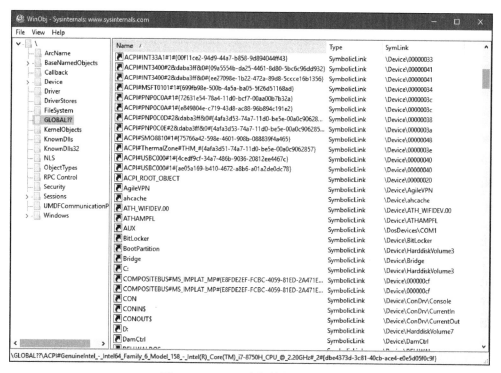

图 3-3　WinObj 中的符号链接目录

　　这里有些名称看起来很熟悉，比如 C:、Aux、Con 等。事实上，它们都是合法的"文件名"，可以被 CreateFile 调用。其他有些名称看上去像又长又神秘的字符串，其实它们是基于硬件的驱动程序调用了 IoRegisterDeviceInterface API 之后，I/O 系统自动生成的。这种类型的符号链接对本书的目标来说没什么用。

　　?? 目录里的多数符号链接指向 Device 目录下的内部设备名称。用户模式调用者不能直接访问这个目录下面的名称，但是内核模式调用者可以通过 IoGetDeviceObjectPointer API 访问它们。

　　Process Explorer 的驱动程序就是个典型的例子。当用管理员权限启动 Process Explorer 时，它会安装一个驱动程序。相比于从用户模式 API 所能获得的信息，这个驱动程序给予了 Process Explorer 更强的能力，即使用户模式提升了权限之后也是如此。比如，Process Explorer 在进程所属的线程对话框里，能够显示出该线程完整的调用栈，包括在内核模式中的函数。此类信息不可能从用户模式得到，它的驱动程序造成了信息缺失。

　　Process Explorer 的驱动程序创建了单一的设备对象，这样 Process Explorer 就能打开此设备的句柄并向它发送请求。这就意味着这个设备对象必须是已命名的，而且必须在 ?? 目录中有符号链接。在目录中我们可以看到该符号链接，名称为 PROCEXP152，可能表示驱动程序的版本是 15.2（在写作此书时）。图 3-4 显示了 WinObj 里的这个符号链接。

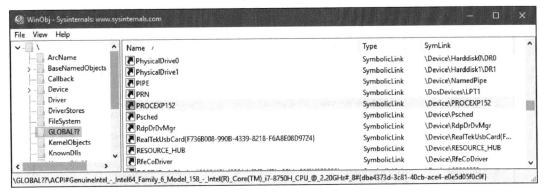

图 3-4　*WinObj* 中的 *Process Explorer* 的符号链接

注意 Process Explorer 设备的符号链接指向 \Device\PROCEXP152，这是设备的内部名称，只能被内核调用者访问。Process Explorer（或者别的客户端程序）用符号链接调用 CreateFile 时，此调用必须冠以 \\.\ 前缀。这个前缀是必需的，能让对象管理器的解析程序不把字符串"PROCEXP152"当作当前目录下的文件名对待。下面的代码列出了 *Process Explorer* 是怎样打开其设备的句柄的（注意是两个反斜杠，因为一个反斜杠表示转义）：

```
HANDLE hDevice = CreateFile(L"\\\\.\\PROCEXP152",
    GENERIC_WRITE | GENERIC_READ, 0, nullptr, OPEN_EXISTING, 0, nullptr);
```

驱动程序使用 IoCreateDevice 函数创建设备对象。这个函数分配并初始化一个设备对象结构，并将其指针返回给调用者。设备对象的实例保存在 DRIVER_OBJECT 结构的 DeviceObject 字段中。如果创建了多个设备对象，它们就组成一个单链表，用 DEVICE_OBJECT 的 NextDevice 字段指向下一个设备对象。注意新创建的设备对象是从头部插入这个链表的，因此第一个创建的设备对象保存在链表的最后，它的 NextDevice 为 NULL。它们之间的关系如图 3-5 所示。

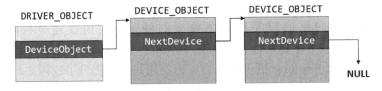

图 3-5　驱动程序和设备对象

3.10　总结

在本章中，我们学习了一些内核的基本数据结构和 API。在下一章中，我们将会构建一个完整的驱动程序和客户端程序，并进一步扩展目前所学到的知识。

驱动程序：从头到尾

在这一章里，我们将利用前一章学到的很多知识来构建一个简单而完整的驱动程序，并构建它的客户应用程序，同时补充一些目前缺少的细节。我们会部署这个驱动程序并使用其功能——在内核模式执行一些用户模式下无法执行的操作。

4.1　简介

我们要用这个简单的驱动程序解决的问题是：用 Windows 的 API 设置线程的优先级很不方便。用户模式的线程，其优先级取决于进程的优先级类别加上每线程基础上的偏移值，偏移值只有有限的几个级别。用 SetPriorityClass 函数可以修改进程的优先级类别，此函数接受一个进程句柄和六个所支持的优先级类别之一。每个优先级类别对应于一个优先级级别，它是在此进程中创建的线程的默认优先级。特定的线程的优先级可以用 SetThreadPriority 函数修改，此函数接受一个线程句柄和几个偏移值常数之一，这些偏移值是对应于基本的进程优先级类别上的偏移。表 4-1 显示了有效基于进程优先级类别和线程优先级偏移的线程优先级值。

表 4-1　Windows API 合法线程优先级的值

优先级类别	−Sat	−2	−1	0(默认)	+1	+2	+Sat	备注
空闲（低）	1	2	3	4	5	6	15	
低于普通	1	4	5	6	7	8	15	
普通	1	6	7	8	9	10	15	
高于普通	1	8	9	10	11	12	15	
高	1	11	12	13	14	15	15	只有 6 个值（而不是 7 个）
实时	16	22	23	24	25	26	31	在 16 到 31 之间的所有值都能用

SetThreadPriority 的参数值指明了偏移值。有五个级别分别对应于从 −2 到 +2 的偏移值：THREAD_PRIORITY_LOWEST（−2）、THREAD_PRIORITY_BELOW_NORMAL（−1）、THR-EAD_PRIORITY_NORMAL（0）、THREAD_PRIORITY_ABOVE_NORMAL（+1），THREAD_PRIORITY_HIGHEST（+2）。剩下的两个级别被称为饱和级别，用来将优先级设置成本类别支持的两个极端值：THREAD_PRIORITY_IDLE（−Sat）和 THREAD_PRIORITY_TIME_CRITICAL（+Sat）。

下面的代码示例将当前线程的优先级设置为 11：

```
SetPriorityClass(GetCurrentProcess(), ABOVE_NORMAL_PRIORITY_CLASS);
SetThreadPriority(GetCurrentThread(), THREAD_PRIORITY_ABOVE_NORMAL);
```

> ℹ 实时优先级类别并不是表明 Windows 是一个实时操作系统，Windows 并不提供真正的实时操作系统通常会提供的一些时间保证。另外，由于实时优先级非常高，会与许多执行重要任务的内核线程产生竞争，所以这样的进程必须用管理员权限运行。非管理员权限的进程设置实时优先级会被设置成高优先级类别。
>
> 在实时优先级类别与比它低的优先级类别之间还有一些别的差异。详情请参考 *Windows Internals* 一书。

表 4-1 很清楚地显示了我们要解决的问题。只有一小部分的优先级能被直接设置。我们想要创建一个驱动程序来避开这些限制，允许将线程优先级设置为任意值，而不用管进程的优先级类别是什么。

4.2 驱动程序初始化

我们会像第 2 章中那样开始创建驱动程序。创建一个叫作 PriorityBooster（或者选个别的名字也一样）的新的"WDM 空项目"，并将项目向导产生的 INF 文件删除。然后在项目里增加一个新的源代码文件，取名为 PriorityBooster.cpp（或者任何读者喜欢的名字）。在此源文件里加上对主要 WDK 头文件的基本 #include 语句和一个空的 DriverEntry。

```
#include <ntddk.h>

extern "C" NTSTATUS
DriverEntry(_In_ PDRIVER_OBJECT DriverObject, _In_ PUNICODE_STRING RegistryPath) {
    return STATUS_SUCCESS;
}
```

多数软件驱动程序需要在 DriverEntry 里做如下操作：

❑ 设置 Unload 例程。
❑ 设置本驱动程序支持的分发例程。
❑ 创建设备对象。
❑ 创建指向设备对象的符号链接。

一旦上面这些都做完之后，驱动程序就准备好接受请求了。

第一步是增加一个 Unload 例程，并从驱动程序对象指向它。这是加了 Unload 例程的 DriverEntry：

```
// prototypes

void PriorityBoosterUnload(_In_ PDRIVER_OBJECT DriverObject);

// DriverEntry

extern "C" NTSTATUS
DriverEntry(_In_ PDRIVER_OBJECT DriverObject, _In_ PUNICODE_STRING RegistryPath) {
    DriverObject->DriverUnload = PriorityBoosterUnload;

    return STATUS_SUCCESS;
}

void PriorityBoosterUnload(_In_ PDRIVER_OBJECT DriverObject) {
}
```

当我们在 DriverEntry 里执行一些需要清除的工作时，会根据需要向 Unload 例程中加入代码。

下一步，我们要设置需要支持的分发例程。实际上，每个驱动程序都需要支持 IRP_MJ_CREATE 和 IRP_MJ_CLOSE，否则无法打开驱动程序的任何一个设备的句柄。因此，我们向 DriverEntry 中加入如下内容：

```
DriverObject->MajorFunction[IRP_MJ_CREATE] = PriorityBoosterCreateClose;
DriverObject->MajorFunction[IRP_MJ_CLOSE] = PriorityBoosterCreateClose;
```

我们把 Create 和 Close 主功能函数都指向同一个例程。稍后我们就能看到，这是因为它们实际上做了同样的事：就是批准请求而已。在更复杂的情况下，它们可能是不同的函数，Create 函数里可以（比如）检查调用者是谁，并只让经过批准的调用者成功打开设备。

所有主功能函数都具有相同的原型（它们是函数指针数组的一部分），我们需要增加 PriorityBoosterCreateClose 的原型。函数原型如下：

```
NTSTATUS PriorityBoosterCreateClose(_In_ PDEVICE_OBJECT DeviceObject, _In_ PIRP Irp);
```

该函数必须返回 NTSTATUS，并接受一个指向设备对象的指针和一个指向 I/O 请求包（IRP）的指针。IRP 是存储请求信息的主要对象，对所有请求都是如此。我们将在第 6 章深入挖掘 IRP，不过在本章的随后部分，我们会了解它的基础部分。这是因为我们需要这些基础信息来完成驱动程序的编写。

4.2.1　将信息传递给驱动程序

我们刚刚设置好的 Create 和 Close 操作是必需的，但显然不够。我们需要有一种方法来告诉驱动程序要设置哪个线程的优先级和设置成什么值。从用户模式客户程序的角度来说，有三种基本的函数可以利用：WriteFile、ReadFile 和 DeviceIoControl。

就我们的驱动程序的目标来说，可以用 WriteFile 或者是 DeviceIoControl。读没有意义，因为我们需要的是给驱动程序传递信息而不是从驱动程序获得信息。那么哪个更好呢？是 WriteFile 还是 DeviceIoControl？这个多半取决于个人喜好，不过一般的看法是，在确实需要一个写操作（逻辑上的）时使用 WriteFile；别的情况下则倾向于使用 DeviceIoControl，因为它是给驱动程序传递信息和从驱动程序获取信息的一般机制。

既然修改线程优先级不是一个纯粹的写操作，我们就使用 DeviceIoControl。这个函数有如下原型：

```
BOOL WINAPI DeviceIoControl(
    _In_ HANDLE hDevice,
    _In_ DWORD dwIoControlCode,
    _In_reads_bytes_opt_(nInBufferSize) LPVOID lpInBuffer,
    _In_ DWORD nInBufferSize,
    _Out_writes_bytes_to_opt_(nOutBufferSize,*lpBytesReturned) LPVOID lpOutBuffer,
    _In_ DWORD nOutBufferSize,
    _Out_opt_ LPDWORD lpBytesReturned,
    _Inout_opt_ LPOVERLAPPED lpOverlapped);
```

有三个重要的参数传递给 DeviceIoControl：

❑ 一个控制代码
❑ 一个输入缓冲区
❑ 一个输出缓冲区

这说明了 DeviceIoControl 是跟驱动程序通信的灵活机制。它能够支持多个控制代码，每个代码有不同的语义，并跟可选的缓冲区一起传递。在驱动程序这边，Device-IoControl 对应于 IRP_MJ_DEVICE_CONTROL 主功能函数代码。让我们将它加入分发例程的初始化中去：

```
DriverObject->MajorFunction[IRP_MJ_DEVICE_CONTROL] = PriorityBoosterDeviceControl;
```

4.2.2 客户程序 / 驱动程序之间的通信协议

我们已经决定使用 DeviceIoControl 作为客户程序 / 驱动程序间的通信手段，现在需要定义实际的语义了。显然我们需要一个控制代码和一个输入缓冲区。输入缓冲区中需要包含两部分内容：线程 ID 和要给线程设置的优先级，这样驱动程序才能完成它的工作。

这两部分内容必须既能被驱动程序使用，也能被客户程序使用。客户程序会提供数据，而驱动程序要用这些数据工作。所以这些数据的定义必须放在一个单独的文件里，并被驱动程序代码和客户程序代码同时包含。

为此我们在驱动程序项目中新增一个叫作 PriorityBoosterCommon.h 的头文件。此文件随后也会被用户模式的客户程序所使用。

在这个文件里，我们需要定义两个东西：驱动程序期望从客户程序获得的数据结构，以及用来修改线程优先级的控制代码。先从声明结构开始，该结构包含了客户程序传递给驱动程序的信息：

```
struct ThreadData {
    ULONG ThreadId;
    int Priority;
};
```

我们需要线程的唯一 ID 和目标优先级。线程 ID 是一个 32 位的无符号整数，因此我们选择 ULONG 为其类型（注意我们不能像往常一样用 DWORD——在用户模式头文件里定义的常用类型—— 它并没有在内核头文件中定义。相反地，ULONG 则在二者中均有定义）。优先级则必须是个 1 到 31 之间的数字，因此简单地用一个 32 位整数就行。

下一步我们需要定义控制代码。可能读者会觉得随便哪个 32 位整数都行，但这不对。控制代码必须用 CTL_CODE 宏来定义，它接受四个参数，这四个参数组成了最终的控制代码。CTL_CODE 宏是这样定义的：

```
#define CTL_CODE( DeviceType, Function, Method, Access ) ( \
    ((DeviceType) << 16) | ((Access) << 14) | ((Function) << 2) | (Method))
```

下面是这些宏参数含义的简要描述：
- ❑ DeviceType ——标识设备的类型。它可以是 WDK 头文件中定义的 FILE_DEVICE_xxx 常数，不过那些多数是给基于硬件的驱动程序准备的。对我们这种纯软件的驱动程序来说，这个数字的值并没有那么关键。不过微软的文档里还是指明了第三方的值必须从 0x8000 开始。
- ❑ Function ——一个往上增长的数字，用来指明某个特定的操作。如果没有别的情况，这个数字对于同一个驱动程序的不同控制代码必须是不同的。跟上面一样，虽然任意数字都可以，但官方文档规定了第三方驱动需要从 0x800 开始。
- ❑ Method——控制代码最重要的部分。它指明了客户程序提供的输入输出缓冲区是怎样传递到驱动程序的。在第 6 章我们会仔细研究这部分的值。对现在这个驱动程序来说，我们会用最简单的值 METHOD_NEITHER。我们可以在本章后面看到这个值的作用。
- ❑ Access ——指明这个操作是到达驱动程序（FILE_WRITE_ACCESS），来自驱动程序（FILE_READ_ACCESS），还是二者兼有（FILE_ANY_ACCESS）。通常情况下驱动程序会用 FILE_ANY_ACCESS 并在 IRP_MJ_DEVICE_CONTROL 处理程序中根据实际的请求进行处理。

有了上面这些信息，我们就可以定义唯一的控制代码了，如下：

```
#define PRIORITY_BOOSTER_DEVICE 0x8000

#define IOCTL_PRIORITY_BOOSTER_SET_PRIORITY CTL_CODE(PRIORITY_BOOSTER_DEVICE, \
    0x800, METHOD_NEITHER, FILE_ANY_ACCESS)
```

4.2.3 创建设备对象

我们有更多的初始化工作要在 DriverEntry 里进行。目前我们还没有设备对象，因此还无法打开一个句柄从而到达驱动程序。典型的软件驱动程序只需要一个设备对象，用一个符号链接指向它，这样用户模式客户程序就能得到它的句柄。

创建一个设备对象需要调用 IoCreateDevice API。这个函数的声明如下（为了清楚起见省略和简化了一些 SAL 标注）：

```
NTSTATUS IoCreateDevice(
    _In_        PDRIVER_OBJECT DriverObject,
    _In_        ULONG DeviceExtensionSize,
    _In_opt_    PUNICODE_STRING DeviceName,
    _In_        DEVICE_TYPE DeviceType,
    _In_        ULONG DeviceCharacteristics,
    _In_        BOOLEAN Exclusive,
    _Outptr_    PDEVICE_OBJECT *DeviceObject);
```

传递给 IoCreateDevice 的参数描述如下：

❑ DriverObject ——设备对象所属的驱动程序对象。此参数就是传递给 DriverEntry 函数的驱动程序对象。

❑ DeviceExtensionSize ——除了 sizeof（DEVICE_OBJECT）的大小还需要额外分配的字节数。对于把一些数据结构连接到设备上很有用。对只创建单一设备对象的软件驱动程序来说没多大用处，毕竟设备所需的状态能够简单地用全局变量来管理。

❑ DeviceName——内部的设备名称。通常在对象管理器的 Device 目录下创建。

❑ DeviceType——跟一些硬件驱动程序有关。对软件驱动程序来说，应该使用 FILE_DEVICE_UNKNOWN。

❑ DeviceCharacteristics——标志的集合，与一些特殊的驱动程序相关。软件驱动程序一般设置成零，或者在支持真正的名字空间时设置成 FILE_DEVICE_SECURE_OPEN（极少会被软件驱动程序使用，已超出本书范围）。

❑ Exclusive ——是否允许多于一个文件对象打开同一设备？多数驱动程序应该设置成 FALSE，不过某些时候设成 TRUE 会更加合适，它强制设备只能由一个客户程序使用。

❑ DeviceObject——用来返回设备对象的指针，以指向指针的指针形式传递。如果调用成功，IoCreateDevice 会从非分页内存池中分配 DEVICE_OBJECT 结构，并将结果指针存储到此参数的反引用（dereference）里。

在调用 IoCreateDevice 之前，我们必须先创建一个 UNICODE_STRING 来存放内部设备名：

```
UNICODE_STRING devName = RTL_CONSTANT_STRING(L"\\Device\\PriorityBooster");
// RtlInitUnicodeString(&devName, L"\\Device\\ThreadBoost");
```

　　设备名称可以任意取, 但必须位于对象管理器的 Device 目录下。用常数字符串初始化 UNICODE_STRING 有两种方法。第一种方法是使用 RtlInitUnicodeString, 它能很好地工作, 但是它必须对字符串中的字符进行计数, 用以正确初始化 Length 和 Maximum-Length 字段。这个也没什么大不了的, 但是有更快的方法——使用 RTL_CONSTANT_STR-ING 宏, 它在编译期对字符串长度进行静态计算, 这也意味它只能在常量字符串上工作。

　　现在我们可以调用 IoCreateDevice 了:

```
PDEVICE_OBJECT DeviceObject;
NTSTATUS status = IoCreateDevice(
    DriverObject        // our driver object
    0                   // no need for extra bytes
    &devName            // the device name
    FILE_DEVICE_UNKNOWN // device type
    0                   // characteristics flags
    FALSE               // not exclusive
    &DeviceObject       // the resulting pointer
    );
if (!NT_SUCCESS(status)) {
    KdPrint(("Failed to create device object (0x%08X)\n", status));
    return status;
}
```

　　如果一切正常, 我们就有了一个指向设备对象的指针。下一步是通过提供符号链接使得设备能够被用户模式的调用者访问。下面几行代码创建了一个符号链接并将其与我们的设备对象连接起来:

```
UNICODE_STRING symLink = RTL_CONSTANT_STRING(L"\\??\\PriorityBooster");
status = IoCreateSymbolicLink(&symLink, &devName);
if (!NT_SUCCESS(status)) {
    KdPrint(("Failed to create symbolic link (0x%08X)\n", status));
    IoDeleteDevice(DeviceObject);
    return status;
}
```

　　IoCreateSymbolLink 函数通过接受符号链接和链接的目标为参数进行工作。请注意如果创建失败了, 我们必须要将迄今为止做过的一切恢复原状——这个例子里只创建了一个设备对象——调用 IoDeleteDevice 销毁设备对象。推而广之, 如果 DriverEntry 返回了任何失败的状态值, Unload 例程都不会被调用。如果有了更多的初始化步骤, 我们必须记住要将到失败的这一点为止做过的每件事情恢复原状。在第 5 章我们会用一个更加简要的方法来处理这些问题。

　　在设备对象和符号链接都设置好之后, DriverEntry 就可以返回成功, 且驱动程序已经准备好接受请求了。

　　在继续前进之前, 我们一定不能忘记 Unload 例程。假设 DriverEntry 成功完成, Unload 例程就必须复原在 DriverEntry 里完成的所有内容。在我们这个例子里, 有两件事情需要复原：设备对象的创建和符号链接的创建。我们将以相反的顺序进行复原：

```
void PriorityBoosterUnload(_In_ PDRIVER_OBJECT DriverObject) {
    UNICODE_STRING symLink = RTL_CONSTANT_STRING(L"\\??\\PriorityBooster");
    // delete symbolic link
    IoDeleteSymbolicLink(&symLink);

    // delete device object
    IoDeleteDevice(DriverObject->DeviceObject);
}
```

4.3 客户程序代码

现在可以写用户模式客户程序代码了，它所需要的每样东西都已经就绪。

在解决方案里新增一个桌面控制台类型的项目，取名为 Booster（或者选别的名字也行）。Visual Studio 的向导会创建单个源代码文件（Visual Studio 2019），在 Visual Studio 2017 里还有两个预编译头文件（pch.h 和 pch.cpp）。现在可以忽略这些预编译头文件。

在 Booster.cpp 文件里，删除默认的"hello, world"代码，增加如下声明：

```
#include <windows.h>
#include <stdio.h>
#include "..\PriorityBooster\PriorityBoosterCommon.h"
```

请注意，我们把在驱动程序中创建并与客户程序代码共享的公用头文件也包含进来。

修改 main 函数以接受命令行参数。我们要从命令行参数接受一个线程 ID 和一个优先级，然后请求驱动程序改变线程的优先级为指定值。

```
int main(int argc, const char* argv[]) {
    if (argc < 3) {
        printf("Usage: Booster <threadid> <priority>\n");
        return 0;
    }
```

下一步我们需要打开设备的句柄。传递给 CreateFile 的"文件名"参数必须是带有"\\.\"前缀的符号链接。完整的调用看上去是这样的：

```
HANDLE hDevice = CreateFile(L"\\\\.\\PriorityBooster", GENERIC_WRITE,
    FILE_SHARE_WRITE, nullptr, OPEN_EXISTING, 0, nullptr);
if (hDevice == INVALID_HANDLE_VALUE)
    return Error("Failed to open device");
```

Error 函数简单地打印出一些文本，包含最近发生的错误代码：

```
int Error(const char* message) {
    printf("%s (error=%d)\n", message, GetLastError());
    return 1;
}
```

CreateFile 调用会到达驱动程序的 IRP_MJ_CREATE 分发例程。如果此时驱动程序尚未加载——意即设备对象和符号链接还不存在——我们就会得到一个错误代码 2（文件未找到）。现在我们有了一个设备的合法句柄，可以准备设置对 DeviceIoControl 的调用了。首先，我们需要创建一个 ThreadData 结构并填充其值：

```
ThreadData data;
data.ThreadId = atoi(argv[1]);   // command line first argument
data.Priority = atoi(argv[2]);   // command line second argument
```

现在我们已经准备好调用 DeviceIoControl，随后可以关闭设备句柄：

```
DWORD returned;
BOOL success = DeviceIoControl(hDevice,
    IOCTL_PRIORITY_BOOSTER_SET_PRIORITY,     // control code
    &data, sizeof(data),                      // input buffer and length
    nullptr, 0,                               // output buffer and length
    &returned, nullptr);
if (success)
    printf("Priority change succeeded!\n");
else
    Error("Priority change failed!");

CloseHandle(hDevice);
```

DeviceIoControl 通过调用 IRP_MJ_DEVICE_CONTROL 主功能例程到达驱动程序。

到此为止，客户程序代码已经完成。剩下的任务就是实现我们在驱动程序里声明的分发例程了。

4.4　Create 和 Close 分发例程

现在已经可以开始实现在驱动程序中定义的三个分发例程了。到目前为止最简单的是 Create 和 Close 例程。它们需要的只是用一个成功状态完成请求而已。这是完整的 Create/Close 分发例程实现代码：

```
_Use_decl_annotations_
NTSTATUS PriorityBoosterCreateClose(PDEVICE_OBJECT DeviceObject, PIRP Irp) {
    UNREFERENCED_PARAMETER(DeviceObject);

    Irp->IoStatus.Status = STATUS_SUCCESS;
    Irp->IoStatus.Information = 0;
    IoCompleteRequest(Irp, IO_NO_INCREMENT);
    return STATUS_SUCCESS;
}
```

每个分发例程都接受目标设备对象和一个 I/O 请求包（IRP）作为参数。对设备对象我们不用多加关注，因为只有一个，总归只能是在 DriverEntry 里创建的那个。相反 IRP 就特别重要了。虽然我们在第 6 章会深入研究 IRP，但是现在也需要快速地对它进行一些了解。

IRP 是半文档化的结构，用来表示一个请求。它通常来自执行体中的管理器之一：I/O 管理器、即插即用管理器或者电源管理器。对一个简单的软件驱动程序而言，IRP 基本上来自 I/O 管理器。不管 IRP 的创建者是谁，驱动程序的目的都是处理 IRP。那样就需要观察请求的具体细节，做应该做的事以完成请求。

每个到达驱动程序的请求都会被包裹在一个 IRP 里，无论它是 Create、Close、Read 还是其他。我们能够通过观察 IRP 的成员来分辨出请求的类型以及请求的细节（就技术上而言，分发例程本身就是根据请求类型指向的，因此大多数时候我们其实已经知道了请求类型）。值得一提的是，IRP 从不单独到来，它总会有一个或多个 IO_STACK_LOCATION 类型的结构相伴。在像我们的驱动程序这样简单的情形里，只有一个 IO_STACK_LOCATION。在更加复杂的情形里，当前驱动程序的上面或者下面会有过滤驱动程序，会存在多个 IO_STACK_LOCATION 实例，也就是设备栈的每层都会包含一个该实例（我们会在第 6 章详细讨论这个结构）。简言之，我们需要的信息部分位于基础 IRP 结构中，部分位于设备栈中属于当前"层次"的 IO_STACK_LOCATION 结构中。

对于 Create 和 Close 请求，我们不需要检查任何结构成员。只需在 IRP 的 IoStatus 成员里设置状态值（IoStatus 字段的类型是 IO_STATUS_BLOCK），它拥有两个成员：

❑ Status ——指明用什么状态完成此请求。

❑ Information ——多用途的成员，对于不同的请求有不同的含义。在 Create 和 Close 请求中，将值设置成零就可以了。

我们需要调用 IoCompleteRequest 函数去完成 IRP。这个函数会做很多事情，但是最基本的，它会把 IRP 传送回它的创建者（通常是 I/O 管理器），然后管理器通知客户程序操作已完成。函数的第二个参数是驱动程序提供给客户程序的优先级临时提升数值。多数时候零就是最好的值（IO_NO_INCREMENT 定义为零），因为请求是同步完成的，调用者没有理由需要得到一个优先级提升。再次说明，关于此函数的更多信息会在第 6 章提供。

最后一件事是返回状态值，此值跟放到 IRP 里的一样。这看上去像是在做无用功，但这是必要的（其理由在后续章节中阐明）。

4.5 DeviceIoControl 分发例程

这是事情的关键点。目前为止所有的驱动程序代码都导向这个分发例程。这个分发例程是完成实际工作的例程，它为给定的线程设置请求的优先级。

首先我们需要检查控制代码。通常驱动程序会支持多个控制代码，一旦发现了未识别的控制代码，我们要立即让请求失败：

```
_Use_decl_annotations_
NTSTATUS PriorityBoosterDeviceControl(PDEVICE_OBJECT, PIRP Irp) {
    // get our IO_STACK_LOCATION
    auto stack = IoGetCurrentIrpStackLocation(Irp); // IO_STACK_LOCATION*
```

```
auto status = STATUS_SUCCESS;

switch (stack->Parameters.DeviceIoControl.IoControlCode) {
    case IOCTL_PRIORITY_BOOSTER_SET_PRIORITY:
        // do the work
        break;

    default:
        status = STATUS_INVALID_DEVICE_REQUEST;
        break;
}
```

对任意 IRP 来说，获取信息的关键在于检查与当前的设备层相联的 IO_STACK_
LOCATION。调用 IoGetCurrentIrpStackLocation 函数会返回一个指向正确的 IO_STACK_
LOCATION 的指针。在我们当前的情况下只有一个 IO_STACK_LOCATION，但是无论怎样，
调用 IoGetCurrentIrpStackLocation 都是正确的做法。

IO_STACK_LOCATION 的主要部分是一个巨大的联合体成员，叫作 Parameters，它包
含了多个结构体，每一类 IRP 都有一个结构体。对于 IRP_MJ_DEVICE_CONTROL，需要观
察的结构是 DeviceIoControl。在那里我们能够找到客户程序传递过来的信息，比如控制
代码、缓冲区及其长度。

上面的 switch 语句使用 IoControlCode 成员来确定是否是能处理的控制代码。如果
不是，我们就将状态设置为不成功的某个值并跳出 switch 语句块。

我们所需的最后一部分常见代码是在 switch 语句块之后完成 IRP 的代码，无论成功
与否。否则的话客户程序就得不到请求完成的响应：

```
Irp->IoStatus.Status = status;
Irp->IoStatus.Information = 0;
IoCompleteRequest(Irp, IO_NO_INCREMENT);
return status;
```

以上代码使用当前的状态值完成了 IRP。如果不能识别控制代码，那就是一个失败状
态。反之，在能识别控制代码的情况下，结果状态就取决于实际工作。

最后一块代码最有趣也最重要：执行真正改变线程优先级的工作。第一步是检查接收
到的缓冲区是否足够大，能容纳一个 ThreadData 对象。用户提供的输入缓冲区的指针可
以从 Type3InputBuffer 成员那里得到，输入缓冲区大小由 InputBufferLength 指出：

```
if (stack->Parameters.DeviceIoControl.InputBufferLength < sizeof(ThreadData)) {
    status = STATUS_BUFFER_TOO_SMALL;
    break;
}
```

> 　读者可能会怀疑，这样直接访问用户提供的缓冲区是否正确？由于缓冲区位于用户
> 空间，我们只有在处于用户进程的上下文时才能访问。事实上我们的确在此，如第 1 章
> 中描述的那样，因为这本来就是用户线程自身在转换到内核模式之后进行的调用。

下一步，假设缓冲区足够长，我们把它当作 ThreadData 处理：

```
auto data = (ThreadData*)stack->Parameters.DeviceIoControl.Type3InputBuffer;
```

如果指针是 NULL，那我们就得中止：

```
if (data == nullptr) {
    status = STATUS_INVALID_PARAMETER;
    break;
}
```

然后，检查优先级是否在 1 到 31 的合法范围之内，如果不是就中止：

```
if (data->Priority < 1 || data->Priority > 31) {
    status = STATUS_INVALID_PARAMETER;
    break;
}
```

我们离目标越来越近了。我们要用的 API 是 KeSetPriorityThread，函数原型如下：

```
KPRIORITY KeSetPriorityThread(
    _Inout_ PKTHREAD Thread,
    _In_ KPRIORITY Priority);
```

KPRIORITY 类型只是一个 8 位整数。用一个指向 KTHREAD 对象的指针来标识线程。KTHREAD 是内核对线程的管理途径的一部分。它完全是未公开的，但是这里的重点是有从客户程序来的线程 ID，我们需要用某种方法将它转换成内核空间的线程对象指针并获取它。这个用线程 ID 查找线程的函数很恰当地被命名为 PsLookupThreadByThreadId。为了得到这个函数的定义，我们需要加入另一个 #include 语句：

```
#include <ntifs.h>
```

注意必须将 #include 加在 <ntddk.h> 之前，否则会产生一堆编译错误。

现在我们能够将线程 ID 转换成指针了：

```
PETHREAD Thread;
status = PsLookupThreadByThreadId(ULongToHandle(data->ThreadId), &Thread);
if (!NT_SUCCESS(status))
    break;
```

这段代码里有一些重要的地方：

❏ 这个查找函数接受 HANDLE 类型而不是某种 ID。那么它到底是一个句柄还是一个 ID？答案是：这是一个句柄类型的 ID。这么做是由进程 ID 和线程 ID 的生成方式决定的。它们都是从一个全局的、私有的内核句柄表格中生成的，所以句柄"值"就是实际的 ID。ULongToHandle 宏提供了必要的类型强制转换以成功编译。（记住 HANDLE 在 64 位系统中是 64 位的，而客户程序提供的线程 ID 总是 32 位的。）

- ❑ 函数返回的结果指针的类型是 PETHREAD, 或者称为指向 ETHREAD 的指针。同样地, ETHREAD 也是完全未公开的。无论如何, 我们看上去有个问题了。因为 KeSet-Priority-Thread 接受的参数类型是 PKTHREAD 而不是 PETHREAD。但其实它们是一样的, 因为 ETHREAD 的第一个成员就是 KTHREAD (成员名字叫 Tcb)。下一章使用内核调试器时我们会证明这一点。最起码我们可以在需要时安全地交换这两者而不会引起问题。

- ❑ PsLookupThreadByThreadId 会因为各种不同的原因失败, 比如不合法的线程 ID 或者线程已经终止等。如果调用失败, 我们就简单地退出 switch 语句并将状态设置成此函数返回的值。

现在我们已经准备好修改优先级了。不过等等——如果恰恰就在我们设置新的优先级之前, 前一个调用成功之后, 线程终止了, 会发生什么状况? 请放心, 这实际上并不可能发生。从理论上来说线程是可以在那里终止的, 但是这不会破坏我们的指针。因为查找函数如果成功, 会增加内核线程对象的引用计数, 所以在我们显式减少引用计数之前, 它是不会被释放的。下面是进行优先级修改的调用:

```
KeSetPriorityThread((PKTHREAD)Thread, data->Priority);
```

剩下要做的就是减少线程对象的引用计数了, 否则的话会产生泄漏, 那只有在下一次系统重启时才能解决。完成这个任务的函数是 ObDereferenceObject:

```
ObDereferenceObject(Thread);
```

搞定! 作为参考, 这里是完整的 IRP_MJ_DEVICE_CONTROL 处理程序, 只做了一点外观上的小修改:

```cpp
_Use_decl_annotations_
NTSTATUS PriorityBoosterDeviceControl(PDEVICE_OBJECT, PIRP Irp) {
    // get our IO_STACK_LOCATION
    auto stack = IoGetCurrentIrpStackLocation(Irp); // IO_STACK_LOCATION*
    auto status = STATUS_SUCCESS;

    switch (stack->Parameters.DeviceIoControl.IoControlCode) {
    case IOCTL_PRIORITY_BOOSTER_SET_PRIORITY: {
        // do the work
        auto len = stack->Parameters.DeviceIoControl.InputBufferLength;
        if (len < sizeof(ThreadData)) {
            status = STATUS_BUFFER_TOO_SMALL;
            break;
        }
        auto data = (ThreadData*)stack->Parameters.DeviceIoControl.Type3InputBuffer;
        if (data == nullptr) {
            status = STATUS_INVALID_PARAMETER;
            break;
        }
```

```
        if (data->Priority < 1 || data->Priority > 31) {
            status = STATUS_INVALID_PARAMETER;
            break;
        }

        PETHREAD Thread;
        status = PsLookupThreadByThreadId(ULongToHandle(data->ThreadId), &Thread);
        if (!NT_SUCCESS(status))
            break;

        KeSetPriorityThread((PKTHREAD)Thread, data->Priority);
        ObDereferenceObject(Thread);
        KdPrint(("Thread Priority change for %d to %d succeeded!\n",
            data->ThreadId, data->Priority));
        break;
    }

    default:
        status = STATUS_INVALID_DEVICE_REQUEST;
        break;
    }

    Irp->IoStatus.Status = status;
    Irp->IoStatus.Information = 0;
    IoCompleteRequest(Irp, IO_NO_INCREMENT);
    return status;
}
```

4.6 安装与测试

到此为止我们已经能够成功地构建驱动程序和客户程序了。下一步要安装驱动程序并测试它的功能。可以在虚拟机里进行下面的步骤，在开发机上进行也可以。

首先是安装驱动程序。打开一个提升了权限的命令行窗口，使用 Sc.exe 工具进行安装，就像我们在第 2 章做过的那样：

```
sc create booster type= kernel binPath= c:\Test\PriorityBooster.sys
```

确保 binPath 包含了生成的 SYS 文件的全路径。例子中驱动程序的名称（booster）就是创建的注册表键的名称，因此它必须是唯一的，并且不需要跟 SYS 文件名相关。

现在可以加载驱动程序了：

```
sc start booster
```

如果一切正常，驱动程序就能成功加载。为了确认这一点，我们可以打开 WinObj，找一下我们的设备名和符号链接。图 4-1 显示了 WinObj 中的符号链接。

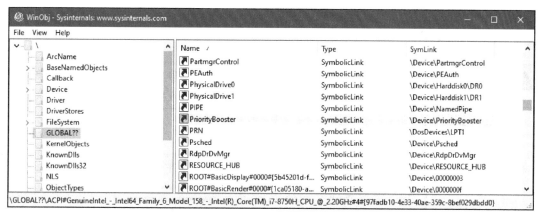

图 4-1　WinObj 中的符号链接

最终，我们能够运行客户程序了。图 4-2 显示了在 Process Explorer 中某个 cmd.exe 进程的一个线程，作为我们设置线程优先级的目标。

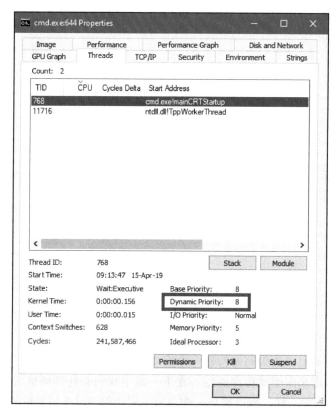

图 4-2　原先的线程优先级

以上面的线程 ID 和希望设置的优先级为参数运行客户程序（请根据情况用实际的线

程 ID 代替）：

```
booster 768 25
```

 如果在运行时出错了，或许应该在编译时将运行库设置成静态库而不是 DLL。去到项目
属性中的 C++ 节点代码生成 Code Generation 那里，选择多线程调试 Multithreaded Debug。

完美！看图 4-3。

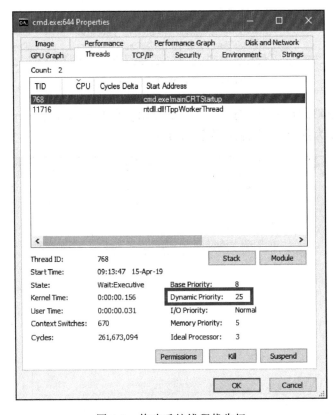

图 4-3　修改后的线程优先级

4.7　总结

我们已经看到了怎样从头到尾构建一个简单但是完整的驱动程序。我们还创建了一个
用户模式的客户程序来跟驱动程序通信。在下一章中我们会处理调试工作。驱动程序不一
定表现得跟我们期望的一样，所以这是一件在编写驱动程序时必须要做的事。

第 5 章 *Chapter 5*

调　　试

跟任何一种软件一样，内核驱动程序也会有错误。调试内核驱动程序跟用户模式下的调试不一样，它更具有挑战性。驱动程序的调试基本上就是调试一整台机器，而不仅仅是一个或几个进程，这需要我们有一种不同的心态。这一章讨论的是使用 WinDbg 调试器进行内核调试。

5.1　Debugging Tools for Windows

Debugging Tools for Windows 软件包由调试器、工具以及软件包中调试器的相关文档组成。这个软件包可以作为 Windows SDK 或者 WDK 的一部分安装，但并不是"真正的"安装。它的安装只是把文件进行了复制，并没有改动注册表。这就说明这个软件包只依赖于它自己的模块和 Windows 系统的 DLL。这样的话，把整个目录复制到另外一个目录，包括可移动介质上，都是很方便的。

软件包中包括四个调试器：Cdb.exe、Ntsd.exe、Kd.exe 和 WinDbg.exe。下面是关于每个调试器基本功能的简单描述：

- ❑ Cdb 和 Ntsd 是用户模式的、基于控制台的调试器。它们能够被附加到进程上，就像别的用户模式调试器一样。这两者都有控制台用户界面——键入一条命令，得到一个回应，如此这般地重复。这两者之间唯一的区别在于，如果从控制台窗口启动，Cdb 会直接用原来那个窗口，而 Ntsd 会打开一个新的窗口。其他方面它们都一样。
- ❑ Kd 是具有控制台用户界面的内核调试器。能够被附加到本地内核（本地内核调试会在下一节介绍）或者另一台机器上。
- ❑ WinDbg 是唯一一个具有图形用户界面的调试器。根据从菜单所做的选择，或者启动时指定的命令行参数，它能够进行用户模式或者内核模式调试。

> 近期，对于传统的 WinDbg，有了一个新的选择，叫作 Windbg Preview，可以从微软商店得到。它对传统的版本进行了重制，提供了更好的用户界面和用户体验，能在 Windows 10 版本 1607 或以后版本的系统上安装。从提供的功能来看，它跟传统的 WinDbg 很类似。不过它比较易于使用，这得益于它现代而便利的用户界面，并且实际上，它也解决了传统调试器的一些错误。本章后面我们看到的所有命令，在 WinDbg 和 WinDbg Preview 上都可以正常工作。

尽管这些调试器看上去彼此有别，但实际上用户模式调试器之间基本相同，内核模式调试器之间也一样。它们全都基于同一个作为 DLL（DbgEng.dll）实现的调试器引擎。各种调试器都可以使用扩展 DLL，这些扩展 DLL 提供了调试器的大多数功能。

> 调试器引擎在 Debugging Tools for Windows 中有详细的文档，因此它可以用来编写使用同一引擎的新调试器。

软件包中另外一部分工具包括（部分列表）：
- ❑ Gflags.exe——全局标志工具，允许设置一些内核标志和映像文件标志。
- ❑ ADPlus.exe——从崩溃或者挂起的进程中产生一个转储文件。
- ❑ Kill.exe——一个简单的工具，根据进程 ID、名称或者模式来终止进程。
- ❑ Dumpchk.exe——对转储文件执行一些常规检查的工具。
- ❑ TList.exe——列出系统中正在运行的进程，有各种选项可用。
- ❑ Umdh.exe——分析用户模式进程的堆分配情况。
- ❑ UsbView.exe——以层次形式显示 USB 设备和集线器。

5.2　WinDbg 简介

本节讲述 WinDbg 的基础知识，不过请记住所有内容在控制台调试器上都是一样的，除了 GUI 窗口之外。

WinDbg 建立在命令之上。用户输入一个命令，调试器用文本描述命令执行结果给出响应。在 GUI 形式下，一些结果用专门的窗口进行显示，比如局部变量、栈、线程等。

WinDbg 支持三类命令：
- ❑ 内部命令——这些命令内建于调试器之中，操作被调试的目标。
- ❑ 元命令——这些命令以点（.）开头，操作调试进程自身，不直接操作被调试的目标。
- ❑ 扩展命令——这些命令以一个感叹号（!）开头，为调试器提供了很多功能。所有的扩展命令都实现成扩展 DLL。调试器会默认加载一些预定义的扩展 DLL，但可以从调试器目录或者别处加载更多的扩展 DLL。

> 编写扩展 DLL 完全可能，并且已经在调试器文档中有完整说明。事实上，很多这样的 DLL 已经被创建，并且能够从它们各自的来源加载。这些 DLL 提供了新的命令，能够增强调试体验，通常面向特定的场景。

教程：用户模式调试基础

如果读者已经有了 WinDbg 的使用经验，则可以放心地跳过这一节。

这个教程的目标是获得对 WinDbg 的基础认识，以及学习怎么用它来进行用户模式调试。内核调试将在下节描述。

通常有两种方法来初始化用户模式的调试——要么启动一个可执行程序并附加到它上面，要么附加到一个已经存在的进程上面。在这个教程里，我们将采用后面一种方法，不过这两种方法除了第一步之外，别的操作都一样。

启动 Notepad。

启动 WinDbg（Preview 版本或者传统版本都可以。下面的屏幕截图来自 Preview 版）。

选择 File/Attach To Process，在列表中定位到 Notepad 进程（见图 5-1）。然后单击 Attach，能看到类似图 5-2 的输出结果。

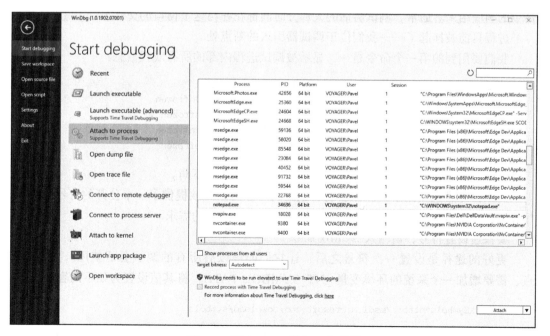

图 5-1　用 WinDbg 附加一个进程

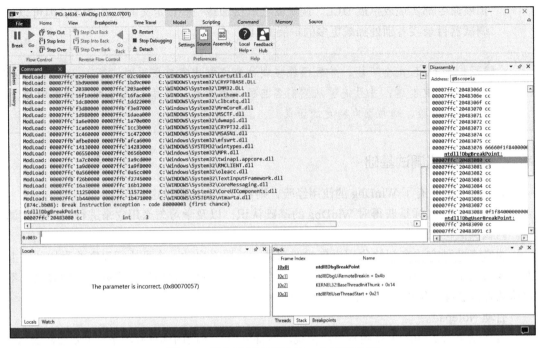

图 5-2　附加进程之后的第一个显示画面

命令窗口是我们主要关注的窗口——它应该一直保持打开状态。这个窗口会显示各种命令的响应结果。通常，调试会话的大部分时间都花在与这个窗口的交互上。

进程目前被挂起了——我们位于调试器引入的断点处。

我们要用到的第一个命令是～，显示被调试进程内部的所有线程信息：

```
0:003> ~
   0  Id: 874c.18068 Suspend: 1 Teb: 00000001`2229d000 Unfrozen
   1  Id: 874c.46ac Suspend: 1 Teb: 00000001`222a5000 Unfrozen
   2  Id: 874c.152cc Suspend: 1 Teb: 00000001`222a7000 Unfrozen
.  3  Id: 874c.bb08 Suspend: 1 Teb: 00000001`222ab000 Unfrozen
```

我们看到的线程的实际数目可能会跟这里显示的有所不同。

有一件非常重要的事，就是要有合适的符号存在。微软提供了一个公开的符号服务器，用于定位微软多数模块的符号。在底层调试中，这是基本的需求。

要快速设置符号，请输入 .symfix 命令。

更好的途径是设置一次符号之后，让它们能被以后所有的调试会话使用。要做到这点，需要增加一个系统的环境变量 _NT_SYMBOL_PATH，将其值设置为如下内容：

```
SRV*c:\Symbols*http://msdl.microsoft.com/download/symbols
```

中间部分（两个星号之间）是在本机缓存符号的本地路径，可以将其设置成任何想要的路径。一旦这个环境变量设置好了，下一次调试器就能自动找到符号，并根据需要从微软的符号服务器下载。

为了确认已经有了合适的符号，请输入 lm（已装入的模块）命令：

```
0:003> lm
start             end                 module name
00007ff7`53820000 00007ff7`53863000  notepad   (deferred)
00007ffb`afbe0000 00007ffb`afca6000  efswrt    (deferred)

(truncated)

00007ffc`1db00000 00007ffc`1dba8000  shcore    (deferred)
00007ffc`1dbb0000 00007ffc`1dc74000  OLEAUT32  (deferred)
00007ffc`1dc80000 00007ffc`1dd22000  clbcatq   (deferred)
00007ffc`1dd30000 00007ffc`1de57000  COMDLG32  (deferred)
00007ffc`1de60000 00007ffc`1f350000  SHELL32   (deferred)
00007ffc`1f500000 00007ffc`1f622000  RPCRT4    (deferred)
00007ffc`1f630000 00007ffc`1f6e3000  KERNEL32  (pdb symbols)      c:\symbols\k\
ernel32.pdb\3B92DED9912D874A2BD08735BC0199A31\kernel32.pdb
00007ffc`1f700000 00007ffc`1f729000  GDI32     (deferred)
00007ffc`1f790000 00007ffc`1f7e2000  SHLWAPI   (deferred)
00007ffc`1f8d0000 00007ffc`1f96e000  sechost   (deferred)
00007ffc`1f970000 00007ffc`1fc9c000  combase   (deferred)
00007ffc`1fca0000 00007ffc`1fd3e000  msvcrt    (deferred)
00007ffc`1fe50000 00007ffc`1fef3000  ADVAPI32  (deferred)
00007ffc`20380000 00007ffc`203ae000  IMM32     (deferred)
00007ffc`203e0000 00007ffc`205cd000  ntdll     (pdb symbols)      c:\symbols\n\
tdll.pdb\E7EEB80BFAA91532B88FF026DC6B9F341\ntdll.pdb
```

模块列表显示了当前已经装入被调试进程的所有模块（DLL 和 EXE）。你能够从中看到已装入的模块的起始和终止的虚拟地址。在模块名称后面可以看到这个模块的符号的状态（在括号里）。可能的值有这些：

❑ 推迟（deferred）——在当前调试会话中还没用到，因此现在还没有装入。这些符号会在需要时被装入。

❑ pdb 符号（pdb symbol）——这意味着正确的公开符号已被装入。随后会显示 PDB 文件所在的本地路径。

❑ 输出符号（export symbol）——这个 DLL 只有输出符号可用。这通常意味着本模块没有符号，或者没找到相应的符号。

❑ 没有符号（no symbol）——试图去找本模块的符号，但是什么都没发现，连输出符号都没有（这种模块没有输出符号，比如可执行文件和驱动程序文件）。

可以使用命令 .reload /f modulename.dll 强制加载模块的符号。这个命令能够给出模块是否有符号可用的决定性证据。

符号路径也可以通过调试器的设置对话框进行配置。

打开 File/Settings 菜单，定位到 Debugging Settings。可以在这里加入更多的符号搜索路径。这在调试代码时很有用，我们可以用调试器搜索相关的 PDB 文件可能存在的目录（见图 5-3）。

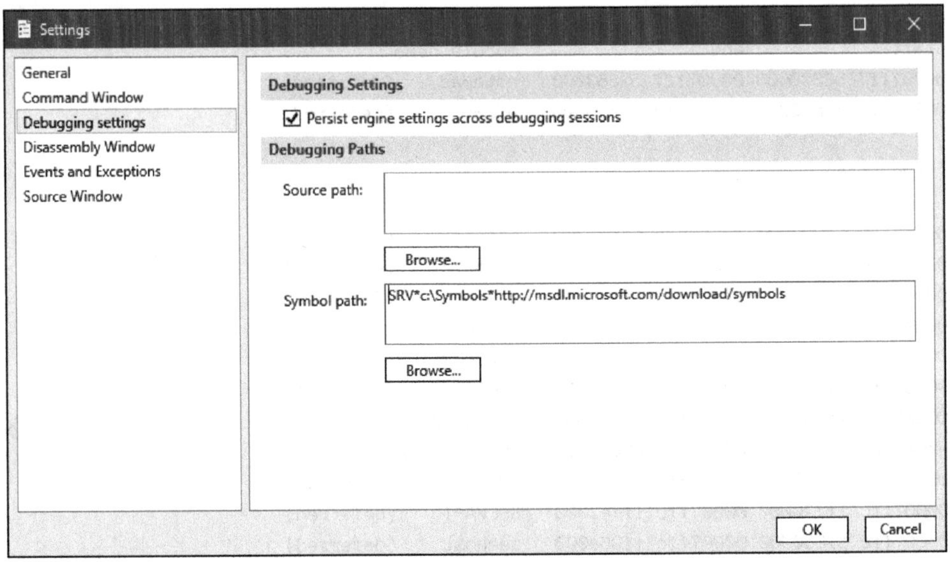

图 5-3　符号和源代码路径的配置

在开始处理之前，先确保已经正确配置了符号。为了对问题进行诊断，可以用 !sym noisy 命令，使得在尝试装载符号时输出详细信息。

回到线程列表上来——注意有一个线程在数据前面带有一个点。就与调试器的相关性而言，这个线程是当前线程。这意味着如果没有指定哪个线程的话，任何线程命令都会作用到这个线程上。这个"当前线程"也会在提示符上显示——冒号右边的数字就是当前线程的索引（这个例子里是 3）。

输入命令 k，这个命令显示当前线程的栈跟踪信息：

```
0:003> k
 # Child-SP          RetAddr           Call Site
00 00000001`224ffbd8 00007ffc`204aef5b ntdll!DbgBreakPoint
01 00000001`224ffbe0 00007ffc`1f647974 ntdll!DbgUiRemoteBreakin+0x4b
02 00000001`224ffc10 00007ffc`2044a271 KERNEL32!BaseThreadInitThunk+0x14
03 00000001`224ffc40 00000000`00000000 ntdll!RtlUserThreadStart+0x21
```

可以看到这个线程的调用列表（当然，只有用户模式的）。上面输出中的栈顶部是函数 DbgBreakPoint，它位于模块 ntdll.dll 中。通用的带有符号的地址格式是：modulename! functionname + offset。如果正好位于函数的开头，那么 offset 是可选的，也可能为零。另外要注意模块名称里不带扩展名。

在上面的输出中，DbgBreakPoint 被 DbgUiRemoteBreakIn 调用，而后者又被 BaseThreadInitThunk 调用，依此类推。

> 顺便说一下，此线程是由调试器注入的，以便强行进入目标进程。

要切换到别的线程，请使用命令 ~ns，这里 n 是线程的索引值。让我们切换到线程 0，然后显示它的调用栈：

```
0:003> ~0s
win32u!NtUserGetMessage+0x14:
00007ffc`1c4b1164 c3                    ret
0:000> k
 # Child-SP          RetAddr           Call Site
00 00000001`2247f998 00007ffc`1d802fbd win32u!NtUserGetMessage+0x14
01 00000001`2247f9a0 00007ff7`5382449f USER32!GetMessageW+0x2d
02 00000001`2247fa00 00007ff7`5383ae07 notepad!WinMain+0x267
03 00000001`2247fb00 00007ffc`1f647974 notepad!__mainCRTStartup+0x19f
04 00000001`2247fbc0 00007ffc`2044a271 KERNEL32!BaseThreadInitThunk+0x14
05 00000001`2247fbf0 00000000`00000000 ntdll!RtlUserThreadStart+0x21
```

这是 Notepad 的主线程（第一个线程）。栈的顶部显示了线程正在等待用户界面消息。

在不切换到另一个线程的情况下，还有一种方法显示那个线程的调用栈，就是在实际命令前使用波浪号和线程号。以下命令输出了线程 1 的栈：

```
0:000> ~1k
 # Child-SP          RetAddr           Call Site
00 00000001`2267f4c8 00007ffc`204301f4 ntdll!NtWaitForWorkViaWorkerFactory+0x14
01 00000001`2267f4d0 00007ffc`1f647974 ntdll!TppWorkerThread+0x274
02 00000001`2267f7c0 00007ffc`2044a271 KERNEL32!BaseThreadInitThunk+0x14
03 00000001`2267f7f0 00000000`00000000 ntdll!RtlUserThreadStart+0x21
```

让我们回到线程列表：

```
.  0  Id: 874c.18068 Suspend: 1 Teb: 00000001`2229d000 Unfrozen
   1  Id: 874c.46ac Suspend: 1 Teb: 00000001`222a5000 Unfrozen
   2  Id: 874c.152cc Suspend: 1 Teb: 00000001`222a7000 Unfrozen
#  3  Id: 874c.bb08 Suspend: 1 Teb: 00000001`222ab000 Unfrozen
```

请注意，点已移至线程 0（当前线程），在线程 3 上显示一个哈希符号（#）。标有哈希符号（#）的线程是引起最后一个断点的线程（在本例中是因为我们初始附加调试器的操作）。

由～命令提供的线程基本信息如图 5-4 所示。

WinDbg 默认以十六进制格式显示大多数数字。可以使用？（计算表达式）命令将数值转换成十进制。

键入下面的命令以得到进程 ID 的十进制形式（可以跟任务管理器中报告的 PID 作比较）：

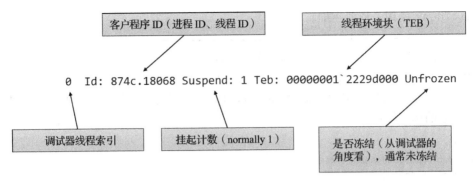

图 5-4　～命令显示的线程信息

```
0:000> ? 874c
Evaluate expression: 34636 = 00000000`0000874c
```

可以用 0n 前缀表示十进制数字，所以也可以用这个命令反过来查十六进制形式：

```
0:000> ? 0n34636
Evaluate expression: 34636 = 00000000`0000874c
```

用 !teb 命令可以检查线程的 TEB 内容。不带任何地址的 !teb 命令显示当前线程的
TEB：

```
0:000> !teb
TEB at 000000012229d000
    ExceptionList:        0000000000000000
    StackBase:           0000000122480000
    StackLimit:          000000012246f000
    SubSystemTib:        0000000000000000
    FiberData:           0000000000001e00
    ArbitraryUserPointer: 0000000000000000
    Self:                000000012229d000
    EnvironmentPointer:  0000000000000000
    ClientId:            000000000000874c . 0000000000018068
    RpcHandle:           0000000000000000
    Tls Storage:         000001c93676c940
    PEB Address:         000000012229c000
    LastErrorValue:      0
    LastStatusValue:     8000001a
    Count Owned Locks:   0
    HardErrorMode:       0
0:000> !teb 00000001`222a5000
TEB at 00000001222a5000
    ExceptionList:        0000000000000000
    StackBase:           0000000122680000
    StackLimit:          000000012266f000
    SubSystemTib:        0000000000000000
```

```
FiberData:              0000000000001e00
ArbitraryUserPointer:   0000000000000000
Self:                   00000001222a5000
EnvironmentPointer:     0000000000000000
ClientId:               000000000000874c . 00000000000046ac
RpcHandle:              0000000000000000
Tls Storage:            000001c936764260
PEB Address:            000000012229c000
LastErrorValue:         0
LastStatusValue:        c0000034
Count Owned Locks:      0
HardErrorMode:          0
```

!teb 命令显示的一些数据的含义相对已知：

❑ StackBase 和 StackLimit——当前线程的用户模式栈基址和限制。

❑ ClientId——进程和线程 ID。

❑ LastErrorValue——上一个 Win32 错误代码（GetLastError）。

❑ TlsStorage——此线程的线程局部存储（TLS）数组（对 TLS 的完整解释超出了本书的范围）。

❑ PEB Address——进程环境块（PEB）的地址，可以通过 !peb 命令来查看 PEB 的内容。

!teb 命令（以及类似的命令）显示的是其背后真正的结构中的部分内容，在这里真正的结构是 _TEB。可以使用 dt（display type）命令随时查看这个真正的结构：

```
0:000> dt ntdll!_teb
   +0x000 NtTib              : _NT_TIB
   +0x038 EnvironmentPointer : Ptr64 Void
   +0x040 ClientId           : _CLIENT_ID
   +0x050 ActiveRpcHandle    : Ptr64 Void
   +0x058 ThreadLocalStoragePointer : Ptr64 Void
   +0x060 ProcessEnvironmentBlock : Ptr64 _PEB

   (truncated)

   +0x1808 LockCount         : Uint4B
   +0x180c WowTebOffset      : Int4B
   +0x1810 ResourceRetValue  : Ptr64 Void
   +0x1818 ReservedForWdf    : Ptr64 Void
   +0x1820 ReservedForCrt    : Uint8B
   +0x1828 EffectiveContainerId : _GUID
```

要注意的是 WinDbg 对符号的大小写并不敏感。另外，还要注意一下结构的名称是由下划线开始的，这是 Windows 里定义所有结构的方式（用户模式和内核模式）。使用 typedef 的名称（没有下划线）可能行也可能不行，所以推荐大家始终用有下划线的名称。

🔑 怎样才能知道是哪个模块定义了你想查看的结构呢？如果这个结构有文档，那么文档
里会列出定义结构的模块。也可以试试不带模块名直接用这个结构，让调试器替我们
搜索。我们通常会根据经验，有时候是根据上下文，来判断结构在哪里定义。

如果在前面命令中加上一个地址，就能得到数据成员的实际值：

```
0:000> dt ntdll!_teb 00000001`2229d000
   +0x000 NtTib            : _NT_TIB
   +0x038 EnvironmentPointer : (null)
   +0x040 ClientId         : _CLIENT_ID
   +0x050 ActiveRpcHandle  : (null)
   +0x058 ThreadLocalStoragePointer : 0x000001c9`3676c940 Void
   +0x060 ProcessEnvironmentBlock : 0x00000001`2229c000 _PEB
   +0x068 LastErrorValue   : 0

   (truncated)

   +0x1808 LockCount        : 0
   +0x180c WowTebOffset     : 0n0
   +0x1810 ResourceRetValue : 0x000001c9`3677fd00 Void
   +0x1818 ReservedForWdf   : (null)
   +0x1820 ReservedForCrt   : 0
   +0x1828 EffectiveContainerId : _GUID {00000000-0000-0000-0000-000000000000}
```

每个成员都会显示出相对于结构起始处的偏移量、成员的名称和值。简单的值直接显示，而结构值（例如上面的 NtTib）通常会显示成一个超链接。单击这个超链接会显示出该结构的详情。

单击上面的 NtTib 成员，从而显示其数据成员的细节：

```
0:000> dx -r1 (*((ntdll!_NT_TIB *)0x12229d000))
(*((ntdll!_NT_TIB *)0x12229d000))                [Type: _NT_TIB]
   [+0x000] ExceptionList    : 0x0 [Type: _EXCEPTION_REGISTRATION_RECORD *]
   [+0x008] StackBase        : 0x122480000 [Type: void *]
   [+0x010] StackLimit       : 0x12246f000 [Type: void *]
   [+0x018] SubSystemTib     : 0x0 [Type: void *]
   [+0x020] FiberData        : 0x1e00 [Type: void *]
   [+0x020] Version          : 0x1e00 [Type: unsigned long]
   [+0x028] ArbitraryUserPointer : 0x0 [Type: void *]
   [+0x030] Self             : 0x12229d000 [Type: _NT_TIB *]
```

调试器会使用一个新的 dx 命令来查看数据。

> 如果没有看到超链接，那可能是用了一个旧版本的 WinDbg，其中还没有默认使用调试器标记语言（DML）。可以用 .prefer_dml 1 命令来打开这个功能。

现在让我们把注意力转向断点。设置一个用 notepad 打开文件时的断点。

输入以下命令，在 CreateFile API 函数处设置一个断点：

```
0:000> bp kernel32!createfilew
```

注意这个函数名称实际上应该是 CreateFileW，并不存在一个叫作 CreateFile 的函数。在代码中，CreateFile 是一个宏，它会根据一个叫作 UNICODE 的编译常量，来决定扩展成为 CreateFileW 还是 CreateFileA。对这个命令，WinDbg 没有输出响应，这是件好事。

> 对多数 API，有两套函数分别用于不同的字符串形式，这是历史原因造成的。在任何时候，Visual Studio 项目总是默认定义 UNICODE 常量，因此 Unicode 形式的函数是正常形式。这是好事——A 系列函数内部会将输入转换成 Unicode 并调用 W 系列函数。

用 bl 命令可以列出已经存在的断点：

```
0:000> bl
   0 e Disable Clear  00007ffc`1f652300  0001 (0001)  0:**** KERNEL32!CreateFileW
```

可以看到断点的索引值（0）是被允许了还是被禁止了（e = 被允许，d = 被禁止），并且得到用来禁止（bd 命令）和删除（bc 命令）该断点的超链接。

现在让 notepad 继续执行，直到触发断点。

输入 g 命令，或者按下工具条上的 Go 按钮，或者按 F5 键，调试器会在提示符这里显示正在忙碌，命令区显示被调试者正在运行，这意味着直到下次中断才能输入命令。

Notepad 现在开始运行了。找到它的 File 菜单，选择 Open…。调试器会输出一大堆模块装载信息，然后中断：

```
Breakpoint 0 hit
KERNEL32!CreateFileW:
00007ffc`1f652300 ff25aa670500    jmp     qword ptr [KERNEL32!_imp_CreateFileW (0000\
7ffc`1f6a8ab0)] ds:00007ffc`1f6a8ab0={KERNELBASE!CreateFileW (00007ffc`1c75e260)}
```

我们触发了断点！注意一下是在哪个线程里触发的。看看调用栈是什么样的（如果调试器需要从微软的符号服务器下载符号的话，可能需要花一点时间才能显示出来）：

```
0:002> k
 # Child-SP          RetAddr           Call Site
00 00000001`226fab08 00007ffc`061c8368 KERNEL32!CreateFileW
01 00000001`226fab10 00007ffc`061c5d4d mscoreei!RuntimeDesc::VerifyMainRuntimeModule\
+0x2c
02 00000001`226fab60 00007ffc`061c6068 mscoreei!FindRuntimesInInstallRoot+0x2fb
03 00000001`226fb3e0 00007ffc`061cb748 mscoreei!GetOrCreateSxSProcessInfo+0x94
04 00000001`226fb460 00007ffc`061cb62b mscoreei!CLRMetaHostPolicyImpl::GetRequestedR\
untimeHelper+0xfc
05 00000001`226fb740 00007ffc`061ed4e6 mscoreei!CLRMetaHostPolicyImpl::GetRequestedR\
untime+0x120
```

```
(truncated)

21 00000001`226fede0 00007ffc`1df025b2 SHELL32!CFSIconOverlayManager::LoadNonloadedO\
verlayIdentifiers+0xaa
22 00000001`226ff320 00007ffc`1df022af SHELL32!EnableExternalOverlayIdentifiers+0x46
23 00000001`226ff350 00007ffc`1def434e SHELL32!CFSIconOverlayManager::RefreshOverlay\
Images+0xff
24 00000001`226ff390 00007ffc`1cf250a3 SHELL32!SHELL32_GetIconOverlayManager+0x6e
25 00000001`226ff3c0 00007ffc`1ceb2726 windows_storage!CFSFolder::_GetOverlayInfo+0x\
12b
26 00000001`226ff470 00007ffc`1cf3108b windows_storage!CAutoDestItemsFolder::GetOver\
layIndex+0xb6
27 00000001`226ff4f0 00007ffc`1cf30f87 windows_storage!CRegFolder::_GetOverlayInfo+0\
xbf
28 00000001`226ff5c0 00007ffb`df8fc4d1 windows_storage!CRegFolder::GetOverlayIndex+0\
x47
29 00000001`226ff5f0 00007ffb`df91f095 explorerframe!CNscOverlayTask::_Extract+0x51
2a 00000001`226ff640 00007ffb`df8f70c2 explorerframe!CNscOverlayTask::InternalResume\
RT+0x45
2b 00000001`226ff670 00007ffc`1cf7b58c explorerframe!CRunnableTask::Run+0xb2
2c 00000001`226ff6b0 00007ffc`1cf7b245 windows_storage!CShellTask::TT_Run+0x3c
2d 00000001`226ff6e0 00007ffc`1cf7b125 windows_storage!CShellTaskThread::ThreadProc+\
0xdd
2e 00000001`226ff790 00007ffc`1db32ac6 windows_storage!CShellTaskThread::s_ThreadPro\
c+0x35
2f 00000001`226ff7c0 00007ffc`204521c5 shcore!ExecuteWorkItemThreadProc+0x16
30 00000001`226ff7f0 00007ffc`204305c4 ntdll!RtlpTpWorkCallback+0x165
31 00000001`226ff8d0 00007ffc`1f647974 ntdll!TppWorkerThread+0x644
32 00000001`226ffbc0 00007ffc`2044a271 KERNEL32!BaseThreadInitThunk+0x14
33 00000001`226ffbf0 00000000`00000000 ntdll!RtlUserThreadStart+0x21
```

这时我们能做些什么？可能读者想知道现在正在打开什么文件，我们能够根据 Create-FileW 函数的调用惯例来得到这个信息。由于这是一个 64 位进程（并且处理器是 Intel/AMD），调用惯例中提到了第一个整数或者指针参数通过 RCX、RDX、R8 和 R9 寄存器进行传递。因为文件名是 CreateFileW 的第一个参数，所以相应的寄存器是 RCX。

> 能够从调试器文档（或者一些 Web 资源）中得到更多关于调用惯例的信息。

用 r 命令显示 RCX 寄存器的值（得到的值会不一样）：

```
0:002> r rcx
rcx=00000001226fabf8
```

用各种 d（显示）命令查看 RCX 指向的内存：

```
0:002> db 00000001226fabf8
00000001`226fabf8  43 00 3a 00 5c 00 57 00-69 00 6e 00 64 00 6f 00  C.:.\.W.i.n.d.o.
```

```
00000001`226fac08   77 00 73 00 5c 00 4d 00-69 00 63 00 72 00 6f 00   w.s.\.M.i.c.r.o.
00000001`226fac18   73 00 6f 00 66 00 74 00-2e 00 4e 00 45 00 54 00   s.o.f.t...N.E.T.
00000001`226fac28   5c 00 46 00 72 00 61 00-6d 00 65 00 77 00 6f 00   \.F.r.a.m.e.w.o.
00000001`226fac38   72 00 6b 00 36 00 34 00-5c 00 5c 00 76 00 32 00   r.k.6.4.\.\.v.2.
00000001`226fac48   2e 00 30 00 2e 00 35 00-30 00 37 00 32 00 37 00   ..0...5.0.7.2.7.
00000001`226fac58   5c 00 63 00 6c 00 72 00-2e 00 64 00 6c 00 6c 00   \.c.l.r...d.l.l.
00000001`226fac68   00 00 76 1c fc 7f 00 00-00 00 00 00 00 00 00 00   ..v.............
```

db 命令以字节方式显示内存，右边是相应的 ASCII 字符，这样可以相当清楚地看到文件名，但由于这个字符串是 Unicode 的，看起来不是那么方便。

使用 du 命令可以更加方便地查看 Unicode 字符串：

```
0:002> du 00000001226fabf8
00000001`226fabf8   "C:\Windows\Microsoft.NET\Framewo"
00000001`226fac38   "rk64\\v2.0.50727\clr.dll"
```

可以通过给它的名字加 @ 前缀来直接使用寄存器值：

```
0:002> du @rcx
00000001`226fabf8   "C:\Windows\Microsoft.NET\Framewo"
00000001`226fac38   "rk64\\v2.0.50727\clr.dll"
```

现在在原生 API 上设置另外一个断点，这个 API 会被 CreateFileW 调用—— NtCreateFile：

```
0:002> bp ntdll!ntcreatefile
0:002> bl
  0 e Disable Clear  00007ffc`1f652300  0001 (0001)  0:**** KERNEL32!CreateFileW
  1 e Disable Clear  00007ffc`20480120  0001 (0001)  0:**** ntdll!NtCreateFile
```

注意原生 API 从不用 W 或者 A，它总是用 Unicode 字符串。

用 g 命令继续执行。调试器应该会中断：

```
Breakpoint 1 hit
ntdll!NtCreateFile:
00007ffc`20480120 4c8bd1          mov     r10,rcx
```

再次检查调用栈：

```
0:002> k
 # Child-SP          RetAddr           Call Site
00 00000001`226fa938 00007ffc`1c75e5d6 ntdll!NtCreateFile
01 00000001`226fa940 00007ffc`1c75e2c6 KERNELBASE!CreateFileInternal+0x2f6
02 00000001`226faab0 00007ffc`061c8368 KERNELBASE!CreateFileW+0x66
03 00000001`226fab10 00007ffc`061c5d4d mscoreei!RuntimeDesc::VerifyMainRuntimeModule\
+0x2c
04 00000001`226fab60 00007ffc`061c6068 mscoreei!FindRuntimesInInstallRoot+0x2fb
05 00000001`226fb3e0 00007ffc`061cb748 mscoreei!GetOrCreateSxSProcessInfo+0x94

(truncated)
```

用 u（反汇编）命令列出接下来要执行的 8 条指令：

```
0:002> u
ntdll!NtCreateFile:
00007ffc`20480120 4c8bd1          mov     r10,rcx
00007ffc`20480123 b855000000      mov     eax,55h
00007ffc`20480128 f604250803fe7f01 test   byte ptr [SharedUserData+0x308 (00000000`\
7ffe0308)],1
00007ffc`20480130 7503            jne     ntdll!NtCreateFile+0x15 (00007ffc`20480135)
00007ffc`20480132 0f05            syscall
00007ffc`20480134 c3              ret
00007ffc`20480135 cd2e            int     2Eh
00007ffc`20480137 c3              ret
```

注意，值 0x55 被复制到了 EAX 寄存器。像第 1 章中描述过的那样，这是 NtCreateFile 的系统服务号。列表中显示的 syscall 指令用来转换到内核模式，然后执行 NtCreateFile 系统服务。

用 p 命令能够以跳过函数的方式单步执行下一条指令（单步执行——按 F10 键也可以）。用 t 命令能够以进入函数（在汇编代码里表现为一条 call 指令）的方式单步执行（单步跟踪——按 F11 键也可以）：

```
0:002> p
Breakpoint 1 hit
ntdll!NtCreateFile:
00007ffc`20480120 4c8bd1          mov     r10,rcx
0:002> p
ntdll!NtCreateFile+0x3:
00007ffc`20480123 b855000000      mov     eax,55h
0:002> p
ntdll!NtCreateFile+0x8:
00007ffc`20480128 f604250803fe7f01 test   byte ptr [SharedUserData+0x308 (00000000`\
7ffe0308)],1 ds:00000000`7ffe0308=00
0:002> p
ntdll!NtCreateFile+0x10:
00007ffc`20480130 7503            jne     ntdll!NtCreateFile+0x15 (00007ffc`20480135\
) [br=0]
0:002> p
ntdll!NtCreateFile+0x12:
00007ffc`20480132 0f05            syscall
```

由于我们在用户模式下，所以单步跟踪进入 syscall 指令是不可能的。不管我们用的是单步执行还是单步跟踪，都会执行完该指令并返回结果：

```
0:002> p
ntdll!NtCreateFile+0x14:
00007ffc`20480134 c3              ret
```

在 x64 调用惯例下，函数的返回值保存在 EAX 或者 RAX 里。对系统调用来说，它是一个 NTSTATUS 值，因此 EAX 中包含返回状态：

```
0:002> r eax
eax=c0000034
```

我们得到了一个错误的返回值。可以用 !error 命令来查看细节：

```
0:002> !error @eax
Error code: (NTSTATUS) 0xc0000034 (3221225524) - Object Name not found.
```

禁止所有断点，并让 Notepad 继续正常执行：

```
0:002> bd *
0:002> g
```

现在没有断点了，但还可以通过单击工具条上的 Break 按钮，或者在键盘上按下 Ctrl +
Break 键来强制中断：

```
874c.16a54): Break instruction exception - code 80000003 (first chance)
ntdll!DbgBreakPoint:
00007ffc`20483080 cc                  int     3
```

注意提示符中的线程号。显示所有当前线程：

```
0:022> ~
   0  Id: 874c.18068 Suspend: 1 Teb: 00000001`2229d000 Unfrozen
   1  Id: 874c.46ac Suspend: 1 Teb: 00000001`222a5000 Unfrozen
   2  Id: 874c.152cc Suspend: 1 Teb: 00000001`222a7000 Unfrozen
   3  Id: 874c.f7ec Suspend: 1 Teb: 00000001`222ad000 Unfrozen
   4  Id: 874c.145b4 Suspend: 1 Teb: 00000001`222af000 Unfrozen

(truncated)

  18  Id: 874c.f0c4 Suspend: 1 Teb: 00000001`222d1000 Unfrozen
  19  Id: 874c.17414 Suspend: 1 Teb: 00000001`222d3000 Unfrozen
  20  Id: 874c.c878 Suspend: 1 Teb: 00000001`222d5000 Unfrozen
  21  Id: 874c.d8c0 Suspend: 1 Teb: 00000001`222d7000 Unfrozen
. 22  Id: 874c.16a54 Suspend: 1 Teb: 00000001`222e1000 Unfrozen
  23  Id: 874c.10838 Suspend: 1 Teb: 00000001`222db000 Unfrozen
  24  Id: 874c.10cf0 Suspend: 1 Teb: 00000001`222dd000 Unfrozen
```

有很多线程，对吧？这些线程事实上是被公用的打开文件对话框所创建 / 调用的，而不
是 Notepad 做错了什么。

继续按照自己的喜好去探索调试器吧！

 找出 NtWriteFile 和 NtReadFile 的系统服务号。

如果关闭 Notepad，则会在进程终止时触发断点：

```
ntdll!NtTerminateProcess+0x14:
```

```
00007ffc`2047fc14 c3                    ret
0:000> k
 # Child-SP          RetAddr           Call Site
00 00000001`2247f6a8 00007ffc`20446dd8 ntdll!NtTerminateProcess+0x14
01 00000001`2247f6b0 00007ffc`1f64d62a ntdll!RtlExitUserProcess+0xb8
02 00000001`2247f6e0 00007ffc`061cee58 KERNEL32!ExitProcessImplementation+0xa
03 00000001`2247f710 00007ffc`0644719e mscoreei!RuntimeDesc::ShutdownAllActiveRuntim\
es+0x287
04 00000001`2247fa00 00007ffc`1fcda291 mscoree!ShellShim_CorExitProcess+0x11e
05 00000001`2247fa30 00007ffc`1fcda2ad msvcrt!_crtCorExitProcess+0x4d
06 00000001`2247fa60 00007ffc`1fcda925 msvcrt!_crtExitProcess+0xd
07 00000001`2247fa90 00007ff7`5383ae1e msvcrt!doexit+0x171
08 00000001`2247fb00 00007ffc`1f647974 notepad!__mainCRTStartup+0x1b6
09 00000001`2247fbc0 00007ffc`2044a271 KERNEL32!BaseThreadInitThunk+0x14
0a 00000001`2247fbf0 00000000`00000000 ntdll!RtlUserThreadStart+0x21
```

用 q 命令可以退出调试器。如果进程还在运行，那它就会被终止。另一种方法是使用 .detach 命令断开调试器与被调试者的连接，而不是强行终止它。

5.3 内核调试

用户模式下的调试涉及将调试器附加到进程上，设置断点让被调试进程的线程挂起，等等。内核模式的调试则是另一回事，它需要用调试器控制整台机器。这意味着如果设置了某个断点，当它被触发时，整台机器都会停住。很明显，单台机器是做不到这件事的。进行完整内核调试需要两台机器：一台是宿主机（运行调试器），另一台是目标机（被调试）。不过目标机可以是在运行调试器的同一台机器（宿主机）上的一个虚拟机。图 5-5 显示了通过某种介质连接起来的一台宿主机和一台目标机。

图 5-5 宿主机与目标机之间的连接

在进入完整内核调试之前，我们先来看看简单一点的——本地内核调试。

5.3.1 本地内核调试

本地内核调试（LKD）允许查看本机的系统内存和其他系统信息。本地内核调试和完整内核调试的区别主要在于本地调试无法设置断点，因此我们看到的始终是系统的当前状态。这也意味着一切都在变化之中，甚至在执行命令时也是，所以有些信息并不一定可靠。在完整内核调试时，命令只有在目标系统在断点处中断时才能输入，因此系统的状态是不变的。

为了配置系统以使用 LKD，需要在提升了权限的命令行提示符中输入如下命令，并重启系统：

```
bcdedit /debug on
```

系统重启之后，用提升了的权限运行 WinDbg。选择 File/Attach to Kernel 菜单（Win-Dbg preview）或者 File/Kernel Debug…菜单（传统 WinDbg）。选择 Local 标签页并单击 OK，就应该能看到类似于下方的输出：

```
Microsoft (R) Windows Debugger Version 10.0.18317.1001 AMD64
Copyright (c) Microsoft Corporation. All rights reserved.

Connected to Windows 10 18362 x64 target at (Sun Apr 21 08:50:59.964 2019 (UTC + 3:0\
0)), ptr64 TRUE

************* Path validation summary **************
Response                        Time (ms)     Location
Deferred                                      SRV*c:\Symbols*http://msdl.microsoft.\
com/download/symbols
Symbol search path is: c:\temp;SRV*c:\Symbols*http://msdl.microsoft.com/download/sym\
bols
Executable search path is:
Windows 10 Kernel Version 18362 MP (12 procs) Free x64
Product: WinNt, suite: TerminalServer SingleUserTS
Built by: 18362.1.amd64fre.19h1_release.190318-1202
Machine Name:
Kernel base = 0xfffff806`466b8000 PsLoadedModuleList = 0xfffff806`46afb2d0
Debug session time: Sun Apr 21 08:51:00.702 2019 (UTC + 3:00)
System Uptime: 0 days 11:33:37.265
```

ℹ️ 本地内核调试被 Windows 10、Server 2016 以及更新版本的安全启动所保护。要激活 LKD，必须在机器的 BIOS 设置里禁止安全启动。万一因为什么不能做到这一点，那么还有另外一个选择，就是使用 Sysinternals 的 LiveKd 工具。将 LiveKd.exe 复制到 Debugging Tools for Windows 的主目录，然后用随后的命令 livekd -w 让 LiveKd 运行 WinDbg。

注意提示符显示的是 lkd，这表明本地内核调试是活跃的。

5.3.2 本地内核调试教程

如果读者已经熟悉了内核调试命令，那可以跳过这节内容，没有任何问题。

用 process 0 0 命令能够显示系统中正在运行的所有进程的基本信息：

```
lkd> !process 0 0
**** NT ACTIVE PROCESS DUMP ****
PROCESS ffff8d0e682a73c0
    SessionId: none  Cid: 0004    Peb: 00000000  ParentCid: 0000
    DirBase: 001ad002  ObjectTable: ffffe20712204b80  HandleCount: 9542.
```

```
    Image: System

PROCESS ffff8d0e6832e140
    SessionId: none  Cid: 0058    Peb: 00000000  ParentCid: 0004
    DirBase: 03188002  ObjectTable: ffffe2071220cac0  HandleCount:   0.
    Image: Secure System

PROCESS ffff8d0e683f1080
    SessionId: none  Cid: 0098    Peb: 00000000  ParentCid: 0004
    DirBase: 003e1002  ObjectTable: ffffe20712209480  HandleCount:   0.
    Image: Registry

PROCESS ffff8d0e83099080
    SessionId: none  Cid: 032c    Peb: 5aba7eb000  ParentCid: 0004
    DirBase: 15fa39002  ObjectTable: ffffe20712970080  HandleCount:  53.
    Image: smss.exe

(truncated)
```

对每个进程，显示如下信息：

❑ PROCESS 文本之后的地址是进程的 EPROCESS 的地址（当然，位于内核空间）。

❑ SessionId——进程在此会话中运行。

❑ Cid——（客户 ID）唯一的进程 ID。

❑ Peb——进程环境块（PEB）的地址。这个地址自然位于用户空间。

❑ ParentCid——（父客户 ID）父进程的进程 ID。注意父进程可能已经不存在了，这时候这个 ID 可能被重用。

❑ DirBase——本进程主页面目录的物理地址（不包含低 12 位），作为虚拟地址到物理地址转换的基础。在 x64 上被称为第 4 层页面映射，在 x86 上叫作页面目录指针表（PDPT）。

❑ ObjectTable——指向进程的私有句柄表的指针。

❑ HandleCount——本进程的句柄数目。

❑ Image——可执行文件名，或者那些不与可执行文件关联的特殊进程的名称（例如：Secure System、System、Mem Compression）。

!process 命令至少需要两个参数。第一个参数是 EPROCESS 的地址，用来指明感兴趣的进程，如果设成 0 则表示"所有进程或者任意进程"。第二个参数是输出信息的详细程度，为 0 则表示最少数量的详细信息（这个参数是一个位掩码）。还可以加上第三个参数，用来搜索特定的可执行文件。

列出所有运行 csrss.exe 的进程：

```
lkd> !process 0 0 csrss.exe
PROCESS ffff8d0e83c020c0
    SessionId: 0  Cid: 038c    Peb: f599af6000  ParentCid: 0384
    DirBase: 844eaa002  ObjectTable: ffffe20712345480  HandleCount: 992.
```

```
      Image: csrss.exe

PROCESS ffff8d0e849df080
    SessionId: 1  Cid: 045c    Peb: e8a8c9c000  ParentCid: 0438
    DirBase: 17afc1002  ObjectTable: ffffe207186d93c0  HandleCount: 1146.
    Image: csrss.exe
```

通过指定特定进程的地址和更高的细节程度，显示更多该进程的信息：

```
lkd› !process ffff8d0e849df080 1
PROCESS ffff8d0e849df080
    SessionId: 1  Cid: 045c    Peb: e8a8c9c000  ParentCid: 0438
    DirBase: 17afc1002  ObjectTable: ffffe207186d93c0  HandleCount: 1138.
    Image: csrss.exe
    VadRoot ffff8d0e999a4840 Vads 244 Clone 0 Private 670. Modified 48241. Locked 38\
106.
    DeviceMap ffffe20712213720
    Token                            ffffe207186f38f0
    ElapsedTime                      12:14:47.292
    UserTime                         00:00:00.000
    KernelTime                       00:00:03.468
    QuotaPoolUsage[PagedPool]        423704
    QuotaPoolUsage[NonPagedPool]     37752
    Working Set Sizes (now,min,max)  (1543, 50, 345) (6172KB, 200KB, 1380KB)
    PeakWorkingSetSize               10222
    VirtualSize                      2101434 Mb
    PeakVirtualSize                  2101467 Mb
    PageFaultCount                   841489
    MemoryPriority                   BACKGROUND
    BasePriority                     13
    CommitCharge                     1012
    Job                              ffff8d0e83da8080
```

上面的输出显示了进程的更多信息。其中有些信息显示为超链接，可以点进去以进行进一步检查。此进程所属的作业（job）（如果有的话）就是一个超链接。

单击作业地址超链接：

```
lkd› !job ffff8d0e83da8080
Job at ffff8d0e83da8080
  Basic Accounting Information
    TotalUserTime:             0x33db258
    TotalKernelTime:           0x5705d50
    TotalCycleTime:            0x73336f9ae
    ThisPeriodTotalUserTime:   0x33db258
    ThisPeriodTotalKernelTime: 0x5705d50
    TotalPageFaultCount:       0x8617c
    TotalProcesses:            0x3e
    ActiveProcesses:           0xd
    FreezeCount:               0
```

```
    BackgroundCount:              0
    TotalTerminatedProcesses:     0x0
    PeakJobMemoryUsed:            0x38fb5
    PeakProcessMemoryUsed:        0x29366
Job Flags
  [wake notification allocated]
  [wake notification enabled]
  [timers virtualized]
Limit Information (LimitFlags: 0x1800)
Limit Information (EffectiveLimitFlags: 0x1800)
  JOB_OBJECT_LIMIT_BREAKAWAY_OK
  JOB_OBJECT_LIMIT_SILENT_BREAKAWAY_OK
```

> 作业是用来容纳一个或者多个进程的对象，可以对其应用各种限制并监视各种统计信息。关于作业的详细讨论超出了本书的范围。读者可以在 *Windows Internals* 一书中找到更多相关信息。

作为一种惯例，像 !job 这样的命令会隐藏一些存在于真实数据结构中的信息。在这里，真实的数据结构是 EJOB。可以用 dt nt!_ejob 命令加上作业的地址来查看所有的详细数据。

也可以单击超链接查看进程的 PEB。类似于用户模式下的 !peb 命令，但是这里的不同之处在于，必须先设置正确的进程上下文，因为 PEB 地址在用户空间中。单击 Peb 超链接，应该会看到以下内容：

```
lkd> .process /p ffff8d0e849df080; !peb e8a8c9c000
Implicit process is now ffff8d0e`849df080
PEB at 000000e8a8c9c000
    InheritedAddressSpace:     No
    ReadImageFileExecOptions:  No
    BeingDebugged:             No
    ImageBaseAddress:          00007ff62fc70000
    NtGlobalFlag:              4400
    NtGlobalFlag2:             0
    Ldr                        00007ffa0ecc53c0
    Ldr.Initialized:           Yes
    Ldr.InInitializationOrderModuleList: 000002021cc04dc0 . 000002021cc15f00
    Ldr.InLoadOrderModuleList:           000002021cc04f30 . 000002021cc15ee0
    Ldr.InMemoryOrderModuleList:         000002021cc04f40 . 000002021cc15ef0
                 Base TimeStamp                     Module
           7ff62fc70000 78facb67 Apr 27 01:06:31 2034 C:\WINDOWS\system32\csrss.exe
           7ffa0eb60000 a52b7c6a Oct 23 22:22:18 2057 C:\WINDOWS\SYSTEM32\ntdll.dll
           7ffa0ba10000 802fce16 Feb 24 11:29:58 2038 C:\WINDOWS\SYSTEM32\CSRSRV.dll
           7ffa0b9f0000 94c740f0 Feb 04 23:17:36 2049 C:\WINDOWS\system32\basesrv.D\
LL

(truncated)
```

先用 .process 元命令设置正确的进程上下文，然后显示 PEB。这是用来显示位于用户空间的信息的一种通用技术。

重复 !process 命令，但是这次不指明细节程度。更多的进程信息显示了出来：

```
kd> !process ffff8d0e849df080
PROCESS ffff8d0e849df080
    SessionId: 1  Cid: 045c    Peb: e8a8c9c000  ParentCid: 0438
    DirBase: 17afc1002  ObjectTable: ffffe207186d93c0  HandleCount: 1133.
    Image: csrss.exe
    VadRoot ffff8d0e999a4840 Vads 243 Clone 0 Private 672. Modified 48279. Locked 34\
442.
    DeviceMap ffffe20712213720
    Token                               ffffe207186f38f0
    ElapsedTime                         12:23:30.102
    UserTime                            00:00:00.000
    KernelTime                          00:00:03.468
    QuotaPoolUsage[PagedPool]           422008
    QuotaPoolUsage[NonPagedPool]        37616
    Working Set Sizes (now,min,max)     (1534, 50, 345) (6136KB, 200KB, 1380KB)
    PeakWorkingSetSize                  10222
    VirtualSize                         2101434 Mb
    PeakVirtualSize                     2101467 Mb
    PageFaultCount                      841729
    MemoryPriority                      BACKGROUND
    BasePriority                        13
    CommitCharge                        1014
    Job                                 ffff8d0e83da8080

        THREAD ffff8d0e849e0080  Cid 045c.046c  Teb: 000000e8a8ca3000 Win32Thread: f\
fff8d0e865f37c0 WAIT: (WrLpcReceive) UserMode Non-Alertable
            ffff8d0e849e06d8  Semaphore Limit 0x1
        Not impersonating
        DeviceMap                   ffffe20712213720
        Owning Process             ffff8d0e849df080     Image:         csrss.exe
        Attached Process           N/A          Image:         N/A
        Wait Start TickCount       2856062      Ticks: 70 (0:00:00:01.093)
        Context Switch Count       6483         IdealProcessor: 8
        UserTime                   00:00:00.421
        KernelTime                 00:00:00.437
        Win32 Start Address 0x00007ffa0ba15670
        Stack Init ffff83858295fb90 Current ffff83858295f340
        Base ffff838582960000 Limit ffff838582959000 Call 0000000000000000
        Priority 14 BasePriority 13 PriorityDecrement 0 IoPriority 2 PagePriority 5
GetContextState failed, 0x80004001
Unable to get current machine context, HRESULT 0x80004001
        Child-SP          RetAddr           Call Site
        ffff8385`8295f380 fffff806`466e98c2 nt!KiSwapContext+0x76
        ffff8385`8295f4c0 fffff806`466e8f54 nt!KiSwapThread+0x3f2
```

```
      ffff8385`8295f560 fffff806`466e86f5 nt!KiCommitThreadWait+0x144
      ffff8385`8295f600 fffff806`467d8c56 nt!KeWaitForSingleObject+0x255
      ffff8385`8295f6e0 fffff806`46d76c70 nt!AlpcpWaitForSingleObject+0x3e
      ffff8385`8295f720 fffff806`46d162cc nt!AlpcpCompleteDeferSignalRequestAndWai\
t+0x3c
      ffff8385`8295f760 fffff806`46d15321 nt!AlpcpReceiveMessagePort+0x3ac
      ffff8385`8295f7f0 fffff806`46d14e05 nt!AlpcpReceiveMessage+0x361
      ffff8385`8295f8d0 fffff806`46885e95 nt!NtAlpcSendWaitReceivePort+0x105
      ffff8385`8295f990 00007ffa`0ebfd194 nt!KiSystemServiceCopyEnd+0x25 (TrapFram\
e @ ffff8385`8295fa00)
      000000e8`a8e3f798 00007ffa`0ba15778 0x00007ffa`0ebfd194
      000000e8`a8e3f7a0 00000202`1cc85090 0x00007ffa`0ba15778
      000000e8`a8e3f7a8 00000000`00000000 0x00000202`1cc85090

   THREAD ffff8d0e84bbf140  Cid 045c.066c  Teb: 000000e8a8ca9000 Win32Thread: f\
fff8d0e865f4760 WAIT: (WrLpcReply) UserMode Non-Alertable
         ffff8d0e84bbf798  Semaphore Limit 0x1

(truncated)
```

这个命令列出了进程中的所有线程。每个线程用 "THREAD" 文本后面跟着的 ETHR-
EAD 地址表示。同时还列出了它们的调用栈——模块前缀 "nt" 表示内核——这里不需要
用到 "真正的" 内核模块名称。

> 使用 "nt" 而不是显式标明内核模块名称的一个原因是，模块名称在 64 位和 32 位
> 系统之间是不同的（在 64 位系统中是 ntoskrnl.exe，在 32 位系统中至少有两个不同的名
> 称）。而且 "nt" 比较短。

用户模式符号默认是不加载的，因此扩展到用户模式的线程栈仅仅显示数字的地址形
式。可以用命令 .reload /user 显式加载用户符号：

```
lkd> .reload /user
Loading User Symbols
...................
lkd> !process ffff8d0e849df080
PROCESS ffff8d0e849df080
    SessionId: 1  Cid: 045c    Peb: e8a8c9c000  ParentCid: 0438
    DirBase: 17afc1002  ObjectTable: ffffe207186d93c0  HandleCount: 1149.
    Image: csrss.exe

(truncated)

   THREAD ffff8d0e849e0080  Cid 045c.046c  Teb: 000000e8a8ca3000 Win32Thread: f\
fff8d0e865f37c0 WAIT: (WrLpcReceive) UserMode Non-Alertable
         ffff8d0e849e06d8  Semaphore Limit 0x1
      Not impersonating
```

```
        DeviceMap               ffffe20712213720
        Owning Process          ffff8d0e849df080         Image:          csrss.exe
        Attached Process        N/A               Image:          N/A
        Wait Start TickCount     2895071           Ticks: 135 (0:00:00:02.109)
        Context Switch Count     6684              IdealProcessor: 8
        UserTime                00:00:00.437
        KernelTime              00:00:00.437
        Win32 Start Address CSRSRV!CsrApiRequestThread (0x00007ffa0ba15670)
        Stack Init ffff83858295fb90 Current ffff83858295f340
        Base ffff838582960000 Limit ffff838582959000 Call 0000000000000000
        Priority 14 BasePriority 13 PriorityDecrement 0 IoPriority 2 PagePriority 5
GetContextState failed, 0x80004001
Unable to get current machine context, HRESULT 0x80004001
        Child-SP            RetAddr            Call Site
        ffff8385`8295f380 fffff806`466e98c2 nt!KiSwapContext+0x76
        ffff8385`8295f4c0 fffff806`466e8f54 nt!KiSwapThread+0x3f2
        ffff8385`8295f560 fffff806`466e86f5 nt!KiCommitThreadWait+0x144
        ffff8385`8295f600 fffff806`467d8c56 nt!KeWaitForSingleObject+0x255
        ffff8385`8295f6e0 fffff806`46d76c70 nt!AlpcpWaitForSingleObject+0x3e
        ffff8385`8295f720 fffff806`46d162cc nt!AlpcpCompleteDeferSignalRequestAndWai\
t+0x3c
        ffff8385`8295f760 fffff806`46d15321 nt!AlpcpReceiveMessagePort+0x3ac
        ffff8385`8295f7f0 fffff806`46d14e05 nt!AlpcpReceiveMessage+0x361
        ffff8385`8295f8d0 fffff806`46885e95 nt!NtAlpcSendWaitReceivePort+0x105
        ffff8385`8295f990 00007ffa`0ebfd194 nt!KiSystemServiceCopyEnd+0x25 (TrapFram\
e @ ffff8385`8295fa00)
        000000e8`a8e3f798 00007ffa`0ba15778 ntdll!NtAlpcSendWaitReceivePort+0x14
        000000e8`a8e3f7a0 00007ffa`0ebcce7f CSRSRV!CsrApiRequestThread+0x108
        000000e8`a8e3fc30 00000000`00000000 ntdll!RtlUserThreadStart+0x2f
```

(truncated)

使用 !thread 命令加上线程的地址，可以单独查看各个线程的信息。请参考调试器文档以获得此命令显示的各种信息的详细描述。

另外一些在内核模式调试中比较常用的命令包括：

❏ !pcr——显示处理器的进程控制区，参数为处理器索引（如果没有指定，默认显示0号处理器）。

❏ !vm——显示系统和进程的内存统计信息。

❏ !running——显示系统中正在处理器上运行的线程的信息。

在后续章节里，我们还会看到更多的特定命令，它们对调试驱动程序相当有用。

5.4 完整内核调试

完整内核调试需要在宿主机和目标机上都作配置。在这一节里，我们会看到如何配置一台虚拟机作为内核调试的目标机。对内核驱动程序开发来说（在不是开发硬件设备驱动程序时），这是一种被推荐的并且便于设置的方法。我们将遍历对 Hyper-V 虚拟机（Virtual Machine, VM）进行设置的所有步骤。如果使用的是不同的虚拟化技术（例如，VMWare 或者 VirtualBox），请参考开发商的文档或者从网上寻找正确的操作过程，以得到相同的结果。

目标机和宿主机必须通过某种连接介质才能进行通信。有一些方式可供选择。最好的选项是利用网络，不过这要求宿主机和目标机至少运行 Windows 8。由于 Windows 7 依然是个可行的目标，我们将使用另一选项—— COM（串行）口。当然大多数机器现在已经不带串口了，而我们要连接的也只是个 VM，所以根本不需要真正的电缆连接。所有的虚拟化平台都支持将一个虚拟的串口重定向到宿主机上的命名管道，这就是我们要用的配置。

5.4.1 配置目标机

目标 VM 需要按照内核调试进行配置，就像本地内核调试一样，不过还需要增加连接介质，将其设置为该机器上的虚拟串口。

进行配置的一种方法是在提升了权限的命令窗口里使用 bcdedit：

```
bcdedit /debug on
bcdedit /dbgsettings serial debugport:1 baudrate:115200
```

按照实际的虚拟串口号（通常为 1）修改调试端口号。

需要重启 VM 使上面的配置生效。在这么做之前，先将串口映射到一个命名管道。这是 Hyper-V 虚拟机的操作步骤：

❑ 如果本 Hyper-V VM 是第一代的（旧的），在 VM 设置里有个简单的用户界面可以进行配置。如果当前还没有串口，用增加硬件选项增加一个串口。然后将串口映射到所选择的命名管道上。图 5-6 显示了这个对话框。

❑ 对于第二代 VM，目前还没有用户界面。要进行配置，首先要确认 VM 已经关闭（虽然这一点在最近的 Windows 10 版本上不再强制要求）并打开一个已提升权限的 PowerShell 窗口。

❑ 输入如下命令将串口映射到命名管道：

```
Set-VMComPort myvmname -Number 1 -Path \\.\pipe\debug
```

将 VM 名字改成所需名称，并将 COM 口编号设成早先在 VM 里用 bcdedit 设置的值。确保命名管道的路径是唯一的。

❑ 用 Gen-VMComPort 命令验证设置是否跟期望的一致：

```
Get-VMComPort myvmname

VMName    Name  Path
------    ----  ----
myvmname COM 1 \\.\pipe\debug
myvmname COM 2
```

现在可以启动 VM 了——目标机已经就绪。

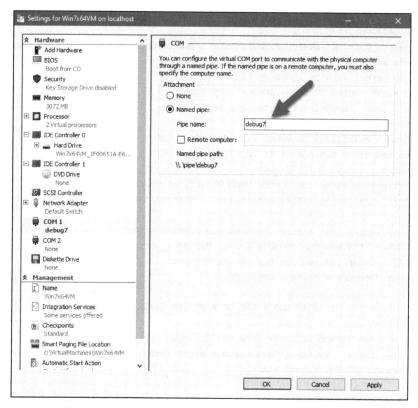

图 5-6　在 Hyper-V 第一代 VM 上将串口映射到命名管道

5.4.2　配置宿主机

内核调试器必须配置成与位于同一串口上的 VM 相连接。VM 的串口已经被映射到了宿主机上的命名管道。

运行内核调试器，选择 File/Attach To Kernel 菜单。选择 COM 标签页，按照目标机上的设置正确填写其中的内容。图 5-7 显示了这些设置。

单击确定，调试器应该能连接到目标机上。如果没能连上，请单击工具条上的"中断"按钮。下面是典型的输出内容：

```
Microsoft (R) Windows Debugger Version 10.0.18317.1001 AMD64
Copyright (c) Microsoft Corporation. All rights reserved.


Opened \\.\pipe\debug
Waiting to reconnect...
Connected to Windows 10 18362 x64 target at (Sun Apr 21 11:28:11.300 2019 (UTC + 3:0\
0)), ptr64 TRUE
Kernel Debugger connection established.  (Initial Breakpoint requested)
```

```
************* Path validation summary **************
Response                     Time (ms)      Location
Deferred                                    SRV*c:\Symbols*http://msdl.microsoft.\
com/download/symbols
Symbol search path is: SRV*c:\Symbols*http://msdl.microsoft.com/download/symbols
Executable search path is:
Windows 10 Kernel Version 18362 MP (4 procs) Free x64
Product: WinNt, suite: TerminalServer SingleUserTS
Built by: 18362.1.amd64fre.19h1_release.190318-1202
Machine Name:
Kernel base = 0xfffff801`36a09000 PsLoadedModuleList = 0xfffff801`36e4c2d0
Debug session time: Sun Apr 21 11:28:09.669 2019 (UTC + 3:00)
System Uptime: 1 days 0:12:28.864
Break instruction exception - code 80000003 (first chance)
****************************************************************************
*                                                                        *
*   You are seeing this message because you pressed either               *
*       CTRL+C (if you run console kernel debugger) or,                   *
*       CTRL+BREAK (if you run GUI kernel debugger),                      *
*   on your debugger machine's keyboard.                                  *
*                                                                        *
*                   THIS IS NOT A BUG OR A SYSTEM CRASH                   *
*                                                                        *
* If you did not intend to break into the debugger, press the "g" key, then *
* press the "Enter" key now.  This message might immediately reappear.  If it *
* does, press "g" and "Enter" again.                                     *
*                                                                        *
****************************************************************************
nt!DbgBreakPointWithStatus:
fffff801`36bcd580 cc                    int       3
```

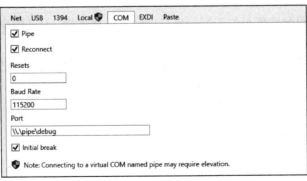

图 5-7　设置宿主机上的 COM 口

　　注意提示符是一个索引值和一个 Kd 字符。这个索引值是引发中断的当前处理器索引。这时候整个目标 VM 完全停止了。此时可以正常进行调试，但是要牢记在任何时候任何地方中断目标机的运行，整个被调试的机器都会被挂起。

5.5 内核驱动程序调试教程

宿主机和目标机连接完成之后,就能开始调试工作了。我们将使用在第 4 章开发的 PriorityBooster 驱动程序来演示完整内核调试工作。

像第 4 章那样在目标机上安装(但是不要装载)驱动程序。确保将驱动程序的 PDB 文件跟 SYS 文件一起复制过去了。这样做能让获取正确的驱动程序符号变得简单。

在 DriverEntry 处设置一个断点。不装载驱动程序是因为这将会执行 DriverEntry 从而失去在那里设置断点的机会。因为驱动程序尚未装载,所以需要用 bu 命令(在未解析的符号处设置断点)设置一个在将来生效的断点。如果目标机正在运行,就中断进去并输入下列命令:

```
0: kd> bu prioritybooster!driverentry
0: kd> bl
    0 e Disable Clear u          0001 (0001) (prioritybooster!driverentry)
```

此时断点尚未被解析,因为我们的模块尚未被装载。

发送 g 命令让目标机运行,然后用 sc start booster 命令装载驱动程序(假设驱动程序名称叫作 booster)。如果一切正常,断点会被触发,源代码文件会自动装载,并在命令窗口显示如下输出内容:

```
0: kd> g
Breakpoint 0 hit
PriorityBooster!DriverEntry:
fffff801`358211d0 4889542410        mov    qword ptr [rsp+10h],rdx
```

图 5-8 显示了一个截屏,WinDbg Preview 的源文件窗口自动打开,正确的代码行被标记出来。Locals 窗口也如期望的一样显示出来。

此时可以单步执行源代码行,在 Locals 窗口里检查变量的值,还能将表达式加入到 Watch 窗口里。另外,跟在别的调试器里一样,还可以用 Locals 窗口修改变量的值。

命令窗口始终可用,但是有些操作用用户界面会更容易些。例如设置断点,可以用 bp 命令,也可以简单地打开一个源文件(如果还没打开的话),找到要设置断点的那一行,按 F9 键或者单击工具条上的相应按钮。随便哪种方法都会在命令窗口里执行一条 bp 命令。Breakpoints 窗口则可以对当前已设置的断点作一个概览。

发出一个 k 命令,看看 DriverEntry 是怎样被调用的:

```
2: kd> k
 # Child-SP          RetAddr           Call Site
00 ffffad08`226df898 fffff801`35825020 PriorityBooster!DriverEntry [c:\dev\priorityb\
ooster\prioritybooster\prioritybooster.cpp @ 14]
01 ffffad08`226df8a0 fffff801`37111436 PriorityBooster!GsDriverEntry+0x20 [minkernel\
\tools\gs_support\kmodefastfail\gs_driverentry.c @ 47]
```

```
02 ffffad08`226df8d0 fffff801`37110e6e nt!IopLoadDriver+0x4c2
03 ffffad08`226dfab0 fffff801`36ab7835 nt!IopLoadUnloadDriver+0x4e
04 ffffad08`226dfaf0 fffff801`36b39925 nt!ExpWorkerThread+0x105
05 ffffad08`226dfb90 fffff801`36bccd5a nt!PspSystemThreadStartup+0x55
06 ffffad08`226dfbe0 00000000`00000000 nt!KiStartSystemThread+0x2a
```

```cpp
prioritybooster.cpp                 X
    1 #include <ntifs.h>
    2 #include <ntddk.h>
    3 #include "PriorityBoosterCommon.h"
    4
    5 // prototypes
    6
    7 void PriorityBoosterUnload(_In_ PDRIVER_OBJECT DriverObject);
    8 NTSTATUS PriorityBoosterCreateClose(_In_ PDEVICE_OBJECT DeviceObject, _In_ PIRP Irp);
    9 NTSTATUS PriorityBoosterDeviceControl(_In_ PDEVICE_OBJECT DeviceObject, _In_ PIRP Irp);
   10
   11 // DriverEntry
   12
   13 extern "C" NTSTATUS
   14 DriverEntry(_In_ PDRIVER_OBJECT DriverObject, _In_ PUNICODE_STRING RegistryPath) {
   15     UNREFERENCED_PARAMETER(RegistryPath);
   16
   17     DriverObject->DriverUnload = PriorityBoosterUnload;
   18
   19     DriverObject->MajorFunction[IRP_MJ_CREATE] = PriorityBoosterCreateClose;
   20     DriverObject->MajorFunction[IRP_MJ_CLOSE] = PriorityBoosterCreateClose;
   21     DriverObject->MajorFunction[IRP_MJ_DEVICE_CONTROL] = PriorityBoosterDeviceControl;
   22
   23     UNICODE_STRING devName = RTL_CONSTANT_STRING(L"\\Device\\PriorityBooster");
   24     //RtlInitUnicodeString(&devName, L"\\Device\\ThreadBoost");
   25     PDEVICE_OBJECT DeviceObject;
   26     NTSTATUS status = IoCreateDevice(DriverObject, 0, &devName, FILE_DEVICE_UNKNOWN, 0, FALSE, &DeviceObject);
   27     if (!NT_SUCCESS(status)) {
   28         KdPrint(("Failed to create device (0x%08X)\n", status));
   29         return status;
   30     }
   31
   32     UNICODE_STRING symLink = RTL_CONSTANT_STRING(L"\\??\\PriorityBooster");
   33     status = IoCreateSymbolicLink(&symLink, &devName);
   34     if (!NT_SUCCESS(status)) {
   35         KdPrint(("Failed to create symbolic link (0x%08X)\n", status));
   36         IoDeleteDevice(DeviceObject);
   37         return status;
   38     }
```

Locals

Name	Value	Type
⊞ DeviceObject	0xffffdd05fe075e30 : Device for {...}	_DEVICE_OBJECT *
⊞ devName	128	_UNICODE_STRING
status	0	long
⊞ symLink	""	_UNICODE_STRING
DriverObject	0x0	_DRIVER_OBJECT *
⊞ RegistryPath	0xfffff80100000001	_UNICODE_STRING *

Locals Watch

图 5-8　在 DriverEntry 处触发的断点

🔑 如果断点不能成功设置，那么可能是符号的问题。执行 .reload 命令看看问题能否解决。设置位于用户空间的断点也是可以的，不过需要先执行 .reload/user 命令。

可能会有这种情况，断点只在某个指定的进程执行时才触发。这可以通过在断点后面

加上 /p 开关来解决。在下面的例子中，只有当进程是 explorer.exe 时断点才会触发：

```
2: kd> !process 0 0 explorer.exe
PROCESS ffffdd06042e4080
    SessionId: 2  Cid: 1df8    Peb: 00dee000  ParentCid: 1dd8
    DirBase: 1bf58a002  ObjectTable: ffff960a682133c0  HandleCount: 3504.
    Image: explorer.exe

2: kd> bp /p ffffdd06042e4080 prioritybooster!priorityboosterdevicecontrol
2: kd> bl
    0 e Disable Clear  fffff801`358211d0  [c:\dev\prioritybooster\prioritybooster\p\
rioritybooster.cpp @ 14]    0001 (0001) PriorityBooster!DriverEntry
    1 e Disable Clear  fffff801`35821040  [c:\dev\prioritybooster\prioritybooster\p\
rioritybooster.cpp @ 63]    0001 (0001) PriorityBooster!PriorityBoosterDeviceContro\
l
    Match process data ffffdd06`042e4080
```

在 I/O 控制代码的 switch case 语句里设一个普通的断点，在源代码视图的任一行按 F9 键即可，如图 5-9 所示（并且取消掉上面设的进程条件断点，同样在那一行上按 F9 键）。

```
62 _Use_decl_annotations_
63 NTSTATUS PriorityBoosterDeviceControl(PDEVICE_OBJECT, PIRP Irp) {
64     // get our IO_STACK_LOCATION
65     auto stack = IoGetCurrentIrpStackLocation(Irp);
66     auto status = STATUS_SUCCESS;
67
68     switch (stack->Parameters.DeviceIoControl.IoControlCode) {
69         case IOCTL_PRIORITY_BOOSTER_SET_PRIORITY:
70         {
71             // do the work
72             if (stack->Parameters.DeviceIoControl.InputBufferLength < sizeof(ThreadData))
73                 status = STATUS_BUFFER_TOO_SMALL;
74             break;
75         }
76
```

图 5-9　DriverEntry 中触发的断点

用某个线程 ID 和优先级运行测试应用：

```
booster 2000 30
```

断点应该会被触发。可以继续结合源代码和命令进行正常的调试。

5.6　总结

在本章中，我们了解了使用 WinDbg 进行调试的基本方法。这是开发所需的基本技能，因为所有的软件，包括内核驱动程序，都可能有错误。

下一章我们会深入到某些内核机制中，我们需要熟悉这些机制，因为在开发和调试驱动程序时，它们会频繁地出现。

内核机制

本章讨论 Windows 内核提供的各种机制。其中一些机制对驱动程序编写者有直接用处。其他是驱动程序开发人员需要了解的机制，因为它有助于调试以及从总体上了解系统的活动。

6.1   中断请求级别

在第 1 章中，我们讨论了线程和线程优先级。当要执行的线程多于可用处理器时，我们将考虑这些优先级。同时，硬件设备需要通知系统某些事情需要引起注意。一个简单的示例是由磁盘驱动器执行的 I/O 操作。在操作完成之后，磁盘驱动器会通过请求中断来通知操作已完成。此中断连接到中断控制器硬件，然后将请求发送到处理器进行处理。下一个问题是，哪个线程应该执行相关的中断服务例程（Interrupt Service Routine，ISR）？

每个硬件中断都与一个优先级相联系，这个优先级被称为中断请求级别（IRQL）（请不要与物理的中断线路相混淆，那个叫 IRQ），由 HAL 确定。每个处理器的上下文都有自己的 IRQL，就像每个都有自己的寄存器一样。IRQL 可能由 CPU 硬件实现，也可能不，不过这点基本上不重要。IRQL 应该被当作 CPU 上任意一个别的寄存器一样对待。

基本规则是处理器执行具有最高 IRQL 的代码。例如，如果某时 CPU 的 IRQL 是零，此时一个 IRQL 为 5 的中断进来了，那么 CPU 就会在当前线程的内核栈里保存其目前的状态（上下文），将自己的 IRQL 上升到 5 并开始执行与中断相关联的 ISR。在 ISR 完成之后，CPU 的 IRQL 会降到原先的级别，恢复执行前面被中断的代码，就好像中断并没有出现过一样。如果在 ISR 执行期间，进来了另外一个 IRQL 为 5 或者更低的中断，它是不会中断当前的处理器的。另一方面，如果新进来的中断的 IRQL 大于 5，CPU 会再次保存当前的状态，将 IRQL 提高到新的级别，执行与第二个中断相关联的第二个 ISR，在执行完成后，将

IRQL 下降回 5，恢复 CPU 的状态，然后继续执行原来那个 ISR。从本质上说，提高 IRQL 会临时阻止等于或低于此 IRQL 的代码执行。中断出现时的事件顺序在图 6-1 中显示。图 6-2 则显示了中断嵌套的情形。

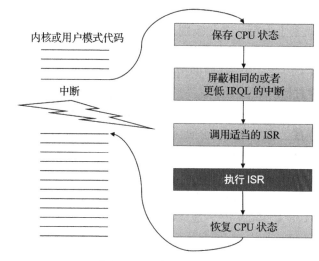

图 6-1 基本的中断分发

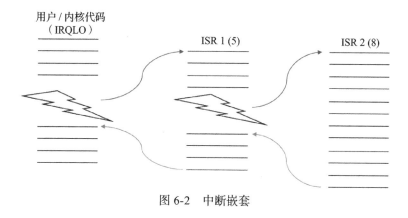

图 6-2 中断嵌套

对于图 6-1 和图 6-2 中所示场景，一个重要的事实是，所有 ISR 的执行都是由最初被中断的同一线程完成的。Windows 没有特殊的线程来处理中断。它们由当时在被中断的处理器上运行的任一线程处理。我们很快就会发现，当处理器的 IRQL 为 2 或更高时，上下文切换是不可能的，因此在执行这些 ISR 时，没有其他线程可以偷偷抢占处理器。

> 被中断的线程不会因为这些"中断"而导致其时间片减少。因为可以说被中断并不是它的错。

在执行用户模式代码时，IRQL 始终为零。这是在任何用户模式文档中均未提及 IRQL

的原因之一——它始终为零且无法更改。大多数内核模式代码也以零 IRQL 运行。但是在内核模式下，可以提高当前处理器的 IRQL。

一些重要的 IRQL 描述如下：

❑ WDK 中的 PASSIVE_LEVEL（0）——这是 CPU 的 "正常" IRQL。用户模式代码总是在这个级别上运行。在此级别上，线程调度正常进行，就像第 1 章中描述的那样。

❑ APC_LEVEL（1）——用于特殊的内核 APC（异步过程调用，会在本章后面讨论）。线程调度正常进行。

❑ DISPATCH_LEVEL（2）——这是事情发生根本性变化的地方。在这个 CPU 上，调度器不会被唤醒。不允许访问分页内存——这种访问会导致系统崩溃。由于调度器无法介入，所以不允许在内核对象上等待（如果这么做了，会导致系统崩溃）。

❑ 设备 IRQL ——用于硬件中断的一段级别范围（在 x64/ARM/ARM64 上是 3 到 11，在 x86 上是 3 到 26）。从 IRQL 2 开始的所有规则均适用于此。

❑ 最高级别（HIGH_LEVEL）——这是最高级别的 IRQL，屏蔽了所有中断。被一些进行链表操作的 API 使用。它的实际值是 15（x64/ARM/ARM64）或 31（x86）。

当一个处理器的 IRQL 被提升到 2 或者更高时（不管由于何种原因），对正在执行的代码会有一些限制：

❑ 访问不在物理内存中的内存地址是一个致命的错误，会造成系统崩溃。这就是说，访问位于非分页内存池的数据总是安全的，访问分页内存池或者是用户提供的缓冲区中的数据则是不安全的，必须避免。

❑ 等待任何调度器内核对象（例如互斥量或者事件）都会引起系统崩溃，除非将等待时间设置为零，这个依然是允许的。（我们会在本章 6.6 节讨论调度器对象以及等待调度器对象的相关内容。）

这些限制是因为调度程序在 IRQL 2 上 "运行"。因此，如果处理器的 IRQL 已经为 2 或更高，则调度程序无法在该处理器上唤醒，因此不会发生上下文切换（用该 CPU 上的另一个线程替换正在运行的线程）。只有更高级别的中断才能暂时将代码转移到相关的 ISR 中，但这仍然是在同一线程里——不会发生上下文切换；线程的上下文被保存，ISR 执行，然后恢复线程的状态。

> ℹ️ 在调试时可以用 !irql 命令查看处理器的当前 IRQL。可以指定一个可选的 CPU 号码，这样会显示那个 CPU 的 IRQL。

> ℹ️ 使用 !idt 调试命令可以查看系统中已注册的中断。

6.1.1 提升和降低 IRQL

如同前面讨论的那样，在用户模式下 IRQL 的概念从不被提及，也没有办法能改变它。

在内核模式下，IRQL 能用 KeRaiseIrql 函数提升并用 KeLowerIrql 降回来。这是一段代码，它将 IRQL 提升到 DISPATCH_LEVEL（2），在此 IRQL 上执行一些指示，然后降回到原来的 IRQL。

```
// assuming current IRQL <= DISPATCH_LEVEL

KIRQL oldIrql;        // typedefed as UCHAR
KeRaiseIrql(DISPATCH_LEVEL, &oldIrql);

NT_ASSERT(KeGetCurrentIrql() == DISPATCH_LEVEL);

// do work at IRQL DISPATCH_LEVEL

KeLowerIrql(oldIrql);
```

 如果提升了 IRQL，请确保在同一个函数里将它降低。函数返回时的 IRQL 比进入时高这种情形是非常危险的。另外，要确保 KeRaiseIrql 确实提升了 IRQL，KeLowerIrql 确实降低了 IRQL；否则，系统随后就会崩溃。

6.1.2　线程优先级与 IRQL

IRQL 是处理器的属性。优先级则是线程的属性。线程优先级仅仅在 IRQL < 2 时才有意义。一旦某个正在执行的线程将 IRQL 提升到 2 或者更高，其优先级就再也不代表什么了——理论上它已经拥有了无限的时间片——它将持续执行直到把 IRQL 降到比 2 低为止。

在 IRQL≥2 上面花费太多的时间自然不是一件好事，此时用户模式代码显然无法运行。在这些级别上代码的执行有严格的限制，这是其中一个原因。

任务管理器使用一个叫作系统中断的伪进程来显示花费在 IRQL 2 或更高级别上的 CPU 时间；Process Explorer 则把这个伪进程叫作中断。图 6-3 显示了任务管理器的截图，图 6-4 显示了 Process Explorer 中的相同信息。

Processes	Performance	App history	Startup	Users	Details	Services						
Name		PID	Status	User name	Ses...	CPU	Memory (a...	Commit size	Base priority	H...	Th...	Description
System interrupts		-	Running	SYSTEM	0	01	0 K	0 K	N/A	-	-	Deferred procedure calls and interrupt service routines
System Idle Process		0	Running	SYSTEM	0	86	8 K	60 K	N/A	-	12	Percentage of time the processor is idle
System		4	Running	SYSTEM	0	00	20 K	204 K	N/A	9,...	382	NT Kernel & System
Secure System		88	Running	SYSTEM		00	80,372 K	184 K				NT Kernel & System

图 6-3　任务管理器中显示的 IRQL 2+ 的 CPU 时间

Process	PID	CPU	Private Bytes	Working Set	Description	User Name
Interrupts	n/a	1.06	0 K	0 K	Hardware Interrupts and DPCs	
System Idle Process	0	83.28	60 K	8 K		NT AUTHORITY\SYSTEM
System	4	0.88	204 K	3,932 K		NT AUTHORITY\SYSTEM
Secure System	88	Suspended	184 K	80,372 K		NT AUTHORITY\SYSTEM

图 6-4　Process Explorer 中显示的 IRQL 2+ 的 CPU 时间

6.2　延迟过程调用

图 6-5 显示了某个客户程序进行 I/O 操作时典型的事件序列。在图中，一个用户模式线程打开了某个文件的句柄，并且使用 ReadFile 函数发起了一个读操作。由于线程能够进行异步调用，它马上就能重获控制然后去做其他事情。接收到了这个读请求的驱动程序会调用文件系统驱动程序（例如 NTFS），文件系统驱动程序则又可能会调用下层的其他驱动程序，直到请求到达磁盘驱动程序，磁盘驱动程序会启动一个对实际磁盘硬件的操作。到这里就不需要执行什么代码了，因为硬件会"干它自己的活"。

硬件完成读操作之后，会产生一个中断。这会导致与此中断相关联的中断服务例程在设备 IRQL 上执行（注意，中断是异步到达的，因此会任意选择一个线程处理中断请求）。典型的 ISR 将会访问设备硬件以得到操作的结果。其最终操作是完成初始请求。

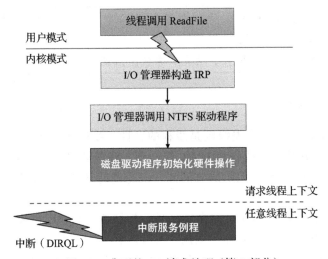

图 6-5　典型的 I/O 请求处理（第 1 部分）

如同我们在第 4 章见过的那样，通过调用 IoCompleteRequest 来完成请求。问题在于，文档表明这个函数只能在 IRQL ≤ DISPATCH_LEVEL（2）时调用。这意味着 ISR 不能直接调用 IoCompleteRequest，否则将造成系统崩溃。那么 ISR 该怎么办呢？

> ❶ 大家可能会疑惑为什么有这样的限制。其中一个原因与 IoCompleteRequest 要完成的工作相关。下一章我们会详细讨论这点，但是至少要知道这个函数的代价很大。如果这样的调用被允许，就会导致 ISR 花费非常长的时间去执行，并且因为它在高 IRQL 上执行，会造成其他中断被长时间屏蔽。

允许 ISR 尽快调用 IoCompleteRequest（以及具有类似限制的其他函数）的机制是使用延迟过程调用（Deferred Procedure Call，DPC）。DPC 是一个对象，封装了一个函数，该函数会在 IRQL 的 DISPATCH_LEVEL 级别上调用。在这个 IRQL 级别上允许调用 IoCompleteRequest。

⚠ 大家可能会疑惑为什么 ISR 不能简单地将当前的 IRQL 降低到 DISPATCH_LEVEL，调用 IoCompleteRequest，然后将 IRQL 提升到原先的值。因为这样做会引起死锁。我们会在本章后面讨论其原因。

注册了 ISR 的驱动程序需要预先准备好 DPC 对象，这需要从非分页池中分配一个 KDPC 结构并用一个回调函数调用 KeInitializeDpc 进行初始化。然后在 ISR 被调用时，就在退出之前，ISR 调用 KeInsertQueueDpc 将此 DPC 排队，以请求尽快执行这个 DPC。当 DPC 函数执行时，将会调用 IoCompleteRequest。因此，DPC 就像一个折中——它在 IRQL 的 DISPATCH_LEVEL 上执行，意即不会有调度出现，不能访问分页内存等等，但是这级别还没有高到会阻止硬件中断的进入及在同一个处理器上进行处理。

系统中的每一个处理器都有它自己的 DPC 队列。KeInsertQueueDpc 默认将 DPC 排到当前处理器的 DPC 队列中。在 ISR 返回时，在 IRQL 能降回到零之前，会查看在处理器的队列上有没有 DPC 存在。如果有，处理器会把 IRQL 降到 DISPATCH_LEVEL（2）并以先进先出的方式处理队列中的 DPC，逐个调用相应的函数，直到队列清空为止。只有这时，处理器的 IRQL 才能降到零，并恢复执行中断到来时被打断的原始代码。

ℹ DPC 可以通过某些方式定制。请参阅函数 KeSetImportanceDpc 和 KeSetTargetProcessorDpc 的文档。

图 6-6 在图 6-5 之上增加了 DPC 例程的执行。

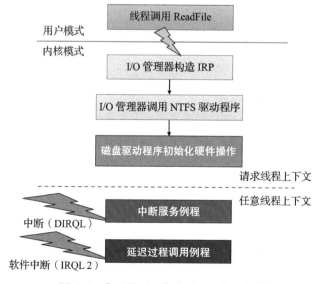

图 6-6 典型的 I/O 请求处理（第 2 部分）

与时钟一起使用 DPC

DPC 最初是为了给 ISR 使用而创建的。不过，在内核里还有一些别的机制可以使用 DPC。

其中一种就是与内核时钟一起使用。内核时钟，用 KTIMER 结构表示，允许被设置成在未来的某个时间到期，这个时间可以是相对的时间间隔，也可以是绝对的时间值。这样的时钟是一个分发器对象，因此能够用 KeWaitForSingleObject 函数在其上等待（此函数在本章 6.6 节讨论）。虽然在时钟上可以等待，但终究不那么方便。更简单的途径是在时钟到期时调用某些回调函数。内核时钟提供了用 DPC 作为其回调的方式。

下面的代码片段显示了怎样配置时钟并将它与 DPC 相联系。当时钟到期时，DPC 会被插入到某个 CPU 的 DPC 队列里，所以会被尽快执行。使用 DPC 比使用基于回调的为零 IRQL 更加强大，这是因为它能保证在任何用户模式代码（以及多数内核模式代码）之前执行。

```
KTIMER Timer;
KDPC TimerDpc;

void InitializeAndStartTimer(ULONG msec) {
    KeInitializeTimer(&Timer);
    KeInitializeDpc(&TimerDpc,
        OnTimerExpired,    // callback function
        nullptr);          // passed to callback as "context"

    // relative interval is in 100nsec units (and must be negative)
    // convert to msec by multiplying by 10000

    LARGE_INTEGER interval;
    interval.QuadPart = -10000LL * msec;
    KeSetTimer(&Timer, interval, &TimerDpc);
}

void OnTimerExpired(KDPC* Dpc, PVOID context, PVOID, PVOID) {
    UNREFERENCED_PARAMETER(Dpc);
    UNREFERENCED_PARAMETER(context);

    NT_ASSERT(KeGetCurrentIrql() == DISPATCH_LEVEL);

    // handle timer expiration
}
```

6.3 异步过程调用

在上一节中，我们已经看到了 DPC 是封装了一个函数的对象，这个函数会在 IRQL DISPATCH_LEVEL 中被调用。就 DPC 而言，调用线程无关紧要。

异步过程调用（Asynchronous Procedure Call，APC）也是封装了被调用函数的数据结构。但是与 DPC 相反，APC 的目标是某个特定的线程，因此只有那个线程才能调用此函数。这代表了每个线程都有一个与之相连的 APC 队列。

APC 有三种类型：

❑ 用户模式 APC——这些 APC 仅在线程进入警报状态时才在用户模式的 IRQL PASSIVE_LEVEL 上运行。通常会通过调用如 SleepEx、WaitForSingleObjectEx、WaitForMultipleObjectsEx 以及类似的 API 来达到此目的。这些函数的最后一个参数设置成 TRUE 时可以使线程进入警报状态。在警报状态下，线程会检查其 APC 队列，如果不是空的——其中的 APC 就会被执行，直到队列为空。

❑ 普通内核模式 APC——它们在内核模式下的 IRQL PASSIVE_LEVEL 中执行，能够抢占用户模式代码和用户模式 APC。

❑ 特殊内核 APC——它们在内核模式下的 IRQL APC_LEVEL（1）中执行，能够抢占用户模式代码、普通内核 APC 和用户模式 APC，这些 APC 被 I/O 系统用来完成 I/O 操作。它们常见的应用场景会在下一章讨论。

APC 的 API 在内核模式下是未公开的，因此驱动程序一般不会直接使用 APC。

> ⓘ 在用户模式下，能通过调用适当的 API 来使用（用户模式）APC。例如，调用 ReadFileEx 或者 WriteFileEx 开始异步 I/O 操作。当操作完成时，会有一个用户模式 APC 被附加到调用线程上。如前所述，这个 APC 会在线程进入警报状态时执行。另一个在用户模式下用来显式产生 APC 的函数是 QueueUserAPC。请参阅 Windows API 文档以获取更多信息。

关键区和警戒区

关键区会阻止执行用户模式和普通内核 APC（特殊内核 APC 仍可执行）。线程通过调用 KeEnterCriticalRegion 进入关键区，调用 KeLeaveCriticalRegion 离开关键区。内核里有些函数需要位于关键区中，特别是处理执行体资源时（参见本章 6.6.7 节）。

警戒区阻止执行所有 APC。线程调用 KeEnterGuardedRegion 进入警戒区，调用 KeLeaveGuardedRegion 离开警戒区。对 KeEnterGuardedRegion 的递归调用次数必须跟调用 KeLeaveGuardedRegion 的次数一样。

> 将 IRQL 提升到 APC_LEVEL 将会禁止所有 APC 的发送。

6.4　结构化异常处理

异常是某些指令执行了会使处理器产生错误的操作而导致的事件。异常在某些方面与中断类似，其主要区别在于异常是同步的，并且在同样条件下在技术上可以重现，而中断是异步的，在任何时刻都可能到来。异常的例子包括除以零、断点、页错、栈溢出和非法指令。

如果出现了异常，内核会将其捕获，并且在有可能的时候允许代码处理它。这个机制被称为结构化异常处理（SEH），在用户模式代码和内核模式代码里都可使用。

内核异常处理程序是基于中断分配表（IDT）进行调用的，IDT 中还保存了从中断向量到 ISR 的映射关系。用内核调试器的 !idt 命令可以显示所有映射。数字小的中断向量实际上是异常处理程序。下面是此命令的一个输出样例：

```
lkd> !idt

Dumping IDT: fffff8011d941000

00: fffff8011dd6c100 nt!KiDivideErrorFaultShadow
01: fffff8011dd6c180 nt!KiDebugTrapOrFaultShadow        Stack = 0xFFFFF8011D9459D0
02: fffff8011dd6c200 nt!KiNmiInterruptShadow            Stack = 0xFFFFF8011D9457D0
03: fffff8011dd6c280 nt!KiBreakpointTrapShadow
04: fffff8011dd6c300 nt!KiOverflowTrapShadow
05: fffff8011dd6c380 nt!KiBoundFaultShadow
06: fffff8011dd6c400 nt!KiInvalidOpcodeFaultShadow
07: fffff8011dd6c480 nt!KiNpxNotAvailableFaultShadow
08: fffff8011dd6c500 nt!KiDoubleFaultAbortShadow        Stack = 0xFFFFF8011D9453D0
09: fffff8011dd6c580 nt!KiNpxSegmentOverrunAbortShadow
0a: fffff8011dd6c600 nt!KiInvalidTssFaultShadow
0b: fffff8011dd6c680 nt!KiSegmentNotPresentFaultShadow
0c: fffff8011dd6c700 nt!KiStackFaultShadow
0d: fffff8011dd6c780 nt!KiGeneralProtectionFaultShadow
0e: fffff8011dd6c800 nt!KiPageFaultShadow
10: fffff8011dd6c880 nt!KiFloatingErrorFaultShadow
11: fffff8011dd6c900 nt!KiAlignmentFaultShadow

(truncated)
```

注意函数名——多数很有描述性。这些入口与 Intel/AMD（本例中）的故障相连接。一些公共的异常实例包括：

❑ 除以零（0）。

❑ 断点（3）——内核会透明地处理此异常，将控制传递给相连的调试器（如果有的话）。

❑ 非法的操作码（6）——此错误由 CPU 在遇到无法识别的指令时引发。

❑ 页面错误（14）——如果将虚拟地址转换成物理地址的页表入口中的 Valid 位为零，表示（就 CPU 而言）此页不驻留在物理内存中，此时 CPU 会引发此错误。

别的一些异常会由于前一个 CPU 的错误而由内核引发。例如，如果一个页面错误被引发，内存管理器的页面错误处理程序会试图定位未驻留在内存里的此页面。如果这个页面恰巧根本就不存在，内存管理器就会引发一个访问违例类型的异常。

引发异常后，内核会在发生异常的函数中搜索处理程序（某些透明处理的异常除外，例如断点（3））。如果找不到，它将搜索调用栈，直到找到这样的处理程序为止。如果调用栈已耗尽，则系统将崩溃。

驱动程序要怎样才能处理这些异常呢？微软往 C 语言里增加了四个关键字，让开发者能够简便地做到这点。表 6-1 显示了增加的关键字以及简要的描述。

表 6-1 用于 SEH 的关键字

关键字	描 述
__try	开始一个可能会产生异常的代码块
__except	指明某个异常是否得到处理，如果处理则提供相应的处理代码
__finally	不直接与异常相关。用于提供保证会被执行的代码，而不管 __try 块是正常退出还是因为异常而退出
__leave	提供了从 __try 块中某个地方直接跳转到 __finally 块的一种优化的机制

合法的关键字组合是 __try/__except 和 __try/__finally。不过它们可以通过嵌套而彼此组合任意多的层次。

 同样的关键字在用户模式下也能工作，其方式几乎是一样的。

6.4.1 使用 __try/__except

在第 4 章中，我们实现了一个驱动程序，它会访问用户模式的缓冲区以取得驱动程序操作所需要的数据。我们用一个直接指针指向用户缓冲区。但是，这个操作并非一定是安全的。例如，用户模式代码（比如来自另一个线程）就在驱动程序访问之前释放了缓冲区。在这种情况下，驱动程序会造成系统崩溃，这种情况基本上是由用户的错误使用（或者恶意目的）引起的。由于用户代码是绝对不可信任的，驱动程序的这种访问应该用 __try/__except 块包起来，使得一个错误的缓冲区不会造成系统崩溃。

这是经过修订的 IRP_MJ_DEVICE_CONTROL 处理程序中重要的一部分，用到了异常处理程序：

```
case IOCTL_PRIORITY_BOOSTER_SET_PRIORITY:
{
    if (stack->Parameters.DeviceIoControl.InputBufferLength < sizeof(ThreadData)) {
        status = STATUS_BUFFER_TOO_SMALL;
        break;
    }
    auto data = (ThreadData*)stack->Parameters.DeviceIoControl.Type3InputBuffer;
    if (data == nullptr) {
        status = STATUS_INVALID_PARAMETER;
        break;
    }
    __try {
        if (data->Priority < 1 || data->Priority > 31) {
            status = STATUS_INVALID_PARAMETER;
```

```
            break;
        }
        PETHREAD Thread;
        status = PsLookupThreadByThreadId(ULongToHandle(data->ThreadId), &Thread);
        if (!NT_SUCCESS(status))
            break;
        KeSetPriorityThread((PKTHREAD)Thread, data->Priority);
        ObDereferenceObject(Thread);
        KdPrint(("Thread Priority change for %d to %d succeeded!\n",
            data->ThreadId, data->Priority));
    }
    __except (EXCEPTION_EXECUTE_HANDLER) {
        // something wrong with the buffer
        status = STATUS_ACCESS_VIOLATION;
    }
    break;
}
```

将 EXCEPTION_EXECUTE_HANDLER 放到 __except 中表示任何异常都会被处理。通过调用 GetExceptionCode 和检查实际产生的异常，我们可以进行选择处理。如果遇到不想处理的异常，我们可以让内核继续在调用栈上寻找别的处理程序：

```
__except (GetExceptionCode() == STATUS_ACCESS_VIOLATION
    ? EXCEPTION_EXECUTE_HANDLER : EXCEPTION_CONTINUE_SEARCH) {
    // handle exception
}
```

这是不是意味着驱动程序能够捕获任意和所有异常呢？如果是，那驱动程序就不会引起系统崩溃了。不幸的是（或许说幸运的是，这取决于我们的观点），事情不是这样的。

举个例子，访问违例只有在违例的地址位于用户空间时才能被捕获。如果是在内核空间，它就无法被捕获，仍然会产生系统崩溃。这是有道理的，因为某些错误已经发生，内核又无法让驱动程序摆脱错误。另一方面，用户模式地址并不在驱动程序控制之下，所以这样的异常能够被捕获和处理。

SEH 机制还能被驱动程序（或者用户模式代码）用来抛出自定义的异常。内核提供了通用的函数 ExRaiseStatus 和一些像 ExRaiseAccessViolation 这样特定的函数来抛出任何一个异常。

大家可能会疑惑高级语言（C++、Java、.NET 等）中的异常是如何工作的。这显然依赖于实现，但是微软的编译器会在它们特定平台相关的代码后面使用 SEH。例如，.NET 异常用的是值 0xe0434c52。之所以选择这个值是因为最后 3 个字节的 ASCII 码是 CLR，0xe0 只是为了确保数字不与其他的异常代码冲突。C# 的 throw 语句使用用户模式下的 RaiseException API 来抛出带有参数的异常，这些参数提供了 NET 公共语言运行时（CLR）的信息，它需要这些信息来识别"被抛出"的对象。

6.4.2　使用 __try/__finally

　　__try/__finally 块的使用并不直接与异常相关。这是为了确保某些代码片段能被执行，而不管代码是干净地退出还是因为异常而中途结束。这在概念上与一些高级语言（如 Java、C#）中流行的 finally 关键字类似。这里有一个显示上述问题的简单例子：

```
void foo() {
    void* p = ExAllocatePool(PagedPool, 1024);

    // do work with p

    ExFreePool(p);
}
```

　　上面的代码看上去完全无害。但是里面其实有几个问题：

❑ 如果在分配和释放之间抛出了一个异常，会在调用者那里搜索处理程序，但是内存不会被释放。

❑ 如果在分配和释放之间，在某些条件下用到了一个返回语句，缓冲区将不会被释放。这就要求代码仔细地确保函数的任何一个出口都会经过释放缓冲区的代码。

　　第二条能够通过仔细编码做到，但是最好避免这种负担。第一条无法通过标准的编码技术来处理，这就是要引入 __try/__finally 的地方。使用这对组合，我们就能确保在任何情况下缓冲区都会被释放：

```
void foo() {
    void* p = ExAllocatePool(PagedPool, 1024);
    __try {
        // do work with p
    }
    __finally {
        ExFreePool(p);
    }
}
```

　　有了上面的代码，即使在 __try 块中有返回语句，__finally 里的代码也会在真正从函数返回前执行。如果发生了一些异常，__finally 块会在内核从调用栈中搜索处理程序之前得到执行。

　　__try/__finally 不仅对内存分配有用，对需要获取和释放的另外一些资源也有用。一个常见的例子是需要对一些共享数据在线程间的访问进行同步。这里有一个获取和释放快速互斥量（快速互斥量及其他的同步原语将在本章的后面部分描述）的例子：

```
FAST_MUTEX MyMutex;

void foo() {
    ExAcquireFastMutex(&MyMutex);
    __try {
```

```
        // do work while the fast mutex is held
    }
    __finally {
        ExReleaseFastMutex(&MyMutex);
    }
}
```

6.4.3 使用 C++ RAII 代替 __try/__finally

虽然前面的例子用 __try/__finally 可以工作，但却不够方便。用 C++ 我们可以构建 RAII 包装器，这些包装器不需要用到 __try/__finally 就能做正确的事 。C++ 不像 C# 或者 Java 那样有 finally 关键字，然而它并不需要——它有析构函数。

这里有一个非常简单且最少限度的例子，使用 RAII 类管理缓冲区的分配：

```
template<typename T = void>
struct kunique_ptr {
    kunique_ptr(T* p = nullptr) : _p(p) {}
    ~kunique_ptr() {
        if (_p)
            ExFreePool(_p);
    }

    T* operator->() const {
        return _p;
    }

    T& operator*() const {
        return *_p;
    }

private:
    T* _p;
};
```

这个类用了模板，可以与任何数据类型一起简单地工作。一个使用示例如下：

```
struct MyData {
    ULONG Data1;
    HANDLE Data2;
};

void foo() {
    // take charge of the allocation
    kunique_ptr<MyData> data((MyData*)ExAllocatePool(PagedPool, sizeof(MyData)));
    // use the pointer
    data->Data1 = 10;
    // when the object goes out of scope, the destructor frees the buffer
}
```

> 如果读者不是日常使用 C++ 作为主要编程语言，那么可能会被上面的代码搞糊涂。读者可以继续使用 __try/__finally，但是我推荐大家去熟悉这样的代码。任何情况下，即使挣扎于上面的 kunique_ptr 实现，我们也依然能使用它而不需要理解每一处细节。

这里展示的 kunique_ptr 类型只是最小的部分。还需要删除其复制构造函数和复制赋值，可能需要移动复制和赋值（C++11 及以后版本，用于所有权转移）及其他的帮助函数。这是一个更复杂一些的实现：

```cpp
template<typename T = void>
struct kunique_ptr {
    kunique_ptr(T* p = nullptr) : _p(p) {}

    // remove copy ctor and copy = (single owner)
    kunique_ptr(const kunique_ptr&) = delete;
    kunique_ptr& operator=(const kunique_ptr&) = delete;

    // allow ownership transfer
    kunique_ptr(kunique_ptr&& other) : _p(other._p) {
        other._p = nullptr;
    }

    kunique_ptr& operator=(kunique_ptr&& other) {
        if (&other != this) {
            Release();
            _p = other._p;
            other._p = nullptr;
        }
        return *this;
    }

    ~kunique_ptr() {
        Release();
    }

    operator bool() const {
        return _p != nullptr;
    }

    T* operator->() const {
        return _p;
    }

    T& operator*() const {
        return *_p;
```

```
    }

    void Release() {
        if (_p)
            ExFreePool(_p);
    }

private:
    T* _p;
};
```

在本章的后面部分，我们还会构建别的包装器用于同步原语。

6.5 系统崩溃

就像我们已经知道的那样，如果在内核模式中出现了一个没有处理的异常，系统就会崩溃，通常会将"死亡蓝屏"（BSOD）显示在脸上（在 Windows 8 以上版本，确实是字面意义上的脸——哭脸——颠倒的笑脸）。在本节中，我们将会讨论系统崩溃时会发生什么以及如何应对。

系统崩溃有很多种叫法，都是一个意思——"死亡蓝屏""系统故障""错误检测""停机错误"。BSOD 并不像初看那样是一种惩罚，它其实是一种保护机制。如果假定为可信的内核代码做了什么不好的事情，把一切都停下来可能是最安全的，因为让代码继续运行可能会造成系统无法启动，如果有些重要的文件或者注册表被损坏了的话。

> 最近的 Windows 10 版本在系统崩溃时会显示不同的颜色。内部构建显示绿色，另外我也碰到过橙色。

如果崩溃的系统连到一个内核调试器的话，调试器会中断。这允许在做其他事之前对系统的状态进行检查。

系统能够配置成在崩溃时执行某些操作。可以在"高级"标签里的"系统属性"界面进行配置。在"启动和恢复"部分单击"设置…"会调出"启动和恢复"对话框，里面的"系统故障"部分显示了可用的选项。图 6-7 显示了这两个对话框。

如果系统崩溃了，可以在事件日志里写入一个事件。这个选项默认是打开的，并且没有什么好理由去关闭它。此系统被配置成自动重启，从 Windows 2000 以来这就是默认的。

最重要的设置是转储文件的创建。转储文件捕获了崩溃时的系统状态，因此能够在事后将转储文件加载到调试器中进行分析。转储文件的类型很重要，因为这决定了转储文件中会保存什么信息。有一点需要着重指出的是，在崩溃时转储信息并非写入到目标文件而是写入到第一个页面文件中。在系统重启时，只有内核发现页面文件中有转储信息，才会将数据复制到目标文件中。这么做的原因是系统崩溃时将数据写到一个新文件中可能过于危险，系统可能不够稳定。最好的选择是将数据写到已经打开的页面文件中。坏处是页面文件必须足够大来容纳转储内容，否则就不会被写到转储文件中。

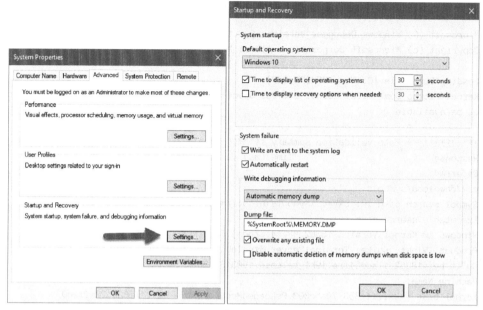

图 6-7　启动和恢复设置

转储类型决定了什么样的数据会被写入，以及可能需要的页面文件大小。选项如下：

❑ 小内存转储——非常小的转储，仅包含基本的系统信息和引起崩溃的线程信息。除了在最简单的情形下，通常这些信息太少而不足以判断发生了什么。好处是文件非常小。

❑ 内核内存转储——在 Windows 7 及以前版本中，这是默认选项。这个设置将捕获所有的内核内存，但不包含用户内存。一般这就足够了，因为系统崩溃只可能由内核代码的错误行为引起。不可能是因为用户模式做了什么而引起。

❑ 完整内存转储——提供了全部内存的转储，包括用户内存和内核内存。这是可获得的最完整的信息。不足之处是转储的大小依赖于系统的内存大小和当前使用的数量，所以可能会变得很大。

❑ 自动内存转储（Windows 8+）——在 Windows 8 及以上版本中这是默认选项。这个选项等同于内核内存转储，但是内核会在启动时自动调整页面文件的大小，以保证有足够的大小容纳一个内核转储。这仅在页面文件大小被指定为"系统管理"时才会进行。

❑ 活跃内存转储（Windows 10+）——这个选项类似于完整内存转储，除了崩溃的系统拥有客户虚拟机，否则不会捕获虚拟机所使用的内存。这有助于减小服务器系统中的转储文件大小，它们可能拥有许多虚拟机。

6.5.1　崩溃转储信息

一旦有了崩溃转储，就可以在 WinDbg 里选择"文件 / 打开转储文件"并指向这个文件从而打开它。调试器将显示一些类似下面的基本信息：

```
Microsoft (R) Windows Debugger Version 10.0.18317.1001 AMD64
Copyright (c) Microsoft Corporation. All rights reserved.


Loading Dump File [C:\Temp\MEMORY.DMP]
Kernel Bitmap Dump File: Kernel address space is available, User address space may n\
ot be available.


************* Path validation summary **************
Response                        Time (ms)     Location
Deferred                                      SRV*c:\Symbols*http://msdl.microsoft.\
com/download/symbols
Symbol search path is: SRV*c:\Symbols*http://msdl.microsoft.com/download/symbols
Executable search path is:
Windows 10 Kernel Version 18362 MP (4 procs) Free x64
Product: WinNt, suite: TerminalServer SingleUserTS
Built by: 18362.1.amd64fre.19h1_release.190318-1202
Machine Name:
Kernel base = 0xfffff803`70abc000 PsLoadedModuleList = 0xfffff803`70eff2d0
Debug session time: Wed Apr 24 15:36:55.613 2019 (UTC + 3:00)
System Uptime: 0 days 0:05:38.923
Loading Kernel Symbols
...............................Page 2001b5efc too large to be in the dump file.
Page 20001ebfb too large to be in the dump file.
..............................
Loading User Symbols
PEB is paged out (Peb.Ldr = 00000054`34256018).  Type ".hh dbgerr001" for details
Loading unloaded module list
............
For analysis of this file, run !analyze -v
nt!KeBugCheckEx:
fffff803`70c78810 48894c2408      mov     qword ptr [rsp+8],rcx ss:fffff988`53b0f6b0\
=000000000000000a
```

调试器建议执行 !analyze –v 命令，这是开始转储分析时最普遍的做法。请注意调用栈位于 KeBugCheckEx 处，这个函数是用来产生错误检查的。由于驱动程序也可能会在需要时直接调用它，因此它在 WDK 中有完整的文档。

在 !analyze –v 背后，默认的逻辑是在引起崩溃的线程上执行基本的分析，并显示一些跟崩溃转储代码相关的信息：

```
2: kd> !analyze -v
*******************************************************************************
*                                                                             *
*                        Bugcheck Analysis                                    *
```

```
    *                                                                    *
    **************************************************************************
```

DRIVER_IRQL_NOT_LESS_OR_EQUAL (d1)
An attempt was made to access a pageable (or completely invalid) address at an
interrupt request level (IRQL) that is too high.   This is usually
caused by drivers using improper addresses.
If kernel debugger is available get stack backtrace.
Arguments:
Arg1: ffffd907b0dc7660, memory referenced
Arg2: 0000000000000002, IRQL
Arg3: 0000000000000000, value 0 = read operation, 1 = write operation
Arg4: fffff80375261530, address which referenced memory

Debugging Details:

(truncated)

DUMP_TYPE: 1

BUGCHECK_P1: ffffd907b0dc7660

BUGCHECK_P2: 2

BUGCHECK_P3: 0

BUGCHECK_P4: fffff80375261530

READ_ADDRESS: Unable to get offset of nt!_MI_VISIBLE_STATE.SpecialPool
Unable to get value of nt!_MI_VISIBLE_STATE.SessionSpecialPool
 ffffd907b0dc7660 Paged pool

CURRENT_IRQL: 2

FAULTING_IP:
myfault+1530
fffff803`75261530 8b03   mov   eax,dword ptr [rbx]

(truncated)

ANALYSIS_VERSION: 10.0.18317.1001 amd64fre

TRAP_FRAME: fffff98853b0f7f0 -- (.trap 0xfffff98853b0f7f0)
NOTE: The trap frame does not contain all registers.
Some register values may be zeroed or incorrect.
rax=0000000000000000 rbx=0000000000000000 rcx=ffffd90797400340
rdx=0000000000000880 rsi=0000000000000000 rdi=0000000000000000
rip=fffff80375261530 rsp=fffff98853b0f980 rbp=0000000000000002

```
 r8=ffffd9079c5cec10  r9=0000000000000000 r10=ffffd907974002c0
r11=ffffd907b0dc1650 r12=0000000000000000 r13=0000000000000000
r14=0000000000000000 r15=0000000000000000
iopl=0         nv up ei ng nz na po nc
myfault+0x1530:
fffff803`75261530 8b03              mov     eax,dword ptr [rbx] ds:00000000`00000000=?\
???????
Resetting default scope

LAST_CONTROL_TRANSFER:  from fffff80370c8a469 to fffff80370c78810

STACK_TEXT:
fffff988`53b0f6a8 fffff803`70c8a469 : 00000000`0000000a ffffd907`b0dc7660 00000000`0\
0000002 00000000`00000000 : nt!KeBugCheckEx
fffff988`53b0f6b0 fffff803`70c867a5 : ffff8788`e4604080 ffffff4c`c66c7010 00000000`0\
0000003 00000000`00000880 : nt!KiBugCheckDispatch+0x69
fffff988`53b0f7f0 fffff803`75261530 : ffffff4c`c66c7000 00000000`00000000 fffff988`5\
3b0f9e0 00000000`00000000 : nt!KiPageFault+0x465
fffff988`53b0f980 fffff803`75261e2d : fffff988`00000000 00000000`00000000 ffff8788`e\
c7cf520 00000000`00000000 : myfault+0x1530
fffff988`53b0f9b0 fffff803`75261f88 : ffffff4c`c66c7010 00000000`000000f0 00000000`0\
0000001 ffffff30`21ea80aa : myfault+0x1e2d
fffff988`53b0fb00 fffff803`70ae3da9 : ffff8788`e6d8e400 00000000`00000001 00000000`8\
3360018 00000000`00000001 : myfault+0x1f88
fffff988`53b0fb40 fffff803`710d1dd5 : fffff988`53b0fec0 ffff8788`e6d8e400 00000000`0\
0000001 ffff8788`ecdb6690 : nt!IofCallDriver+0x59
fffff988`53b0fb80 fffff803`710d172a : ffff8788`00000000 00000000`83360018 00000000`0\
0000000 fffff988`53b0fec0 : nt!IopSynchronousServiceTail+0x1a5
fffff988`53b0fc20 fffff803`710d1146 : 00000054`344feb28 00000000`00000000 00000000`0\
0000000 00000000`00000000 : nt!IopXxxControlFile+0x5ca
fffff988`53b0fd60 fffff803`70c89e95 : ffff8788`e4604080 fffff988`53b0fec0 00000054`3\
44feb28 fffff988`569fd630 : nt!NtDeviceIoControlFile+0x56
fffff988`53b0fdd0 00007ff8`ba39c147 : 00000000`00000000 00000000`00000000 00000000`0\
0000000 00000000`00000000 : nt!KiSystemServiceCopyEnd+0x25
00000054`344feb48 00000000`00000000 : 00000000`00000000 00000000`00000000 00000000`0\
0000000 00000000`00000000 : 0x00007ff8`ba39c147


(truncated)

FOLLOWUP_IP:
myfault+1530
fffff803`75261530 8b03              mov     eax,dword ptr [rbx]

FAULT_INSTR_CODE:  8d48038b

SYMBOL_STACK_INDEX:  3

SYMBOL_NAME:  myfault+1530
```

```
FOLLOWUP_NAME:  MachineOwner

MODULE_NAME: myfault

IMAGE_NAME:  myfault.sys
```

(truncated)

　　每个崩溃转储代码最多能够带有 4 个数字，它们提供了更多崩溃相关的信息。在这个例子中，我们可以看到代码是 DRIVER_IRQL_NOT_LESS_OR_EQUAL（0xd1），后面名称为 Arg1 到 Arg4 的 4 个数字按顺序分别表示：被引用的内存地址、调用时的 IRQL、读操作还是写操作以及正在访问的地址。

　　这个命令明确地将 myfault.sys 识别为故障模块（驱动程序）。因为这个崩溃很简单——罪犯就在调用栈上，如同上面 STACK_TEXT 部分显示的那样（也可以简单地用 k 命令再看一次）。

🔑　实际上 !analyze –v 命令是可扩展的，使用扩展 DLL 可以向其中加入更多分析。在 Web 上可以找到这样的扩展。请参考调试器 API 文档，获得更多关于如何向此命令加入自己的分析代码的信息。

　　更加复杂的崩溃转储在出错的线程调用栈上可能只显示出来自内核的调用。在得出发现了一个 Windows 内核错误的结论之前，请先考虑一下：多数情况下，驱动程序的错误行为对其自身并非致命，比如产生了一个缓冲区溢出——在超出分配的缓冲区写了数据，不幸的是紧接着这个缓冲区的内存是别的驱动程序或者内核自身所分配的，因此这个时候什么都不会发生。一段时间后，内核访问了那块内存，获得了错误的数据并引起了系统崩溃。这种情况下，出故障的驱动程序在任何调用栈里都看不到，这就很难诊断了。

🔑　用来帮助诊断此类问题的一个方法是使用 Driver Verifier。在第 11 章我们会看到关于 Driver Verifier 的基础内容。

🔑　一旦获得崩溃转储代码，查看调试器文档的"错误检查代码参考"主题是有用的，那里对常见的错误检查代码有更完整的解释，并带有典型的错误原因及接下来该调查什么的指示。

6.5.2　分析转储文件

　　转储文件是系统的一个快照。除此之外，它与任何内核调试会话都一样。只不过无法设置断点，当然也不能用执行命令。别的所有命令都跟平时一样可用，像 !process、!thread、lm、k 命令都可正常使用。以下是一些其他的命令及其提示：

❑ 提示符指示了当前的处理器。用 ~ns 命令可以在处理器之间进行切换，命令中的 n 是 CPU 的索引值（就像是在用户模式下切换线程）。

❑ !running 命令用来列出崩溃时在所有处理器上运行的线程。加上选项 -t 显示每个
线程的调用栈。这里有一个在上述崩溃转储中执行的示例：

```
2: kd> !running -t

System Processors: (000000000000000f)
  Idle Processors: (0000000000000002)

      Prcbs             Current          (pri) Next        (pri) Idle
  0   fffff8036ef3f180  ffff8788e91cf080 ( 8)                    fffff8037104840\
0 ..............

  # Child-SP          RetAddr           Call Site
00 00000094`ed6ee8a0 00000000`00000000 0x00007ff8`b74c4b57

  2   ffffb000c1944180  ffff8788e4604080 (12)                   ffffb000c195514\
0 ..............

  # Child-SP          RetAddr           Call Site
00 fffff988`53b0f6a8 fffff803`70c8a469 nt!KeBugCheckEx
01 fffff988`53b0f6b0 fffff803`70c867a5 nt!KiBugCheckDispatch+0x69
02 fffff988`53b0f7f0 fffff803`75261530 nt!KiPageFault+0x465
03 fffff988`53b0f980 fffff803`75261e2d myfault+0x1530
04 fffff988`53b0f9b0 fffff803`75261f88 myfault+0x1e2d
05 fffff988`53b0fb00 fffff803`70ae3da9 myfault+0x1f88
06 fffff988`53b0fb40 fffff803`710d1dd5 nt!IofCallDriver+0x59
07 fffff988`53b0fb80 fffff803`710d172a nt!IopSynchronousServiceTail+0x1a5
08 fffff988`53b0fc20 fffff803`710d1146 nt!IopXxxControlFile+0x5ca
09 fffff988`53b0fd60 fffff803`70c89e95 nt!NtDeviceIoControlFile+0x56
0a fffff988`53b0fdd0 00007ff8`ba39c147 nt!KiSystemServiceCopyEnd+0x25
0b 00000054`344feb48 00000000`00000000 0x00007ff8`ba39c147

  3   ffffb000c1c80180  ffff8788e917e0c0 ( 5)                   ffffb000c1c9114\
0 ..............

  # Child-SP          RetAddr           Call Site
00 fffff988`5683ec38 fffff803`70ae3da9 Ntfs!NtfsFsdClose
01 fffff988`5683ec40 fffff803`702bb5de nt!IofCallDriver+0x59
02 fffff988`5683ec80 fffff803`702b9f16 FLTMGR!FltpLegacyProcessingAfterPreCallbacksC\
ompleted+0x15e
03 fffff988`5683ed00 fffff803`70ae3da9 FLTMGR!FltpDispatch+0xb6
04 fffff988`5683ed60 fffff803`710cfe4d nt!IofCallDriver+0x59
05 fffff988`5683eda0 fffff803`710de470 nt!IopDeleteFile+0x12d
06 fffff988`5683ee20 fffff803`70aea9d4 nt!ObpRemoveObjectRoutine+0x80
07 fffff988`5683ee80 fffff803`723391f5 nt!ObfDereferenceObject+0xa4
08 fffff988`5683eec0 fffff803`72218ca7 Ntfs!NtfsDeleteInternalAttributeStream+0x111
09 fffff988`5683ef00 fffff803`722ff7cf Ntfs!NtfsDecrementCleanupCounts+0x147
0a fffff988`5683ef40 fffff803`722fe87d Ntfs!NtfsCommonCleanup+0xadf
0b fffff988`5683f390 fffff803`70ae3da9 Ntfs!NtfsFsdCleanup+0x1ad
```

```
0c fffff988`5683f6e0 fffff803`702bb5de nt!IofCallDriver+0x59
0d fffff988`5683f720 fffff803`702b9f16 FLTMGR!FltpLegacyProcessingAfterPreCallbacksC\
ompleted+0x15e
0e fffff988`5683f7a0 fffff803`70ae3da9 FLTMGR!FltpDispatch+0xb6
0f fffff988`5683f800 fffff803`710ccc38 nt!IofCallDriver+0x59
10 fffff988`5683f840 fffff803`710d4bf8 nt!IopCloseFile+0x188
11 fffff988`5683f8d0 fffff803`710d9f3e nt!ObCloseHandleTableEntry+0x278
12 fffff988`5683fa10 fffff803`70c89e95 nt!NtClose+0xde
13 fffff988`5683fa80 00007ff8`ba39c247 nt!KiSystemServiceCopyEnd+0x25
14 000000b5`aacf9df8 00000000`00000000 0x00007ff8`ba39c247
```

这个命令可以很好地了解崩溃时发生了什么。

❑ !stacks 命令默认列出所有线程的线程栈。一个更有用的变体是加上一个用来搜索的字符串,这将仅列出包含该字符串的模块或者函数线程。这就能在整个系统中定位驱动程序代码(因为它在崩溃时可能并没有运行,但是会在某些线程的调用栈里)。这里有一个来自上述转储的示例:

```
2: kd> !stacks
Proc.Thread .Thread Ticks    ThreadState Blocker
                        [fffff803710459c0 Idle]
    0.000000  fffff80371048400 0000003 RUNNING    nt!KiIdleLoop+0x15e
    0.000000  ffffb000c17b1140 0000ed9 RUNNING    hal!HalProcessorIdle+0xf
    0.000000  ffffb000c1955140 0000b6e RUNNING    nt!KiIdleLoop+0x15e
    0.000000  ffffb000c1c91140 000012b RUNNING    nt!KiIdleLoop+0x15e
                        [ffff8788d6a81300 System]
    4.000018  ffff8788d6b8a080 0005483 Blocked    nt!PopFxEmergencyWorker+0x3e
    4.00001c  ffff8788d6bc5140 0000982 Blocked    nt!ExpWorkQueueManagerThread+0x127
    4.000020  ffff8788d6bc9140 000085a Blocked    nt!KeRemovePriQueue+0x25c

(truncated)

2: kd> !stacks 0 myfault
Proc.Thread .Thread Ticks    ThreadState Blocker
                        [fffff803710459c0 Idle]
                        [ffff8788d6a81300 System]

(truncated)

                        [ffff8788e99070c0 notmyfault64.e]
af4.00160c  ffff8788e4604080 0000006 RUNNING    nt!KeBugCheckEx

(truncated)
```

每一行边上的地址是线程的 ETHREAD 地址,能传给 !thread 命令。

6.5.3 系统挂起

系统崩溃是通常调查的最常见的转储类型。然而,还有另一种转储可能需要处理:挂起的系统。挂起的系统是没有响应或者几乎没有响应的系统。看上去是以某种方式停机了或者死锁了——系统没有崩溃，所以要处理的第一个问题是如何得到系统的转储？

> 转储文件包括一些系统状态，它并不必须与崩溃或者别的不良状态相关。有包括内核调试器在内的工具可以在任意时刻创建转储文件。

如果系统仍然在某种程度上有响应，Sysinternals 的 NotMyFault 工具能够强制造成系统崩溃并且强制生成一个转储文件（事实上这就是上一节中转储文件的生成方式）。图 6-8 显示了 NotMyFault 的屏幕截图。选择第一个（默认）选项并单击 Crash 会立即让系统崩溃并生成一个转储文件（如果配置成这么做）。

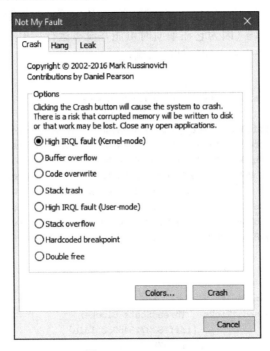

图 6-8　NotMyFault

NotMyFault 使用一个叫 myfault.sys 的驱动程序，此程序负责生成崩溃。

ⓘ NotMyFault 有 32 位和 64 位版本（后者的文件名以"64"结尾），记住要用对当前的系统来说正确的版本，否则驱动程序会加载失败。

如果系统完全失去响应，并且可以将内核调试器连上去（目标系统配置成可调试的），那就正常进行调试或者使用 .dump 命令产生一个转储文件。

如果系统失去响应，但内核调试器又无法连上时，如果事先配置好了注册表（假定以某种方式等待挂起），还可以手动产生一个转储文件。当检测到适当的键组合时，键盘驱动程序会生成一个崩溃。参考链接 https://docs.microsoft.com/en-us/windows-hardware/drivers/debugger/forcing-a-system-crash-from-the-keyboard 以得到详细信息。这里的崩溃代码为 0xe2（MANUALLY_INITIATED_CRASH）。

6.6　线程同步

多个线程有时候需要协调工作。一个典型的例子是驱动程序使用链表来收集数据项。驱动程序可以被多个客户程序调用，且来自一个或者多个进程的多个线程。这意味着对链表的操作必须以原子形式完成，以保证链表不被破坏。如果有多个线程在访问相同的内存，其中至少有一个在写（修改数据），这被称为数据竞争。如果出现了数据竞争，那么情况就变得难以预料，任何事情都可能发生。通常，在驱动程序内发生这种情况，迟早会出现系统崩溃，实际上必然造成数据损坏。

在这种情况下，最重要的是当一个线程在操作链表时，其他所有线程都退回去，以某种方式等待第一个线程结束工作。只有在那时另外一个线程（仅仅一个）才能操作链表。这是线程同步的一个例子。

内核提供了一些原语来帮助达成适当的同步，以保护数据不被并发访问。下面会讨论线程同步的各种原语和技术。

6.6.1　互锁操作

互锁函数提供了执行原子操作的方便方式，它们利用了硬件特性而不涉及软件对象。如果利用这些函数能够完成任务，那么就应该用它们，因为它们尽其所能地高效。

一个简单的例子是对整数加一，通常这不是原子操作。如果有两个（或者更多）线程试图同时在同一内存处进行此操作，那么一些操作可能（很可能）会丢失。图 6-9 显示了一个简单的情形，两个线程执行加 1 操作，结果是 1 而不是 2。

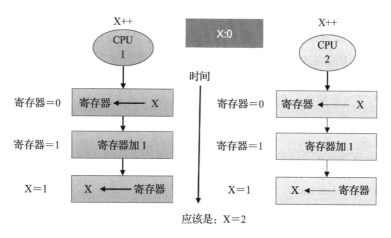

图 6-9　并发增量

ℹ️ 图 6-9 的例子非常简化。在真正的 CPU 上还有别的影响需要考虑，特别是缓存，它会导致 CPU 更加容易出现上图所示的情况。CPU 缓存，存储缓冲和现代 CPU 的其他概念并不是一个简单的主题，已经超出了本书的范围。

表 6-2 列出了驱动程序能用的一些互锁函数。

表 6-2　一些互锁函数

函　　数	描　　述
InterlockedIncrement / InterlockedIncrement16 / InterlockedIncrement64	对 32/16/64 位的整数原子化加一
InterlockedDecrement / 16 / 64	对 32/16/64 位的整数原子化减一
InterlockedAdd / InterlockedAdd64	原子化地将一个 32/64 位整数加到一个变量上
InterlockedExchange / 8 / 16 / 64	原子化地交换两个 32/8/16/64 位整数
InterlockedCompareExchange / 64 / 128	原子化地比较一个变量与一个值，如果两者相等则将提供的值交换到变量中并返回 TRUE；否则，将当前的值放入变量中并返回 FALSE

ℹ️ InterlockedCompareExchange 函数家族在无锁编程中使用，无锁编程技术在不使用软件对象的前提下执行复杂的原子操作。这个话题显然超出了本书的范畴。

🔑 表 6-2 中的函数在用户模式下也是可用的，因为它们并不是真正的函数，而是 CPU 内联函数——CPU 的特殊指令。

6.6.2　分发器对象

内核提供了一组被称为分发器对象的原语，也被称为可等待对象。这些对象有被称为有信号和无信号的两种状态，有信号和无信号的具体含义取决于对象的类型。它们被称为"可等待的"是因为线程可以在这样的对象上等待直至它们变成有信号。在等待期间线程不会消耗 CPU 周期，因为它处于等待状态。

用于等待的主要函数是KeWaitForSingleObject 和 KeWaitForMultipleObjects，它们的原型（为了简单起见，带有简化了的 SAL 注解）如下所示：

```
NTSTATUS KeWaitForSingleObject (
    _In_ PVOID Object,
    _In_ KWAIT_REASON WaitReason,
    _In_ KPROCESSOR_MODE WaitMode,
    _In_ BOOLEAN Alertable,
    _In_opt_ PLARGE_INTEGER Timeout);

NTSTATUS KeWaitForMultipleObjects (
    _In_ ULONG Count,
```

```
_In_reads_(Count) PVOID Object[],
_In_ WAIT_TYPE WaitType,
_In_ KWAIT_REASON WaitReason,
_In_ KPROCESSOR_MODE WaitMode,
_In_ BOOLEAN Alertable,
_In_opt_ PLARGE_INTEGER Timeout,
_Out_opt_ PKWAIT_BLOCK WaitBlockArray);
```

下面是这些函数的参数摘要：

❑ Object ——指明了要等待的对象。注意这些函数针对的是对象不是句柄。如果拥有的是句柄（可能由用户模式提供），调用 ObReferenceObjectByHandle 来获得对象指针。

❑ WaitReason ——指明等待的原因。等待原因的列表相当长，不过驱动程序通常应该将其设成 Executive，除非此等待是由于用户请求，此时应该设成 UserRequest。

❑ WaitMode ——可以是 UserMode 或者 KernelMode。多数驱动程序应该将其设成 KernelMode。

❑ Alertable ——指明在等待过程中线程是否应该处于警报状态。警报状态允许传递用户模式异步过程调用（APC）。用户模式 APC 在等待模式为 UserMode 时可被传递。多数驱动程序将此参数设成 FALSE。

❑ Timeout ——指明等待的超时值。如果为 NULL，则不指定等待时间——直到对象变成有信号状态为止。此参数的单位是 100 纳秒，负值表示相对时间值，而正值则表示从 1601 年 1 月 1 日午夜起计算的绝对时间值。

❑ Count ——等待对象的数目。

❑ Object[] ——等待的对象指针数组。

❑ WaitType ——指明要等待所有对象变成有信号（WaitAll）还是只要一个对象有信号就行（WaitAny）。

❑ WaitBlockArray ——结构数组，用于对等待操作的内部管理。如果对象的数目≤ THREAD_WAIT_OBJECTS（目前是 3），那么这个参数是可选的，内核会使用每个线程里内建的数组。如果对象的数量高于这个数，驱动程序就必须从非分页池中分配正确大小的结构，并在等待结束之后释放它们。

KeWaitForSingleObject 的主要返回值有：

❑ STATUS_SUCCESS——等待完成，对象状态已变为有信号。

❑ STATUS_TIMEOUT——等待完成，指定的超时值已到。

⚠ 注意，从等待函数返回的所有值传递给 NT_SUCCESS 宏都返回真。

跟 KeWaitForSingleObject 一样，KeWaitForMultipleObjects 的返回值中有 STATUS_TIMEOUT。如果指定了 WaitAll 这一等待类型并且所有对象都变为有信号，则会返回 STATUS_SUCCESS。对于 WaitAny 的等待，如果其中一个对象变为有信号了，则会返回该对象在对象数组中的索引值。

⚠ 有一些与等待函数相关的细节，特别是当等待模式是 UserMode 并且该等待是警报状态时。请参看 WDK 文档获取详细信息。

表 6-3 列出了常见的分发器对象，以及有信号与无信号的含义。

表 6-3　对象类型和有信号的含义

对象类型	有信号的含义	无信号的含义
进程	进程已终止（不管何种原因）	进程未终止
线程	线程已终止（不管何种原因）	线程未终止
互斥量	互斥量是自由的（未被拥有）	互斥量被拥有
事件	事件被设置	事件被重置
信号量	信号量计数大于零	信号量计数等于零
时钟	时钟到时	时钟尚未到时
文件	异步 I/O 操作已完成	异步 I/O 操作正在进行

ℹ 表 6-3 中所有对象也都会输出到用户模式。用户模式下主要的等待函数是 WaitForSing-leObject 和 WaitForMultipleObjects。

接下来几节会讨论一些驱动程序中常用的同步对象类型。另外一些讨论到的对象不是分发器对象，但是也支持线程同步等待。

6.6.3　互斥量

互斥量是一种经典的对象，用于解决多个线程中的某个线程在任何时刻访问共享资源的标准问题。

ℹ 互斥量有时候被称为突变体（mutant）。这是同一个东西。

互斥量在自由时为有信号态。一旦某个线程调用等待函数并成功，这个互斥量就变成无信号态，这个线程就称为该互斥量的拥有者。对互斥量来说，拥有关系是很重要的。它意味着以下情况：

❑ 如果某个线程是一个互斥量的拥有者，那么此线程是唯一能释放该互斥量的线程。
❑ 一个互斥量能多次被同一线程获取。由于该线程是互斥量的当前拥有者，第二次获取的尝试会自动成功。这也意味着线程释放该互斥量的次数需要跟获取它的次数一样多；只有在那时互斥量才会再次变成自由态（有信号）。

要使用互斥量，需要从非分页池中分配一个 KMUTEX 结构。互斥量的 API 包含了如下与 KMUTEX 一起工作的函数：

❑ KeInitializeMutex 必须被调用一次以初始化互斥量。

❑ 某一个等待函数需要将分配的 KMUTEX 结构的地址作为参数传递给它。

❑ 在某个线程是互斥量的拥有者时调用 KeReleaseMutex 释放该互斥量。

利用上述函数，这里有一个使用互斥量访问共享数据，使得一次只能有一个线程访问的例子：

```
KMUTEX MyMutex;
LIST_ENTRY DataHead;

void Init() {
    KeInitializeMutex(&MyMutex, 0);
}


void DoWork() {
    // wait for the mutex to be available

    KeWaitForSingleObject(&MyMutex, Executive, KernelMode, FALSE, nullptr);

    // access DataHead freely

    // once done, release the mutex

    KeReleaseMutex(&MyMutex, FALSE);
}
```

重要的是，无论怎样都要释放互斥量，因此最好用 __try / __finally 以保证在任何情况下都做到这一点：

```
void DoWork() {
    // wait for the mutex to be available

    KeWaitForSingleObject(&MyMutex, Executive, KernelMode, FALSE, nullptr);
    __try {
        // access DataHead freely

    }
    __finally {
        // once done, release the mutex

        KeReleaseMutex(&MyMutex, FALSE);
    }
}
```

因为使用 __try / __finally 有点别扭，所以我们可以用 C++ 为等待创建 RAII 包装器。这也可以用于其他的同步原语。

首先，我们创建一个互斥量包装器，用于提供 Lock 和 Unlock 成员函数：

```
struct Mutex {
    void Init() {
```

```
            KeInitializeMutex(&_mutex, 0);
    }

    void Lock() {
        KeWaitForSingleObject(&_mutex, Executive, KernelMode, FALSE, nullptr);
    }

    void Unlock() {
        KeReleaseMutex(&_mutex, FALSE);
    }

private:
    KMUTEX _mutex;
};
```

然后我们可以创建一个通用的 RAII 包装器，用于等待任何具有 Lock 和 Unlock 函数的类型：

```
template<typename TLock>
struct AutoLock {
    AutoLock(TLock& lock) : _lock(lock) {
        lock.Lock();
    }

    ~AutoLock() {
        _lock.Unlock();
    }

private:
    TLock& _lock;
};
```

有了上面的定义，我们可以用如下的内容代替用到互斥量的代码：

```
Mutex MyMutex;

void Init() {
    MyMutex.Init();
}

void DoWork() {
    AutoLock<Mutex> locker(MyMutex);

    // access DataHead freely
}
```

🔑 由于锁定时间应该尽可能短，我们可以在人工指定的范围里使用 AutoLock 以尽可能迟地获取和尽可能早地释放互斥量。

🔑 在 C++17 里，AutoLock 在使用时可以不用指定类型，像这样：AutoLocklock（My-Mutex）;。因为 Visual Studio 当前默认使用 C++14 语言标准，我们需要在项目属性里进行修改才行，此选项位于 C++ 节点 / 语言 / C++ 语言标准中。

我们也会在其他的同步原语上使用同样的 AutoLock 类型。

⚠ 如果一个线程没有释放互斥量就死亡了，会发生什么？在那种情况下，内核会显式释放这个互斥量（因为没有别的线程能做这件事了），然后下一个企图获得此互斥量的线程会在等待函数中接受到 STATUS_ABANDONED 返回值——互斥量已经被抛弃。就其他线程而言，此互斥量会被正常获取，这个返回值指出了有某些错误或者不正常的情形导致第一个线程在释放此互斥量之前就终止了。

6.6.4 快速互斥量

快速互斥量是传统互斥量的一个替代，提供了更好的性能。它不是一个分发器对象，因此它有自己用于获取和释放的 API。与正式互斥量相比，它有如下特性：

❑ 快速互斥量不能递归地获取。这么做会造成死锁。

❑ 快速互斥量被获取之后，CPU IRQL 会提升到 APC_LEVEL（1）。这会阻止该线程上 APC 的传递。

❑ 快速互斥量只能无限等待——无法指定超时值。

由于上面的前两项，快速互斥量比正式互斥量要稍快一点。事实上，多数需要互斥量的驱动程序都使用快速互斥量，除非有充分的理由去使用正式互斥量。

从非分页池中分配 FAST_MUTEX 结构并调用 ExInitializeFastMutex 可以初始化快速互斥量。用 ExAcquireFastMutex 或 ExAcquireFastMutexUnsafe（如果当前 IRQL 恰巧已经是 APC_LEVEL）以获取快速互斥量。用 ExReleaseFastMutex 或 ExReleaseFast-MutexUnsafe 可以释放快速互斥量。

ℹ 快速互斥量并未显露给用户模式，用户模式只能用正式互斥量。

从通常使用的视角来看，快速互斥量跟正式互斥量是等同的。它只是稍稍快一点而已。

我们可以在快速互斥量上创建一个 C++ 包装器，以便用 6.6.3 节定义的 AutoLock RAII 类做到自动获取和释放：

```
// fastmutex.h

class FastMutex {
public:
    void Init();

    void Lock();
    void Unlock();
```

```
private:
    FAST_MUTEX _mutex;
};

// fastmutex.cpp

#include "FastMutex.h"

void FastMutex::Init() {
    ExInitializeFastMutex(&_mutex);
}

void FastMutex::Lock() {
    ExAcquireFastMutex(&_mutex);
}

void FastMutex::Unlock() {
    ExReleaseFastMutex(&_mutex);
}
```

6.6.5 信号量

信号量的主要目标是用来限制某些东西，比如队列的长度。信号量最大值和初始值（通常设置成最大值）的初始化通过调用 KeInitializeSemaphore 来完成。当其内部值大于零时，信号值处于有信号态。此时调用 KeWaitForSingleObject 的线程将结束等待，同时信号量的值减一。如此继续直到其值达到零，这时信号量变成无信号态。

举个例子，想象一下驱动程序管理着一个工作项目的队列，一些线程要向其中加入项目。这样的每个线程都会调用 KeWaitForSingleObject 来获得信号量的一个"计数"。只要信号量的计数值大于零，线程就能继续向队列里加入项目，增加队列的长度，同时信号量"失去"一个计数值。另外一些线程的任务则是处理队列中的工作项目。一旦某个线程从队列中移除了一个项目，它就会调用 KeReleaseSemaphore 增加信号量的计数，将其重新变为有信号态，允许可能存在的另一线程往前执行并且向队列中加入新的项目。

ℹ KeReleaseSemaphore 能够对信号量的计数增加大于一的值，如果它希望这么做的话。

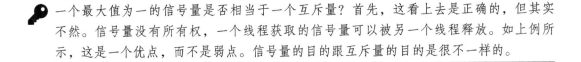 一个最大值为一的信号量是否相当于一个互斥量？首先，这看上去是正确的，但其实不然。信号量没有所有权，一个线程获取的信号量可以被另一个线程释放。如上例所示，这是一个优点，而不是弱点。信号量的目的跟互斥量的目的是很不一样的。

6.6.6 事件

事件封装了一个布尔型的标志——要么真（有信号）要么假（无信号）。事件的主要目的是在某事发生时发出信号，提供执行流上的同步。例如，如果某些条件变成真，那么就可以设置一个事件，然后一堆线程就能从等待中释放出来并继续在一些现在可能已经准备好的数据上进行处理。

事件有两种类型，类型在初始化事件时指定：

❑ 通知事件（手动重置）——这种事件被设置后会释放所有正在等待的线程，并且事件的状态保持设置（有信号）直到被显式重置。

❑ 同步事件（自动重置）——这种事件被设置后最多释放一个线程（不管有多少在此事件上等待），并且释放之后此事件会自动回到重置（无信号）状态。

事件的创建是这样的：从非分页池中分配 KEVENT 结构，并指明事件类型（NotificationEvent 或者 SynchronizationEvent）和初始事件状态（Signaled 或者 non-singnaled），去调用 KeInitializeEvent 进行初始化。等待某个事件则通常通过 KeWaitXxx 函数完成。调用 KeSetEvent 设置事件为有信号，调用 KeResetEvent 或者 KeClearEvent 重置该事件（无信号）（后者比前者稍快一点，因为它不用返回事件的前面状态）。

6.6.7　执行体资源

多个线程存取共享资源这类经典的同步问题可以通过使用互斥量或者快速互斥量来解决。这行得通，但是互斥量是悲观的，意思是它们只允许一个线程存取共享资源。在多个线程通过只读访问共享资源的情形下，这或许是个遗憾。

在能够区分是修改数据（写）还是仅仅只是查看数据（读）的情形下——可能有优化的办法。需要访问共享资源的线程可以声明其意图——读或者写。如果声明为读，别的声明为读的线程就能并发读取，从而增强性能。这特别适用于共享数据不会快速改变的时候，例如，读操作比写操作多得多时。

> 由于互斥量强制同一时刻只能执行一个线程，从这个本性来说它就是并发杀手。这也决定了互斥量总是能够工作的，其代价是损失并发所可能获得的性能增强。

内核提供了适合单写多读场景的另一种同步原语。这种对象叫作执行体资源，是另一种特殊对象，并不属于分发器对象。

初始化执行体资源的方法如下：从非分页池中分配一个 ERESOURCE 结构并调用 ExInitializeResourceLite。初始化完成后，线程就能通过 ExAcquireResourceExclusiveLite 获取排他锁（用于写）或者调用 ExAcquireResourceSharedLite 获取共享锁。工作完成之后，线程用 ExReleaseResourceList 释放执行体资源（不论获取的是哪种锁）。调用获取和释放函数的先决条件是必须禁止通常的内核 APC。可以通过在调用获取函数之前先调用 KeEnterCriticalRegion 以及在调用释放函数之后调用 KeLeaveCriticalRegion 来做到这点。下面的代码片段对此作了示例：

```
ERESOURCE resource;
```

```
void WriteData() {
    KeEnterCriticalRegion();
    ExAcquireResourceExclusiveLite(&resource, TRUE);    // wait until acquired

    // Write to the data

    ExReleaseResourceLite(&resource);
    KeLeaveCriticalRegion();
}
```

因为这些调用在使用执行体对象时十分普遍，所以有函数在单个调用里执行了这两个操作：

```
void WriteData() {
    ExEnterCriticalRegionAndAcquireResourceExclusive(&resource);

    // Write to the data

    ExReleaseResourceAndLeaveCriticalRegion(&resource);
}
```

对于共享获取也存在类似的函数 ExEnterCriticalRegionAndAcquireResourceshared。最后，在释放此资源占用的内存之前，先调用 ExDeleteResourceLite 将此资源从内核的资源列表中移除：

```
NTSTATUS ExDeleteResourceLite(
    _Inout_ PERESOURCE Resource);
```

还有其他的函数是在一些特殊情况下使用执行体资源的。请参考 WDK 文档以获得更多信息。

 请为执行体资源创建一个合适的 C++ RAII 包装器。

6.7 高 IRQL 同步

到现在为止，关于同步的这些小节已经讨论了等待各种对象的线程。可是在某些情况下，线程不能等待——特别是处理器的 IRQL 是 DISPATCH_LEVEL（2）或更高时。本节将讨论这些情况以及如何应对。

让我们研究一个示例场景：一个驱动程序具有一个计时器，通过 KeSetTimer 设置并在计时器到期时使用 DPC 执行代码。同时，驱动程序中的其他功能（如 IRP_MJ_DEVICE_CONTROL）可能同时执行（以 IRQL 0 运行）。如果这两个功能都需要访问共享资源（如链表），则它们必须同步访问以防止数据损坏。

问题在于 DPC 不能调用 KeWaitForSingleObject 或者别的等待函数——调用任何一个都会导致致命错误。那么这些函数要怎样才能同步访问呢？

一种简单的情形是系统只有单个 CPU。在这种情形下访问共享资源时，低 IRQL 的函数只需要将 IRQL 提升至 DISPATCH_LEVEL 然后访问资源即可。此时 DPC 不能干涉这段代码，因为 CPU 的 IRQL 已经是 2 了。一旦代码完成了对共享资源的访问，就能将 IRQL 降回到零并允许 DPC 执行。这样就能防止同时执行这些例程。图 6-10 显示了这种设置。

在有多于一个 CPU 的标准系统中，这种同步方法就不够用了，因为 IRQL 是 CPU 的属性，而不是系统范围的属性。如果一个 CPU 的 IRQL 提升到了 2，如果一个 DPC 要执行，它可以去干预别的 IRQL 是零的 CPU。在这种情况下，就有可能造成两个函数同时执行，访问共享资源，从而引起数据竞争。

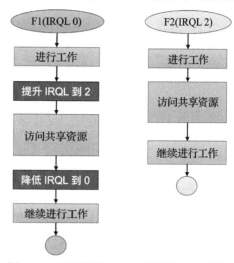

图 6-10　通过操作 IRQL 进行高 IRQL 同步

我们要如何解决这个问题？我们需要有像互斥量一样的东西，但是能够在处理器之间进行同步——而不是线程之间。这是因为当 CPU 的 IRQL 是 2 或者更高时，在此 CPU 上调度器无法工作，使得线程本身失去了意义。这种对象是存在的——叫作自旋锁。

自旋锁

自旋锁是内存中的一个简单位，通过 API 提供原子化的测试和修改操作。当 CPU 想要获取自旋锁而它当前并不自由的话，CPU 会一直在自旋锁上自旋，等待它被另一个 CPU 释放（记住，在 IRQL DISPATCH_LEVEL 或者更高级别上是无法将线程放入等待状态的）。

在上节图示的情形下，我们需要分配和初始化一个自旋锁。每个需要访问共享数据的函数都需要将 IRQL 提高到 2（如果还不是的话），获取自旋锁并在共享数据上工作，最后释放自旋锁并把 IRQL 降回来（如果适用的话，不是为了 DPC）。这一串事件在图 6-11 中显示。

创建自旋锁需要从非分页池中分配一个 KSPIN_LOCK 结构并调用 KeInitializeSpinLock。这将把自旋锁置于未被拥有的状态。

获取自旋锁是一个两步过程：首先，将 IRQL 提升到适当的级别，这是任何函数试图同步共享资源访问的最高级别。在前一示例中，这个 IRQL 级别是 2。其次，获取自旋锁。可以通过调用合适的 API 把这两步结合起来。这个过程如图 6-12 所示。

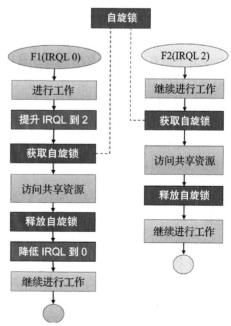

图 6-11　用自旋锁进行高 IRQL 同步

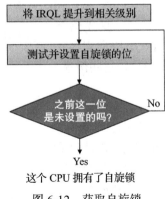

这个 CPU 拥有了自旋锁

图 6-12　获取自旋锁

调用 API 执行图 6-12 所概述的两个步骤能够完成对自旋锁的获取和释放。表 6-4 显示了相关的 API 以及与他们所操作的自旋锁相关的 IRQL。

表 6-4　操作自旋锁的 API

IRQL	获取函数	释放函数	注释
2	KeAcquireSpinLock	KeReleaseSpinLock	
2	KeAcquireSpinLockAtDpcLevel	KeReleaseSpinLockFromDpcLevel	（1）
设备 IRQL	KeAcquireInterruptSpinLock	KeReleaseInterruptSpinLock	（2）
HIGH_LEVEL	ExInterlockedXxx	(none)	（3）

表 6-4 中的注释：

1. 只能在 IRQL 为 2 时调用。这提供了一种仅获取自旋锁而不改变 IRQL 的优化。典型的场景时在 DPC 例程里。

2. 对 ISR 和别的函数之间的同步有用。具有中断源的基于硬件的驱动程序会使用这些例程。参数是一个中断对象—自旋锁是它的一部分。

3. 这些函数用于操作基于 LIST_ENTRY 的链表。它们使用提供给它们的自旋锁并将 IRQL 提升到 HIGH_LEVEL。由于高 IRQL 级别，这些例程能在任何情况下使用，因为提升 IRQL 总是安全的。

⚠ 如果获取了自旋锁，千万记得在同一个函数中释放它，否则就有死锁的风险。

ℹ 自旋锁从哪里来？这里描述的场景需要驱动程序分配它自己的自旋锁，以保护从高 IRQL 函数对它自己的数据并发访问。有些自旋锁作为其他对象的一部分而存在，如基于硬件的驱动程序用来处理中断的 KINTERRUPT 对象。另一个例子是系统范围的自旋锁，叫作取消自旋锁。内核在调用驱动程序注册的取消例程之前，会先获得这个自旋锁。这是驱动程序释放一个不是由它显式申请的自旋锁的唯一情形。

> ℹ 如果有多个 CPU 试图在同一时间获取同一个自旋锁，哪个 CPU 会先得到？通常这并没有顺序——电子跑得最快的 CPU 取胜 :)。内核还提供了另一种选择，叫作排队自旋锁，它以先进先出的方式服务 CPU。不过这只能用于 IRQL DISPATCH_LEVEL，相应的 API 是 KeAcquireInStackQueuedSpinLock 和 KeReleaseInStackQueuedSpinLock。 请参看 WDK 文档以获得更多信息。

> ✎ 为 DISPATCH_LEVEL 自旋锁写一个 C++ 包装器，使其能与本章早先定义的 AutoLock RAII 一起工作。

6.8　工作项目

　　有时候会需要在不同的线程里运行一段代码。实现这件事的一种方法是显式创建一个线程并将运行这段代码作为其任务。内核提供了允许驱动程序创建分离执行线程的函数：PsCreateSystemThread 和 IoCreateSystemThread（Windows 8 以上版本可用）。这些函数对需要在后台长时间运行代码的驱动程序是合适的。然而，对时间有限的操作来说，使用内核提供的线程池会更好，它会在系统的工作线程里执行代码。

> ℹ 我们更推荐使用 IoCreateSystemThread，因为它允许将一个设备对象或者驱动程序对象关联到线程。这让 I/O 系统为对象增加一个引用，确保线程仍然在执行时，驱动程序不会被过早卸载。

> ℹ 由驱动程序创建的线程最终必须通过调用 PsTerminateSystemThread 终止自身。如果调用成功，此函数不会返回。

　　工作项目用来描述在系统线程池中排队的函数。驱动程序能够分配和初始化工作项目，使其指向驱动程序希望执行的函数，随后就能让它在线程池排队。这看上去很像 DPC，主要区别在于工作项目总是在 IRQL PASSIVE_LEVEL 上执行，这意味着此机制能用于在 IRQL 2 上运行的函数中执行 IRQL 0 的操作。例如，如果 DPC 例程需要执行一个在 IRQL 2 上不被允许的操作（比如打开文件），它就能用工作项目来做这些事情。

　　可以用以下两种方式之一来创建和初始化工作项目：
- ❏ 用 IoAllocateWorkItem 分配和初始化工作项目。此函数返回一个指向不透明 IO_WORKITEM 的指针。在用完这个工作项目之后，需要调用 IoFreeWorkItem 释放它。
- ❏ 用 IoSizeofWorkItem 提供的大小动态分配一个 IO_WORKITEM 结构，然后调用 IoInitializeWorkItem。在用完工作项目之后，调用 IoUninitializeWorkItem。

　　这些函数接受设备对象作为参数，所以需要确保工作项目在排队或者执行时，驱动程序没有被卸载。

ⓘ 有另外一组工作项目的 API 都以 Ex 开头，比如 ExQueueWorkItem。这些函数不把工作项目与驱动程序中的任何东西相关联，所以从理论上来说，即使工作项目仍在执行时，卸载驱动程序也是可能的。请优先使用 Io 函数。

调用 IoQueueWorkItem 将工作项目进行排队。下面是其定义：

```
void IoQueueWorkItem(
    _Inout_ PIO_WORKITEM IoWorkItem,           // the work item
    _In_ PIO_WORKITEM_ROUTINE WorkerRoutine,   // the function to be called
    _In_ WORK_QUEUE_TYPE QueueType,            // queue type
    _In_opt_ PVOID Context);                   // driver-defined value
```

驱动程序需要提供回调函数，原型如下：

```
IO_WORKITEM_ROUTINE WorkItem;

void WorkItem(
  _In_     PDEVICE_OBJECT DeviceObject,
  _In_opt_ PVOID          Context);
```

系统线程池有多个队列，基于服务这些工作项目的线程优先级进行区分。所定义的级别显示如下：

```
typedef enum _WORK_QUEUE_TYPE {
    CriticalWorkQueue,          // priority 13
    DelayedWorkQueue,           // priority 12
    HyperCriticalWorkQueue,     // priority 15
    NormalWorkQueue,            // priority 8
    BackgroundWorkQueue,        // priority 7
    RealTimeWorkQueue,          // priority 18
    SuperCriticalWorkQueue,     // priority 14
    MaximumWorkQueue,
    CustomPriorityWorkQueue = 32
} WORK_QUEUE_TYPE;
```

文档中指明必须使用 DelayedWorkQueue，但其实任何支持的级别都可以用。

ⓘ 有另一个函数用来将工作项目排队：IoQueueWorkItemEx。这个函数使用一个不同的回调函数，它多加了一个参数，即工作项目自身。这个函数在工作项目函数需要在退出之前释放自身的情况下比较有用。

6.9 总结

在本章中，我们查看了驱动程序开发者需要了解和使用的各种内核机制。下一章我们将详细了解 I/O 请求包（IRP）。

I/O 请求包

典型的驱动程序在 DriverEntry 中完成初始化之后，其主要工作就是处理请求了。这些请求被包装成半文档化的 I/O 请求包（I/O Request Packet，IRP）结构。在这一章里，我们将深入了解各种 IRP 以及驱动程序对常见 IRP 类型的处理方式。

7.1 IRP 简介

IRP 是一个结构，通常由执行体中的"管理器"（I/O 管理器、即插即用管理器、电源管理器）之一从非分页池中分配，不过也可能由驱动程序分配，这通常用于将请求传递给另一个驱动程序。谁分配了 IRP 谁就要负责释放。

IRP 从不单独分配。它总是伴随一个或多个 I/O 栈位置结构（IO_STACK_LOCATION）。事实上，当一个 IRP 被分配时，调用者必须指明有多少个 I/O 栈位置需要跟 IRP 一起分配。这些 I/O 栈位置在内存中紧跟在 IRP 后面，I/O 栈位置的数量就是设备栈中设备对象的数量。

我们将在下一节中讨论设备栈。当驱动程序接收到一个 IRP 时，它得到的是指向 IRP 结构的指针，后面跟着一组 I/O 栈位置，其中一个是给驱动程序使用的。为了取得正确的 I/O 栈位置，驱动程序需要调用 IoGetCurrentIrpStackLocation 函数（其实是一个宏）。图 7-1 显示了 IRP 与相关联的 I/O 栈位置的概念图。

请求参数以某种方式在主 IRP 结构和当前 IO_STACK_LOCATION 中"分割"。

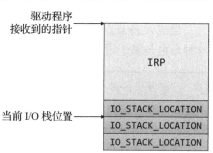

图 7-1 IRP 和它的 I/O 栈位置

7.2 设备节点

Windows 的 I/O 系统是以设备为中心而不是以驱动程序为中心的。这隐含了如下几点：

❑ 设备对象可以被命名，设备对象的句柄可以被打开。CreateFile 函数接受指向设备对象名称的符号链接，却不能接受驱动程序名称作为参数。

❑ Windows 支持设备分层——一个设备可以层叠在另一个设备上面。这意味着任何以下层设备为目标的请求都会先到达最上层。这种分层在基于硬件的设备上最常见，但能用于任何设备类型。

图 7-2 显示了多层设备的一个例子，一个设备"堆叠"在另一个上面。这组设备被称为设备栈，有时候会被称作设备节点。图中有六个层次，或者说六个设备。每个设备实际上是一个 DEVICE_OBJECT 结构，通过调用标准的 IoCreateDevice 函数创建。

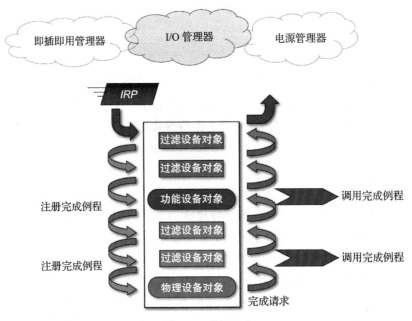

图 7-2　分层设备

组成设备节点（devnode）的不同设备对象根据他们在设备节点中的不同角色而命名。这种角色与基于硬件的设备驱动程序有关。

> 图 7-2 中所有的设备对象都只是 DEVICE_OBJECT 结构，每个都是由负责该层的不同的驱动程序创建。更通常地，这类设备节点并不一定要跟基于硬件的设备驱动程序有关。

下面是图 7-2 中标签含义的一个简单概括：

❑ PDO（物理设备对象）——尽管它叫这个名字，但其实跟"物理"没什么关系。这个设备对象由总线驱动程序创建——总线驱动程序是负责特定总线的驱动程序（例如 PCI、

USB 等）。这个设备对象表明了这样一个事实：有某些设备位于此总线的设备槽里。

❑ FDO（功能设备对象）——这种设备对象由"真正的"驱动程序创建。就是说，驱动程序通常由充分了解设备细节的硬件厂商提供。

❑ FiDO（过滤设备对象）——由过滤驱动程序创建的可选的过滤设备。

在图中的情形下，即插即用（P&P）管理器负责从底层开始装载合适的驱动程序。举一个例子，假设图 7-2 中的设备节点表示管理 PCI 网卡的一组驱动程序。导致设备节点被创建的事件序列可以如下总结：

1. PCI 总线驱动程序（pci.sys）识别出在某个槽里有设备。它创建一个 PDO（IoCreate-Device）来表示这个事实。总线驱动程序不知道这是个网卡还是显卡还是别的什么，它只知道有个东西在那里，并能从控制器中取得基本信息，比如开发商 ID 和设备的设备 ID。

2. PCI 总线驱动程序通知 P&P 管理器在它的总线上发生了一些变化。

3. P&P 管理器请求由总线驱动程序管理的 PDO 列表。它会收到包含了这个新的 PDO 的列表。

4. 现在 P&P 管理器的工作就是发现并装载这个新 PDO 的驱动程序。它发送一个查询给总线驱动，请求完整的硬件设备 ID。

5. 得到硬件 ID 之后，P&P 管理器在注册表中查阅 HKLM\System\CurrentControlSet\Enum\PCI\（硬件 ID）。如果驱动程序以前已经装载过了，就会在这个位置进行注册，P&P 管理器就可以装载这个驱动程序。图 7-3 显示了注册表中的一个示例硬件 ID（NVIDIA 的显示驱动程序）。

6. 驱动程序装载并创建 FDO（对 IoCreateDevice 的另一次调用），但是增加了一个对 IoAttachDeviceToDeviceStack 的调用，用来将自身置于前一层次（通常是 PDO）之上。

ℹ️ 图 7-3 中 Service 的值间接指向 HKLM\System\CurrentControlSet\Services\{ServiceName} 中的实际驱动程序，所有驱动程序都必须在那里注册。

如果过滤驱动程序设备对象在注册表中正确地注册了，那它也会一起装载。下层过滤器（在 FDO 之下）从下往上依次装载。每个被装载的过滤驱动程序都会创建它自身的设备对象，并将其附加到前一层之上。上层过滤器以同样的方式工作，但是是在 FDO 之后装载。所有这些都意味着，对能工作的 P&P 设备节点来说，至少有两层—— PDO 和 FDO，但如果涉及过滤驱动的话也可能更多。我们会在第 11 章看到针对基于硬件的驱动程序的基础过滤器开发。

对即插即用和此类设备节点确切构建方式的完整讨论超出了本书的范围。前面的描述是不完全的，只是匆匆看了一些细节，但应该能提供给我们基本的概念了。每个设备节点都是自底向上构建的，不管是否与硬件相关。

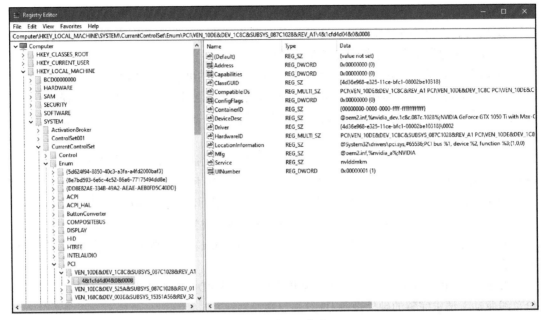

图 7-3　硬件 ID 信息

底层过滤器会在两个地方搜索：图 7-3 中显示的硬件 ID 键处及相应的类别处，该类别基于 HKLM\System\CurrentControlSet\ControlClasses 下面列出的 ClassGuid 值。值的名称是 LowerFilters，它是一个包含服务名称的多字符串值，指向同样的 Services 键。上层过滤器以类似的方式进行搜索，但是值的名称是 UpperFilters。图 7-4 显示了 DiskDrive 类的注册表设置，它有一个底层过滤器和一个上层过滤器。

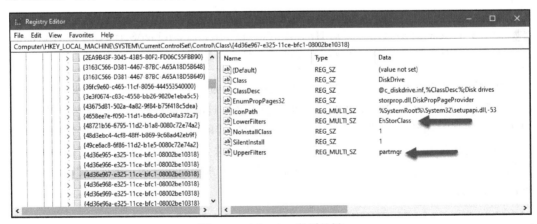

图 7-4　DiskDrive 类别的键

IRP 流程

图 7-2 显示了一个示例设备节点，可以与硬件相关也可以不相关。IRP 由执行体中的某

个管理器创建——对多数驱动程序来说是 I/O 管理器。

管理器创建了 IRP 和与它相关联的 IO_STACK_LOCATION——图 7-2 中有六个。管理器只初始化主 IRP 结构和第一个 I/O 栈位置。然后它就把 IRP 指针传递给最上层。

驱动程序会在相应的分发例程中收到这个 IRP。例如，如果是一个读 IRP，那么驱动程序对象的主功能数组的 IRP_MJ_READ 索引就会被调用。此时驱动程序对如何处理 IRP 有一些选择：

1. 将请求向下传递——如果驱动程序的设备不是设备节点中的最后一个，驱动程序在对此 IRP 不感兴趣时会将请求传递下去。通常过滤驱动程序会这么做，它们在收到不感兴趣的请求并且为了不损害设备的功能（因为请求实际上是针对底层设备的）时，会把 IRP 往下传递。这必须用两个调用来完成：

- ❑ 调用 IoSkipCurrentIrpStackLocation 以确保下一个设备能看到跟这个设备一样的信息——必须能看到同一个 I/O 栈位置。
- ❑ 调用 IoCallDriver 传递下层设备对象（驱动程序在调用 IoAttachDeviceToDevice-Stack 时获得此对象）和 IRP。

> 在将请求往下传递之前，驱动程序必须用适当的信息准备下一个 I/O 栈位置。由于 I/O 管理器只初始化第一个 I/O 栈位置，初始化下一个就成了每个驱动程序的责任。一种方法是，在调用 IoCallDriver 之前调用 IoCopyIrpStackLocationToNext。这没错，但是如果驱动程序只是想让下一层看到同样信息的话，就有点浪费了。调用 IoSkipCurrentIrpStackLocation 是更好的方法，它将减少 IRP 内部的当前 I/O 栈位置指针，其后在调用 IoCallDriver 时这个指针又会增加，这样下一层就能看到同一个 IO_STACK_LOCATION 了。这个减少和增加的来回比进行实际的复制要高效得多。

2. 完全处理此 IRP——收到 IRP 的驱动程序不用往下传播就能自己处理，最终将调用 IoCompleteRequest。任何下层的设备都不会看到这个请求。

3.（1）和（2）的混合——驱动程序检查 IRP，做一些事情（比如记录下请求），然后将它往下传递。或者也可以对下一个 I/O 栈位置作某些修改，然后往下传递请求。

4. 往下传递请求，并在下层设备完成请求时得到通知——任何一层（除了底层）都能在往下传递请求之前调用 IoSetCompletion 设置一个 I/O 完成例程。当某个下层完成请求时，驱动程序的完成例程就会被调用。

5. 开始某种异步 IRP 处理——驱动程序要处理该请求，但是如果处理请求所需的时间很长（一般硬件驱动程序会这样，但软件驱动程序也有可能），驱动程序可能会调用 IoMarkIrpPending 将此 IRP 标记挂起，并从分发例程返回一个 STATUS_PENDING 值。最终，驱动程序将会完成这个 IRP。

一旦某一层调用了 IoCompleteRequest，IRP 转过头来开始朝着 IRP 的起源处（通常在管理器那里）"攀爬"。如果注册了完成例程，它们将以注册的相反顺序——也就是自底向上——逐个被调用。

在本书的多数驱动程序中将不考虑层次问题，这是因为这些驱动程序大都属于单一层次的设备节点。驱动程序会在那里处理请求。

我们会在第 11 章讨论过滤驱动程序中 IRP 处理的其他方面。

7.3 IRP 和 I/O 栈位置

图 7-5 显示了 IRP 中一些重要的字段。

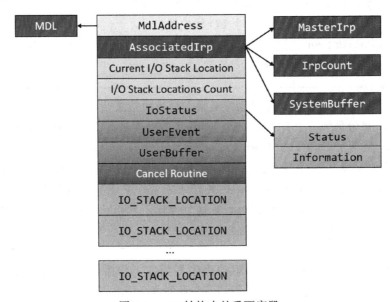

图 7-5　IRP 结构中的重要字段

下面是这些字段的概要：

❑ **IoStatus**——包含了 IRP 的 Status（NT_STATUS）和一个 Information 字段。Information 字段是一个多用途的字段，其类型为 ULONG_PTR（32 或者 64 位整数），但是其意义取决于 IRP 的类型。举个例子，对于读和写 IRP，它的含义是操作中所传输的字节数。

❑ **UserBuffer**——包含原始的缓冲区指针，指向相关 IRP 的用户缓冲区。例如，读和写 IRP 在这个字段中保存用户缓冲区的指针。在 DeviceIoControl IRP 中，这个字段则指向在请求中提供的输出缓冲区。

❑ **UserEvent**——这是一个指向事件对象（KEVENT）的指针，如果客户程序的调用是异步的，那么客户程序会提供这个事件对象。从用户模式来看，这个事件能在一个

OVERLAPPED 结构中提供（通过一个 HANDLE），而 OVERLAPPED 结构对于异步调用 I/O 操作来说是必需的。

❑ **AssociatedIrp**——这个联合有三个成员，其中（最多）只有一个是合法的：
  ○ **SystemBuffer**——最常用到的成员。它指向一个系统分配的非分页池缓冲区，用于有缓冲的 I/O 操作。细节请参阅本章 7.5.1 节。
  ○ **MasterIrp**——如果本 IRP 是一个关联 IRP，那么此成员是指向"主"IRP 的指针。这种方式被 I/O 管理器所支持，一个"主"IRP 可以有多个"关联的"IRP。一旦所有的关联 IRP 都完成了，主 IRP 就自动完成。MasterIrp 成员对关联 IRP 来说是合法的——它指向主 IRP。
  ○ **IrpCount**——对主 IRP 而言，这个成员指出了与主 IRP 相关联的 IRP 的数目。

> 主 IRP 和关联 IRP 的用法非常罕见，本书中我们不会用到这种机制。

❑ **取消例程**——指向取消例程的指针。如果操作被要求取消，例如使用用户模式函数 CancelIo 和 CancelIoEx，取消例程会被调用（如果不是 NULL）。软件驱动程序很少需要取消例程，所以我们在本书中不会用到。

❑ **MdlAddress**——指向一个可选的内存描述符列表（Memory Descriptor List，MDL）。MDL 是一种内核数据结构，它了解如何描述 RAM 中的缓冲区。MdlAddress 主要用于直接 I/O（参看本章 7.5.2 节）。

每个 IRP 都伴随着一个或多个 IO_STACK_LOCATION。图 7-6 显示了 IO_STACK_LOCATION 中重要的字段。

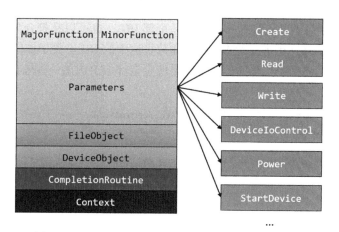

图 7-6 IO_STACK_LOCATION 结构中的重要字段

下面是图 7-6 中字段的概述：

❑ **MajorFunction**—— IRP 的主功能代码（IRP_MJ_CREATE、IPP_MJ_READ 等）。这个字段在驱动程序将超过一个主功能代码指向同一个处理例程时有用。在例程里，驱动程序使用这个字段来区分实际的功能。

❑ **MinorFunction**——有些 IRP 类型有次功能代码。它们是 IRP_MJ_PNP、IRP_MJ_POWER 和 IRP_MJ_SYSTEM_CONTROL（WMI）。它们的处理程序一般会有一个基于次功能代码的 switch 语句，本书中，除了基于硬件的设备的过滤驱动程序的情形外，我们不会用到这类 IRP。对于这种情形，我们将在第 11 章中检查某些细节。

❑ **FileObject**——与此 IRP 相关联的 FILE_OBJECT。多数时候不需要用到，但在需要它的分发例程中可用。

❑ **DeviceObject**——与此 IRP 相关联的设备对象。分发例程会收到一个指向此设备对象的指针，因此一般不需要访问这个字段。

❑ **CompletionRoutine**——完成例程。为前一层（上一层）而设置（用 IoSetCompletion-Routine 进行设置）。

❑ **Context**——传递给完成例程的参数（如果有的话）。

❑ **Parameters**——这个巨大的联合包含了多个结构，每个结构适用于特定的某个操作。例如，在读（IRP_MJ_READ）操作中，Parameters.Read 结构字段用来取得读操作的更多信息。

用 IoGetCurrentIrpStackLocation 取得的当前 I/O 栈位置在 Parameters 联合中存放了请求的大多数参数。访问正确的结构这件事靠驱动程序来完成，就像我们在第 4 章中见过的那样，我们还会在本章以及随后的章节中再次见到。

查看 IRP 信息

在调试或者分析内核转储时，一些命令对搜索或者检查 IRP 可能会有用。

!irpfind 命令用于寻找 IRP——可以是全部 IRP，也可以是符合某些条件的 IRP。不带任何参数使用 !irpfind 将搜索所有位于非分页池中的 IRP。关于如何指明特定的条件以限制搜索的范围，请参考调试器文档。下面是搜索全部 IRP 时的一些输出示例：

```
lkd> !irpfind
Unable to get offset of nt!_MI_VISIBLE_STATE.SpecialPool
Unable to get value of nt!_MI_VISIBLE_STATE.SessionSpecialPool

Scanning large pool allocation table for tag 0x3f707249 (Irp?) (ffffbf0a87610000 : f\
fffbf0a87910000)

  Irp            [ Thread ]           irpStack: (Mj,Mn)  DevObj           [Driver]     \
    MDL Process
ffffbf0aa795ca30 [ffffbf0a7fcde080] irpStack: ( c, 2)  ffffbf0a74d20050 [ \FileSyste\
m\Ntfs]
ffffbf0a9a8ef010 [ffffbf0a7fcde080] irpStack: ( c, 2)  ffffbf0a74d20050 [ \FileSyste\
m\Ntfs]
ffffbf0a8e68ea20 [ffffbf0a7fcde080] irpStack: ( c, 2)  ffffbf0a74d20050 [ \FileSyste\
m\Ntfs]
```

```
ffffbf0a90deb710 [ffffbf0a808a1080] irpStack: ( c, 2)  ffffbf0a74d20050 [ \FileSyste\
m\Ntfs]
ffffbf0a99d1da90 [0000000000000000] Irp is complete (CurrentLocation 10 > StackCount\
 9)
ffffbf0a74cec940 [0000000000000000] Irp is complete (CurrentLocation 8 > StackCount \
7)
ffffbf0aa0640a20 [ffffbf0a7fcde080] irpStack: ( c, 2)  ffffbf0a74d20050 [ \FileSyste\
m\Ntfs]
ffffbf0a89acf4e0 [ffffbf0a7fcde080] irpStack: ( c, 2)  ffffbf0a74d20050 [ \FileSyste\
m\Ntfs]
ffffbf0a89acfa50 [ffffbf0a7fcde080] irpStack: ( c, 2)  ffffbf0a74d20050 [ \FileSyste\
m\Ntfs]
```

`(truncated)`

面对某个特定的 IRP，`!irp` 命令检查 IRP 本身，对其数据提供良好的概览。与往常一样，`dt` 命令带上 `_IRP` 类型能用来查看完整的 IRP 结构。下面是用 `!irp` 查看 IRP 的一个例子：

```
kd> !irp ffffbf0a8bbada20
Irp is active with 13 stacks 12 is current (= 0xffffbf0a8bbade08)
 No Mdl: No System Buffer: Thread ffffbf0a7fcde080:  Irp stack trace.
     cmd  flg cl Device   File       Completion-Context
 [N/A(0), N/A(0)]
    0  0 00000000 00000000 00000000-00000000


    Args: 00000000 00000000 00000000 00000000
 [N/A(0), N/A(0)]
    0  0 00000000 00000000 00000000-00000000

(truncated)

    Args: 00000000 00000000 00000000 00000000
 [N/A(0), N/A(0)]
    0  0 00000000 00000000 00000000-00000000


    Args: 00000000 00000000 00000000 00000000
>[IRP_MJ_DIRECTORY_CONTROL(c), N/A(2)]
    0 e1 ffffbf0a74d20050 ffffbf0a7f52f790 fffff8015c0b50a0-ffffbf0a91d99010 Success\
Error Cancel pending
        \FileSystem\Ntfs
        Args: 00004000 00000051 00000000 00000000
 [IRP_MJ_DIRECTORY_CONTROL(c), N/A(2)]
    0  0 ffffbf0a60e83dc0 ffffbf0a7f52f790 00000000-00000000
        \FileSystem\FltMgr
    Args: 00004000 00000051 00000000 00000000
```

`!irp` 命令会列出 I/O 栈位置和保存在其中的信息。

7.4 分发例程

在第 4 章我们已经看到了 DriverEntry 的一个重要方面就是设置分发例程。分发例程是通过主功能代码连接起来的函数。DRIVER_OBJECT 中的 majorFunction 字段是一个函数指针的数组，以主功能代码为其索引。

所有分发例程都有相同的原型，为了方便起见，在这里重新列一下。这里用的是来自 WDK 的 DRIVER_DISPATCH 类型定义（为了清晰起见作了一些简化）：

```
typedef NTSTATUS DRIVER_DISPATCH (
    _In_ PDEVICE_OBJECT DeviceObject,
    _Inout_ PIRP Irp);
```

相关的分发例程（基于主功能代码）是驱动程序中看到请求的第一个例程。通常，它是由发出请求的线程上下文调用的，即在 IRQL PASSIVE_LEVEL（0）中调用相关 API（例如 ReadFile）的线程。但是，位于此设备顶部的过滤驱动程序可能会在不同的上下文中向下发送请求——它可能是与原始请求者无关的其他某个线程，甚至可能位于更高的 IRQL，例如 DISPATCH_LEVEL（2）。健壮的驱动程序需要准备好应对这种情况，即使对软件驱动程序而言，这种"不方便的"上下文也很少见。我们将在本章 7.5 节中讨论适当处理这种情况的方法。

所有分发例程都遵循一组确定的操作：

1. 检查错误——如果需要的话，分发例程通常会先检查逻辑错误。例如，读和写操作包含缓冲区—这些缓冲区是否具有适当的大小？对于 DeviceIoControl，除了可能的两个缓冲区外，还有一个控制代码。驱动程序需要确保控制代码可以识别。如果发现任何错误，则 IRP 将立即以适当的状态完成。

2. 以适当方式处理请求。

下面是软件驱动程序最常用的分发例程的列表：

❑ IRP_MJ_CREATE——对应于用户模式下的 CreateFile 调用或内核模式下的 ZwCreateFile 调用。这个主功能基本上是强制要求的，否则将没有客户程序能够打开该驱动程序控制的设备句柄。大多数驱动程序只是以成功状态完成 IRP。

❑ IRP_MJ_CLOSE——与 IRP_MJ_CREATE 相反。由用户模式的 CloseHandle 或内核模式的 ZwClose 调用，在文件对象的最后一个句柄即将关闭时调用。大多数驱动程序只是成功完成此请求，但是如果在 IRP_MJ_CREATE 中执行了有意义的操作，则应该在此位置取消此操作。

❑ IRP_MJ_READ——对应于读操作，通常由用户模式的 ReadFile 或内核模式的 ZwReadFile 调用。

❑ IRP_MJ_WRITE——对应于写操作，通常由用户模式的 WriteFile 或内核模式的 ZwWriteFile 调用。

❑ IRP_MJ_DEVICE_CONTROL——对应于用户模式下的 DeviceIoControl 调用或内核模式下的 ZwDeviceIoControlFile 调用（内核中还有其他 API 可以生成 IRP_

MJ_DEVICE_CONTROL IRP）。

❑ IRP_MJ_INTERNAL_DEVICE_CONTROL——与 IRP_MJ_DEVICE_CONTROL 类似，但只能从内核模式调用。

完成请求

一旦驱动程序决定处理 IRP（意味着它不会将请求向下传递给另一个驱动程序），它最终必须完成它。否则，我们的句柄就会泄漏——请求线程无法真正终止，进而导致它的包含进程持续存在，从而导致"僵尸进程"。

完成请求意味着在填写完请求状态和其他信息后调用 IoCompleteRequest。如果完成是在分发例程本身中实现的（软件驱动程序的常见情况），则例程必须返回与 IRP 中相同的状态。

以下代码段显示了如何在分发例程中完成请求：

```
NTSTATUS MyDispatchRoutine(PDEVICE_OBJECT, PIRP Irp) {
    //...
    Irp->IoStatus.Status = STATUS_XXX;
    Irp->IoStatus.Information = NumberOfBytesTransfered;    // depends on request ty\
pe
    IoCompleteRequest(Irp, IO_NO_INCREMENT);
    return STATUS_XXX;
}
```

⚠ 由于分发例程必须返回跟在 IRP 设置中一样的状态值，像这样写最后一句语句是很有诱惑力的：return Irp->IoStatus.Status ；然而，这样很可能会导致系统崩溃。你能猜猜为什么吗？

在 IRP 完成之后再去访问它的任何成员都是个坏主意。IRP 可能已经被释放了，于是我们就访问了被释放掉的内存。实际上还可能更糟，因为另一个 IRP 可能已经被分配在同一地方了（这很常见），于是代码会返回某个随机的 IRP 的状态。

在有错误时（错误状态时），Information 字段必须被设置为零。而在操作成功时，这个字段的含义取决于 IRP 的类型。

IoCompleteRequest 接受两个参数：IRP 自身和一个可选值，这个可选值用于临时增加原线程的优先级（首先发起请求的线程）。在大多数情况下，对于软件驱动程序，有问题的线程是执行线程，因此线程提升是不合适的。值 IO_NO_INCREMENT 定义为零，因此上述代码段中没有增加线程优先级。

但是驱动程序可能会选择给线程增加优先级，而不管它是否是调用线程。在这种情况下，线程的优先级随着给定的增量而提高，然后线程会以新的优先级执行一个时间量度单位，之后优先级会减一，然后它又可以在这个降低之后的优先级上获得另一个时间量度单位，依此类推，直到优先级降低到原先数值为止。图 7-7 说明了这种情况。

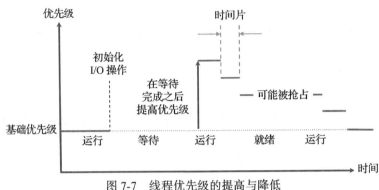

图 7-7 线程优先级的提高与降低

> ❶ 线程的优先级在提高之后也不会超过 15。如果想这么做，那优先级就会变成 15。如果原线程的优先级超过 15，提高就不起作用。

7.5 访问用户缓冲区

指定的分发例程首先看到 IRP。一些分发例程（主要是 IRP_MJ_READ、IRP_MJ_WRITE 和 IRP_MJ_DEVICE_CONTROL）接受客户程序提供的缓冲区——大多数情况下来自用户模式。通常，分发例程在 IRQL 0 和请求线程上下文中被调用，这意味着可以轻松访问用户模式提供的缓冲区指针：IRQL 为 0，因此页面错误可以正常处理，并且线程是请求者，所以指针在此处理过程的上下文中有效。

但是这里可能会有问题。正如我们在第 6 章中所看到的那样，即使在这种便利的上下文中（处于请求线程和 IRQL 0），客户程序进程中的另一个线程也有可能在驱动程序有机会检查传入的缓冲区之前释放它们，这就会导致访问违例。我们在第 6 章中使用的解决方案是使用 __try / __except 块处理任何访问违例，并将失败返回给客户程序。

在某些情况下，即使这么做也并不够。例如，如果我们在 IRQL 2 上运行一些代码（比如由计时器到期而运行 DPC），就无法在上下文中安全地访问用户缓冲区。这时候会有两个问题：

❑ IRQL 为 2，意味着无法处理页面错误。

❑ 执行 DPC 的线程为任意线程，因此指针在当前处理器上的进程中没有意义。

在这种情况下，使用异常处理也无法正确工作，这是因为我们将访问在这个随机的进程上下文中基本上非法的内存地址。即使访问成功（因为内存恰好在这个随机进程中被分配了并且驻留在 RAM 中），我们仍将访问随机的内存内容，显然这访问的并不是请求中原来的缓冲区。

所有这些都意味着，在不便利的上下文中，必须有一些方法用来访问原来的用户缓冲区。事实上，内核为此提供了两种途径，叫作缓冲 I/O 和直接 I/O。在下一节中我们会看到它们的含义和用法。

> ❶ 有些数据结构一直都能安全访问，这是因为它们是从非分页池中分配的。常见的例子是设备对象（用 IoCreateDevice 创建）和 IRP。

7.5.1　缓冲 I/O

缓冲 I/O 是两者之中容易的那个。为了支持缓冲 I/O 方式的读写操作，设备对象必须像这样设置一个标志：

```
DeviceObject->Flags |= DO_BUFFERED_IO;  // DO = Device Object
```

对于 IRP_MJ_DEVICE_CONTROL 的缓冲区，请参见 7.5.3 节。

以下是一个读或写请求到达时 I/O 管理器和驱动程序所采取的步骤：

1. I/O 管理器从非分页池中分配一个跟用户缓冲区一样大小的缓冲区，并将其指针保存到 IRP 的 AssociatedIrp->SystemBuffer 成员中。（缓冲区大小可以从当前 I/O 栈位置的 Parameters.Read.Length 或者 Parameters.Write.Length 中获得）。

2. 对写请求而言，I/O 管理器将用户缓冲区复制到系统缓冲区。

3. 直到此时驱动程序的分发例程才会被调用。驱动程序不需要任何检查就能直接使用系统缓冲区指针，这是因为缓冲区位于系统空间（其地址为绝对地址—在任何进程上下文中都相同），并且因为缓冲区分配自非分页池，在任何 IRQL 中它所在的页面都不会被换出。

4. 一旦驱动程序完成了这个 IRP（IoCompleteRequest），I/O 管理器（对读请求而言）就把系统缓冲区复制回用户缓冲区（复制的大小由 IRP 的 IoStatus.Information 字段决定，此字段由驱动程序设置）。

5. 最终 I/O 管理器释放系统缓冲区。

> ℹ️ 读者可能会疑惑 I/O 管理器是怎样在 IoCompleteRequest 中将系统缓冲区复制回最初的用户缓冲区的。这个函数可以在 IRQL≤2 时从任何线程中调用。它是通过将一个特殊的内核 APC 排队到最初发出请求的线程中来做到这一点的。一旦此线程获得某个 CPU 的执行权时，它第一件要做的事就是运行这个 APC，而 APC 会执行实际的复制操作。

图 7-8a 到 7-8e 显示了缓冲 I/O 采取的步骤。

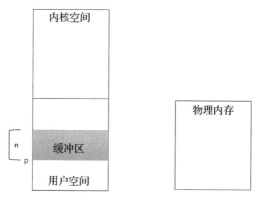

图 7-8a　缓冲 I/O：初始状态

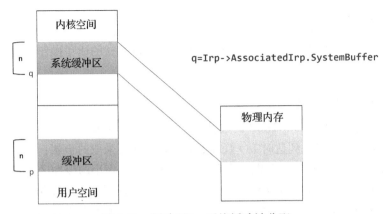

图 7-8b 缓冲 I/O：系统缓冲被分配

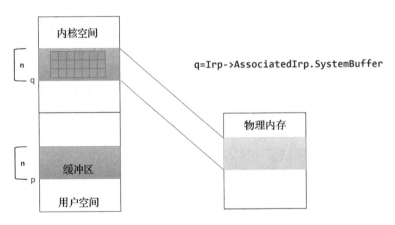

图 7-8c 缓冲 I/O：驱动程序访问系统缓冲区

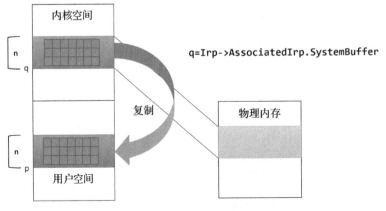

图 7-8d 缓冲 I/O：在完成 IRP 时，I/O 管理器将缓冲区复制回去（对读而言）

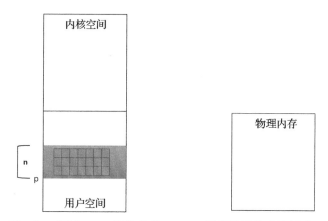

图 7-8e 缓冲 I/O：最终状态——I/O 管理器释放系统缓冲区

缓冲 I/O 有如下特点：

❑ 便于使用——只要在设备对象中指明标志，剩下的所有事情都由 I/O 管理器完成。
❑ 总是涉及复制——这意味着最好用于小缓冲区（通常不超过一页）。大缓冲区的复制可能会很昂贵。这时应该使用另一种选择，即直接 I/O。

7.5.2 直接 I/O

直接 I/O 的目的是允许在任何 IRQL 和线程中访问用户缓冲区，但是不需要在前后进行复制。对读写请求来说，在设备对象中设置一个不同的标志从而选择使用直接 I/O：

```
DeviceObject->Flags |= DO_DIRECT_IO;
```

跟缓冲 I/O 一样，该选择也只影响读写请求。关于 `DeviceIoControl` 请见下一节。

以下是跟直接 I/O 处理相关的步骤：

1. I/O 管理器先确认用户缓冲区是合法的，然后利用页面错误将其装入物理内存。

2. 然后 I/O 管理器将缓冲区锁定在内存中，因此在另行通知之前它不会被换出。这就解决了缓冲区访问的问题之一——不能发生页面错误，因此在任何 IRQL 访问缓冲区都是安全的。

3. I/O 管理器构造一个内存描述符列表（Memory Descriptor List，MDL），这是一个知道如何将缓冲区影射到 RAM 的数据结构。此数据结构的地址保存在 IRP 的 `MdlAddresss` 字段中。

4. 此时，驱动程序的分发例程被调用。即使被锁定在 RAM 里，用户缓冲区依然不是任意线程均可访问的。当驱动程序要访问缓冲区时，它必须调用一个函数将这个用户缓冲区映射到系统地址，而系统地址默认在任何进程上下文中均合法。所以本质上我们有了对同一个缓冲区的两个映射。一个映射到原始地址（仅在发起请求的进程上下文中有效），另一个则映射到系统空间，它总是有效的。要调用的 API 叫作 `MmGetSystem-AddressForMdlSafe`，需要将 I/O 管理器构造的 MDL 传递给它。返回值是系统地址。

5. 一旦驱动程序完成了请求，I/O 管理器会移除第二个映射（映射成系统地址那一个），释放 MDL 并将用户缓冲区解锁，因而它就能跟任何别的用户模式内存一样正常地被换出了。

图 7-9a 到 7-9f 显示了直接 I/O 采取的步骤。

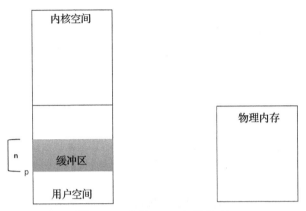

图 7-9a　直接 I/O：初始状态

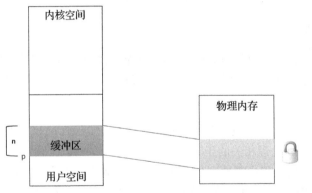

图 7-9b　直接 I/O：I/O 管理器将缓冲区的页面换入 RAM 并锁定

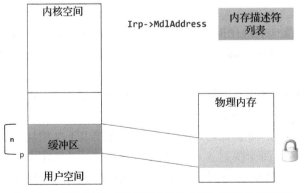

图 7-9c　直接 I/O：描述缓冲区的 MDL 保存在 IRP 中

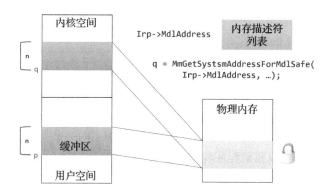

图 7-9d   直接 I/O：驱动程序将缓冲区二次映射到系统地址

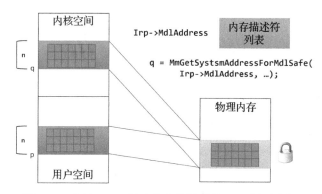

图 7-9e   直接 I/O：驱动程序使用系统地址访问缓冲区

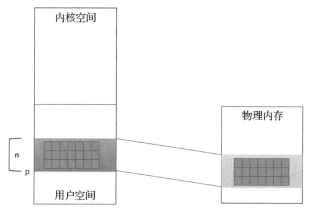

图 7-9f   直接 I/O：当 IRP 完成后，I/O 管理器释放映射和 MDL，并且解锁缓冲区

注意这里完全没有复制。驱动程序仅仅直接使用一个系统地址来读 / 写用户缓冲区。

MmProbeAndLockPages   API 用来锁定用户缓冲区，此函数在 WDK 有完整的文档。解锁使用 MmUnlockPages，这个也有文档。这意味着驱动程序在直接 I/O 狭窄的上下文之外，也可以使用这些例程。

🔑 可以多次调用 MmGetSystemAddressForMdlSafe。MDL 保存有一个标志，用来指示系统映射是否已经被执行过了。如果是，它仅仅返回已经存在的指针。

MmGetSystemAddressForMdlSafe 的参数是 MDL 和一个页面优先级（MM_PAGE_PRIORITY 枚举类型）。多数驱动程序将此参数指定为 NormalPagePriority，不过还可以取 LowPagePriority 和 HighPagePriority 的值。这个优先级给予系统一个提示，表明映射的重要程度。请参阅 WDK 文档以获得更多信息。

如果 MmGetSystemAddressForMdlSafe 失败了，它将会返回 NULL。这表示系统耗尽了系统页表或者系统页表的空闲已经非常少了（取决于上面提到的优先级参数）。这种情形应该很少出现，但是在内存很少的情况下可能发生。驱动程序必须检查这种情况，如果返回了 NULL，驱动程序必须用 STATUS_INSUFFICIENT_RESOURCES 这个状态完成 IRP。

🔑 有一个类似的函数叫作 MmGetSystemAddressForMdl，它在失败时会直接让系统崩溃。不要调用此函数。

ℹ️ 在设备对象的标志中既没有设置 DO_BUFFERED_IO 也没有设置 DO_DIRECT_IO 的驱动程序使用无 I/O（Neither I/O）方式，这单纯表示驱动程序不会从 I/O 管理器得到任何帮助，怎么处理用户缓冲区完全取决于驱动程序自身。

7.5.3 IRP_MJ_DEVICE_CONTROL 的用户缓冲区

上面最后两节讨论了缓冲 I/O 和直接 I/O，它们与读和写请求有关。对于 IRP_MJ_DEVICE_CONTROL，缓冲区访问方式是基于控制代码的。作为提醒，下面是用户模式 DeviceIoControl 函数的原型（类似于内核函数 ZwDeviceIoControlFile）：

```
BOOL DeviceIoControl(
    HANDLE hDevice,             // handle to device or file
    DWORD dwIoControlCode,      // IOCTL code (see <winioctl.h>)
    PVOID lpInBuffer,           // input buffer
    DWORD nInBufferSize,        // size of input buffer
    PVOID lpOutBuffer,          // output buffer
    DWORD nOutBufferSize,       // size of output buffer
    PDWORD lpdwBytesReturned,   // # of bytes actually returned
    LPOVERLAPPED lpOverlapped); // for async. operation
```

这里有三个参数：I/O 控制代码以及两个可选的缓冲区，分别是"输入"和"输出"。事实证明，访问这些缓冲区的方式取决于控制代码，这种方式是很方便的，因为不同的请求可能对用户缓冲区的访问有着不同的要求。

我们已经在第 4 章看到，一个控制代码由提供给 CTL_CODE 宏的四个参数组成，为方便起见将该宏重复如下：

```
#define CTL_CODE( DeviceType, Function, Method, Access ) ( \
    ((DeviceType) << 16) | ((Access) << 14) | ((Function) << 2) | (Method))
```

第三个参数（Method）是选择 DeviceIoControl 的输入输出缓冲区访问方式的关键。其选项如下：

❑ METHOD_NEITHER——这个值的意思是不需要 I/O 管理器的帮助，因此驱动程序将自行处理缓冲区。这在特定的代码不需要任何缓冲区——控制代码自身就是所需的全部信息——的情况下有用。这种时候最好让 I/O 管理器知道它不需要做任何额外的工作。

在这种情况下，指向用户输入缓冲区的指针保存在当前 I/O 栈位置的 Parameters.DeviceIoControl.Type3InputBuffer 字段中，输出缓冲区则保存在 IRP 的 UserBuffer 字段中。

❑ METHOD_BUFFERED——这个值指明输入和输出缓冲区两者均使用缓冲 I/O。在请求开始时，I/O 管理器使用输入和输出缓冲区大小的最大值从非分页池中分配系统缓冲区。然后它将输入缓冲区复制到系统缓冲区，只有到此时才会调用 IRP_MJ_DEVICE_CONTROL 的分发例程。请求完成后，I/O 管理器将系统缓冲区复制到输出缓冲区，复制的字节数由 IRP 的 IoStatus.Information 字段指出。

系统缓冲区指针在它常在的地方：IRP 结构的 AssociatedIrp.SystemBuffer。

❑ METHOD_IN_DIRECT 和 METHOD_OUT_DIRECT——跟直觉相反，对缓冲区方式来说，这两个值的意思是相同的：输入缓冲区使用缓冲 I/O，而输出缓冲区使用直接 I/O。两者的唯一区别是输出缓冲区是否可读（METHOD_IN_DIRECT）或者可写（METHOD_OUT_DIRECT）。

 最后一个圆点项指出了通过使用 METHOD_IN_DIRECT，输出缓冲区也能作为输入使用。

表 7-1 总结了这些缓冲区方法。

表 7-1 基于控制代码 Method 参数的缓冲区方法

Method	输入缓冲区	输出缓冲区	Method	输入缓冲区	输出缓冲区
METHOD_NEITHER	无	无	METHOD_IN_DIRECT	缓冲	直接
METHOD_BUFFERED	缓冲	缓冲	METHOD_OUT_DIRECT	缓冲	直接

7.6 汇总：Zero 驱动程序

在本节中，我们会使用在本章（以及前面章节）学到的内容构建一个驱动程序和一个客户应用。驱动程序叫作 Zero，有如下特性：

❑ 对于读请求，它会将提供的缓冲区清零输出。

❑ 对于写请求，它仅消耗提供的缓冲区，类似于经典的空设备。

这个驱动程序将使用直接 I/O 以避免复制的开销，因为客户程序提供的缓冲区可能会非常大。

我们从创建一个 Visual Studio 的"Empty WDM Project"类型的项目开始，将其命令为 Zero，然后删除自动创建的 INF 文件。

7.6.1 使用预编译头

我们可以使用预编译头技术，当然它是一个通用技术，并非特定于驱动程序开发。预编译头是一种 Visual Studio 的特性，用来帮助加快编译速度。它是一个头文件，其中用 #include 语句包含了那些很少会改变的头文件，比如对驱动程序而言就是 ntddk.h。预编译头只编译一次，用内部二进制格式保存下来并用于随后的编译，这样能显著加快编译速度。

 很多用 Visual Studio 创建的用户模式项目已经使用了预编译头。因为我们是从一个空项目开始的，所以需要自己手动设置预编译头。

按照以下的步骤创建和使用预编译头：

❑ 往项目中增加一个头文件，命名为 pch.h。这个文件将作为预编译头。将所有很少修改的头文件 #include 加到这里：

```
#pragma once

#include <ntddk.h>
```

❑ 增加一个源文件，命名为 pch.cpp，只在其中放一个 #include 语句，即预编译头文件本身：

```
#include "pch.h"
```

❑ 现在到了比较麻烦的地方了。告诉编译器 pch.h 是预编译头文件而 pch.cpp 是创建它的文件。打开项目属性，选择 All Configurations 和 All Platforms，这样就不用分开设置每个配置和平台了，接下来导航到 C/C++/PrecompiledHeader，设置 Precompiled Header 为"Use"，文件名为"pch.h"（见图 7-10）。单击 OK 关闭对话框。

❑ pch.cpp 文件需要被设置为预编译头的创建者。在 Solution Explorer 里右击这个文件并选择 Properties。导航到 C/C++/Precompiled Headers，然后将 Precompiled Header 设置为"Create"（见图 7-11）。单击 OK 接受此设置。

从这里开始，每个项目中的 C/CPP 文件都必须在文件的一开始包含 #include "pch.h"。没有包含项目就无法编译。

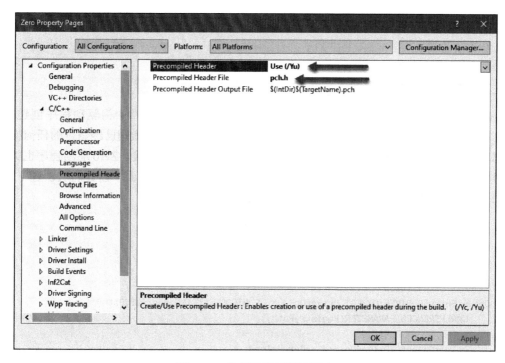

图 7-10　为项目设置预编译头

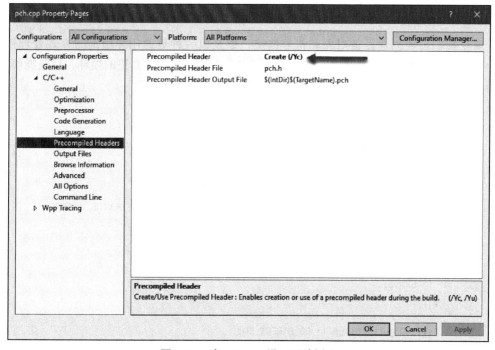

图 7-11　为 pch.cpp 设置预编译头

> ⚠️ 确保源文件中在这句 #include "pch.h" 之前没有别的东西。这行之前的任何内容都会无法编译。

7.6.2 DriverEntry 例程

Zero 驱动程序的 DriverEntry 例程非常类似于我们在第 4 章中为驱动程序创建的那个。不过，在第 4 章的驱动程序中，如果后面发生错误，代码将撤销已经做过的任何操作。在那里我们只有两个地方需要撤销：创建设备对象和创建符号链接。Zero 驱动程序也类似，不过我们会创建更强壮和更不易出错的代码来处理初始化时的错误。让我们从设置下载例程和分发例程开始：

```cpp
#define DRIVER_PREFIX "Zero: "

// DriverEntry

extern "C" NTSTATUS
DriverEntry(PDRIVER_OBJECT DriverObject, PUNICODE_STRING RegistryPath) {
    UNREFERENCED_PARAMETER(RegistryPath);

    DriverObject->DriverUnload = ZeroUnload;
    DriverObject->MajorFunction[IRP_MJ_CREATE] = DriverObject->MajorFunction[IRP_MJ_\
CLOSE] = ZeroCreateClose;
    DriverObject->MajorFunction[IRP_MJ_READ] = ZeroRead;
    DriverObject->MajorFunction[IRP_MJ_WRITE] = ZeroWrite;
```

现在我们需要创建设备对象和符号链接，以及以一种更通用和稳定的方式处理错误。作为一个技巧，我们将会使用 do / while（false）块，它并非真正的循环，只是能够在发生错误时用一条简单的 break 语句跳出这个代码块。

```cpp
    UNICODE_STRING devName = RTL_CONSTANT_STRING(L"\\Device\\Zero");
    UNICODE_STRING symLink = RTL_CONSTANT_STRING(L"\\??\\Zero");
    PDEVICE_OBJECT DeviceObject = nullptr;
    auto status = STATUS_SUCCESS;

    do {
        status = IoCreateDevice(DriverObject, 0, &devName, FILE_DEVICE_UNKNOWN,
            0, FALSE, &DeviceObject);
        if (!NT_SUCCESS(status)) {
            KdPrint((DRIVER_PREFIX "failed to create device (0x%08X)\n",
                status));
            break;
        }
        // set up Direct I/O
        DeviceObject->Flags |= DO_DIRECT_IO;

        status = IoCreateSymbolicLink(&symLink, &devName);
```

```
        if (!NT_SUCCESS(status)) {
            KdPrint((DRIVER_PREFIX "failed to create symbolic link (0x%08X)\n",
            status));
            break;
        }
    } while (false);

    if (!NT_SUCCESS(status)) {
        if (DeviceObject)
            IoDeleteDevice(DeviceObject);
    }
    return status;
```

这个模式很简单：如果有任何调用出错了，就跳出"循环"。在循环之外检查状态，如果失败了，就撤销到此为止的任何操作。手上有此方案，就容易加入更多的初始化（在更复杂的驱动程序里我们会需要），同时清理代码还能保持局部化并且只出现一次。

> 使用 goto 语句而不是 do / while (false) 也是可以的，但伟大的 Dijkstra 写下了"goto 应被视为有害"，所以建议尽量避免使用 goto 语句。

注意，我们同时也将设备初始化为使用直接 I/O 进行读和写操作。

7.6.3　读分发例程

在进入真正的读分发例程之前，让我们先创建一个帮助函数，以简化用给定的状态和信息完成 IRP 这一工作。

```
NTSTATUS CompleteIrp(PIRP Irp, NTSTATUS status = STATUS_SUCCESS, ULONG_PTR info = 0)\
{
    Irp->IoStatus.Status = status;
    Irp->IoStatus.Information = info;
    IoCompleteRequest(Irp, 0);
    return status;
}
```

现在我们可以开始实现读分发例程了。首先我们需要检查缓冲区的长度以确认其不为零。如果是零，就用一个失败状态完成 IRP：

```
NTSTATUS ZeroRead(PDEVICE_OBJECT, PIRP Irp) {
    auto stack = IoGetCurrentIrpStackLocation(Irp);
    auto len = stack->Parameters.Read.Length;
    if (len == 0)
        return CompleteIrp(Irp, STATUS_INVALID_BUFFER_SIZE);
```

注意用户缓冲区的长度由当前 I/O 栈位置的 Parameters.Read 结构提供。
我们已经配置成直接 I/O 了，因此需要通过 MmGetSystemAddressForMdlSafe 函数将锁定的缓冲区映射到系统空间：

```
auto buffer = MmGetSystemAddressForMdlSafe(Irp->MdlAddress, NormalPagePriority);
if (!buffer)
    return CompleteIrp(Irp, STATUS_INSUFFICIENT_RESOURCES);
```

我们需要实现的功能是将给定的缓冲区清零。可以用一个简单的 memset 调用来用零填充缓冲区，然后完成这个请求：

```
    memset(buffer, 0, len);

    return CompleteIrp(Irp, STATUS_SUCCESS, len);
}
```

将 Information 字段设置成缓冲区的长度是很重要的。这向客户程序指明了本操作所处理的字节数（ReadFile 函数的倒数第二个参数）。这就是我们需要为读操作所做的全部工作。

7.6.4　写分发例程

写分发例程更加简单。所有要做的不过就是用客户程序提供的缓冲区长度完成本请求（实际上就是表示使用了整个缓冲区）：

```
NTSTATUS ZeroWrite(PDEVICE_OBJECT, PIRP Irp) {
    auto stack = IoGetCurrentIrpStackLocation(Irp);
    auto len = stack->Parameters.Write.Length;

    return CompleteIrp(Irp, STATUS_SUCCESS, len);
}
```

注意我们甚至都没调用 MmGetSystemAddressForMdlSafe，因为我们不需要访问真正的缓冲区。这也是我们不需要用 I/O 管理器预先调用此函数的原因：驱动程序可能都不需要用到它，或者只在某些情况下才用到，所以 I/O 管理器把一切都准备好（MDL）并让驱动程序决定何时以及是否进行真正的映射。

7.6.5　测试应用

我们将向这个解决方案中增加一个新的控制台应用项目以测试读写操作。如下是用于测试的简单代码：

```
int Error(const char* msg) {
    printf("%s: error=%d\n", msg, ::GetLastError());
    return 1;
}

int main() {
    HANDLE hDevice = ::CreateFile(L"\\\\.\\Zero", GENERIC_READ | GENERIC_WRITE,
        0, nullptr, OPEN_EXISTING, 0, nullptr);
```

```
    if (hDevice == INVALID_HANDLE_VALUE) {
        return Error("failed to open device");
    }

    // test read
    BYTE buffer[64];

    // store some non-zero data
    for (int i = 0; i < sizeof(buffer); ++i)
        buffer[i] = i + 1;

    DWORD bytes;
    BOOL ok = ::ReadFile(hDevice, buffer, sizeof(buffer), &bytes, nullptr);
    if (!ok)
        return Error("failed to read");
    if (bytes != sizeof(buffer))
        printf("Wrong number of bytes\n");

    // check if buffer data sum is zero
    long total = 0;
    for (auto n : buffer)
        total += n;
    if (total != 0)
        printf("Wrong data\n");

    // test write
    BYTE buffer2[1024];      // contains junk
    ok = ::WriteFile(hDevice, buffer2, sizeof(buffer2), &bytes, nullptr);
    if (!ok)
        return Error("failed to write");
    if (bytes != sizeof(buffer2))
        printf("Wrong byte count\n");
    ::CloseHandle(hDevice);
}
```

✎ 在驱动程序中增加如下所述功能：驱动程序统计传递给读和写操作的字节数。驱动程序需要公布一个控制代码，允许客户程序代码查询驱动程序载入以来读取和写入的总字节数。

ℹ 上面练习的解决方案以及完整的项目可以在本书的 Github 页面 https://github.com/zodiacon/windowskernelprogrammingbook 中找到。

7.7　总结

在本章中我们学习了怎样处理 IRP，这是驱动程序一直需要处理的事情。有了这些知识以后，我们就可以开始利用更多的内核功能，以下一章的进程和线程回调内容开始。

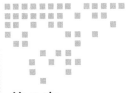

进程和线程通知

内核驱动程序有一种强大的机制，就是能够在某些重要事件发生时得到通知。在本章中，我们将研究其中的一些事件，即进程创建和销毁、线程创建和销毁以及映像的加载。

8.1 进程通知

某个进程无论何时被创建或者销毁，感兴趣的驱动程序都能从内核得到通知。这就允许驱动程序跟踪进程的生命周期，还能将一些数据跟进程联系在一起。至少能够允许驱动程序实时监测进程的创建 / 销毁。这里的"实时"指的是通知是作为进程创建过程的一部分"在线"发出的；即使进程的创建和销毁可能非常快速，驱动程序也不会错过任何一个。

对于进程创建，驱动程序还有能力向初始化进程创建的调用者返回一个错误，从而阻止某个进程被创建。这种能力仅在内核模式才能具有。

Windows 还提供了其他机制以在进程创建或者销毁时得到通知。例如，使用 Windows 事件跟踪（Event Tracing for Windows, ETW）、用户进程（运行于提升了的权限中）就能得到这样的通知。然而，这样没办法阻止进程的创建。再说，ETW 有 1～3 秒的内在通知时延（性能原因），因此有可能某个短命的进程在通知到达之前就已经终止了。这时候如果试着去打开这个刚创建的进程的句柄，操作就会失败。

用于注册进程通知的主要 API 是 PsSetCreateProcessNotifyRoutineEx，定义如下：

```
NTSTATUS
PsSetCreateProcessNotifyRoutineEx (
    _In_ PCREATE_PROCESS_NOTIFY_ROUTINE_EX NotifyRoutine,
    _In_ BOOLEAN Remove);
```

当前有一个系统范围的限制，限制了最多注册 64 个通知，所以理论上来说这个注册函数是有可能失败的。

第一个参数是驱动程序的回调例程，有如下的原型：

```
typedef void
(*PCREATE_PROCESS_NOTIFY_ROUTINE_EX)(
    _Inout_ PEPROCESS Process,
    _In_ HANDLE ProcessId,
    _Inout_opt_ PPS_CREATE_NOTIFY_INFO CreateInfo);
```

PsSetCreateProcessNotifyRoutineEx 的第二个参数指明了驱动程序是注册一个回调还是取消注册（FALSE 表示是前者），通常驱动程序会在 DriverEntry 里用 FALSE 调用这个 API，然后在卸载例程里用 TRUE 调用同一个 API。

进程通知例程的参数如下：

❑ Process ——新创建的进程对象或者即将销毁的进程对象。

❑ Process Id ——进程的唯一标识。尽管它被声明为 HANDLE 类型，但实质上是一个 ID。

❑ CreateInfo ——包含被创建进程详细信息的结构。如果进程正在被销毁，那么这个参数为 NULL。

对进程创建来说，驱动程序的回调例程由正在被创建的线程执行。对进程结束来说，则是由退出该进程的最后一个线程执行。在这两种情况下，回调例程都在一个关键区内部执行（普通内核 APC 被禁止）。

ℹ 从 Windows 10 版本 1607 开始，有了另外一个用于进程通知的函数：PsSetCreateProcessNotifyRoutineEx2。这个扩展版的函数像前述函数一样设置回调，但是此回调在微进程中也会被调用。微进程用于在 Windows 的 Linux 子系统（Windows Subsystem for Linux, WSL）中容纳 Linux 进程。如果驱动程序对此类进程由兴趣，就必须用扩展函数进行注册。

ℹ 用到这些回调的驱动程序必须在其可移动执行文件（Portable Executable, PE）映像头中设置有 IMAGE_DLLCHARACTERISTICS_FORCE_INTEGRITY 标志。没有这个标志的话，调用注册函数会返回 STATUS_ACCESS_DENIED（与驱动程序测试签名模式无关）。当前，Visual Studio 没有为设置此标志提供界面，它必须通过链接器命令行参数 /integritycheck 进行设置。图 8-1 显示了在项目属性中设置这个参数的地方。

为进程创建提供的数据结构定义如下：

```
typedef struct _PS_CREATE_NOTIFY_INFO {
    _In_ SIZE_T Size;
    union {
        _In_ ULONG Flags;
```

```
    struct {
        _In_ ULONG FileOpenNameAvailable : 1;
        _In_ ULONG IsSubsystemProcess : 1;
        _In_ ULONG Reserved : 30;
    };
};
_In_ HANDLE ParentProcessId;
_In_ CLIENT_ID CreatingThreadId;
_Inout_ struct _FILE_OBJECT *FileObject;
_In_ PCUNICODE_STRING ImageFileName;
_In_opt_ PCUNICODE_STRING CommandLine;
_Inout_ NTSTATUS CreationStatus;
} PS_CREATE_NOTIFY_INFO, *PPS_CREATE_NOTIFY_INFO;
```

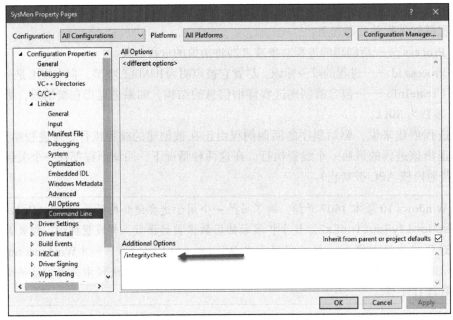

图 8-1   /integritycheck 链接开关

下面是这个结构中重要字段的描述：

❑ CreatingThreadId——进程创建函数调用者的线程 ID 和进程 ID 的合并值。

❑ ParentProcessId——父进程 ID（不是句柄）。此进程或许与 CreateThreadId.Unique-eProcess 提供的相同，但也可能不同，这是因为它作为进程创建的一部分，有可能会传递一个不同的父进程以继承一些属性。

❑ ImageFileName——可执行映像文件名称，在 FileOpenNameAvailable 被设置时，此字段有效。

❑ CommandLine——用于创建进程的完整的命令行。请注意它可能为 NULL。

❑ IsSubSystemProcess——如果进程是一个微进程，则设置此标志。仅在驱动程序使用 PsSetCreateProcessNotifyRoutineEx2 进行注册时才有可能。

❏ CreationStatus ——这是返回给调用者的状态。驱动程序能够通过在这个字段里放置某些失败状态（比如 STATUS_ACCESS_DENIED）阻止进程被创建。

 进程通知回调中请使用防御式编程。意即在实际访问每一个指针之前检查其是否为 NULL 值。

8.2 实现进程通知

为了演示进程通知，我们将构建一个驱动程序收集进程的创建和销毁信息，并允许用户模式客户程序获取并使用这些信息。这跟 Sysinternals 的进程监视器（process monitor）这类工具比较相似，后者使用进程（和线程）通知以报告进程（和线程）的活动。在实现这个驱动程序的过程中，我们会用到在前几章中所学的技术。

驱动程序取名为 SysMon（跟 Sysinternals 的 SysMon 工具无关），它会把所有进程创建和销毁的信息存在一个链表中（使用 LIST_ENTRY 数据结构）。由于此链表可能会被多个线程并发访问，我们需要用互斥量或者快速互斥量对它进行保护，因为快速互斥量更加高效，所以我们使用它。

我们收集到的数据最终会送到用户模式中去，因此我们需要声明公用的结构，这些结构由驱动程序构造，由用户模式客户程序接收。我们要增加一个叫作 SysMonCommon.h 的公用头文件到驱动程序项目中并定义一些结构。先从定义了所有信息结构的公用头文件开始，如下：

```
enum class ItemType : short {
    None,
    ProcessCreate,
    ProcessExit
};

struct ItemHeader {
    ItemType Type;
    USHORT Size;
    LARGE_INTEGER Time;
};
```

ℹ️ 上面的 ItemType 枚举类型定义使用了 C++11 的有范围枚举（scoped enum）特性，这种枚举类型的值有一个限定的范围（这里的范围是 ItemType）。并且这些枚举值有一个非 int 的大小——例中为 short。如果用 C，那么可以直接用传统的枚举，甚至可以用 #define。

ItemHeader 结构包含了所有事件类型公有的信息：事件类型、事件的时间（用一个

64 位整数表示）和负荷的大小。因为每个事件都有它自身的信息，所以大小很重要。如果我们随后希望将事件数组打包并（例如）提供给用户模式客户程序，客户程序需要知道每个事件到哪里结束以及下个事件从哪里开始。

一旦我们有了这个公共的头部，就可以派生出其他特定事件的数据结构了。让我们从最简单的地方开始——进程退出：

```
struct ProcessExitInfo : ItemHeader {
    ULONG ProcessId;
};
```

对于进程退出事件，只有一点信息我们感兴趣（除了头部之外）——退出进程的 ID。

🔑 如果用 C 就无法用继承。不过仍然可以模拟，在结构的第一个字段处放上 ItemHeader 类型，并随后加入特定的其他字段。其内存布局是一样的。

```
struct ExitProcessInfo {
    ItemHeader Header;
    ULONG ProcessId;
};
```

🔑 用于进程 ID 的类型是 ULONG。这里用 HANDLE 并不好，因为用户模式可能会对此产生误解。并且这里也不适合用 DWORD，即使用户模式的头文件里用了很多 DWORD（32 位无符号整数），在 WDK 头文件中并没有定义这个 DWORD 类型。虽然显式定义一下很简单，但是直接用 ULONG 更好，它的意思一样并且在用户模式和内核模式下均有定义。

由于需要将每个这样的结构都放到链表中，在数据结构中就必须包含一个 LIST_ENTRY 的实例，用来指向前一项和后一项。因为这些 LIST_ENTRY 不应该暴露给用户模式，所以我们还需要在别的文件中定义扩展的结构来包含这些内容，这个文件不与用户模式共享。

在一个叫作 SysMon.h 的新文件中加入一个泛型结构，用来包含一个 LIST_ENTRY 和别的实际数据结构：

```
template<typename T>
struct FullItem {
    LIST_ENTRY Entry;
    T Data;
};
```

这个模板类用于避免创建大量类型，否则就需要为每种特定的事件创建一个类型。比如为进程退出这个特定的事件创建如下结构：

```
struct FullProcessExitInfo {
    LIST_ENTRY Entry;
    ProcessExitInfo Data;
};
```

> 甚至可以从 LIST_ENTRY 中继承并加入 ProcessExitInfo 结构。但是这不够得当，因为我们的数据跟 LIST_ENTRY 并没什么关系，所以进行这种简单的扩展过于人为，应当避免。

FullItem<T> 类型省去了一个个创建这些类型的麻烦。

ℹ️ 如果用 C 就没法用模板了，只能用上面的结构方式。后面我不会再提 C 了——如果不得不用 C，也总有解决办法。

这个链表的头部必须保存到某个地方。我们会创建一个包含驱动程序的所有全局状态的数据结构，而不是单独创建一个个的全局变量。下面是这个结构的定义：

```
struct Globals {
    LIST_ENTRY ItemsHead;
    int ItemCount;
    FastMutex Mutex;
};
```

这里使用的 FastMutex 类型跟我们在第 6 章中开发的一样。它跟 C++ RAII AutoLock 包装器一起使用，后者也是来自第 6 章。

8.2.1　DriverEntry 例程

SysMon 驱动程序的 DriverEntry 例程与第 7 章的 Zero 驱动程序的那个类似。我们在其中加入了进程通知注册和适当的 Globals 对象初始化：

```
Globals g_Globals;

extern "C" NTSTATUS
DriverEntry(PDRIVER_OBJECT DriverObject, PUNICODE_STRING) {
    auto status = STATUS_SUCCESS;

    InitializeListHead(&g_Globals.ItemsHead);
    g_Globals.Mutex.Init();

    PDEVICE_OBJECT DeviceObject = nullptr;
    UNICODE_STRING symLink = RTL_CONSTANT_STRING(L"\\??\\sysmon");
    bool symLinkCreated = false;

    do {
        UNICODE_STRING devName = RTL_CONSTANT_STRING(L"\\Device\\sysmon");
        status = IoCreateDevice(DriverObject, 0, &devName,
            FILE_DEVICE_UNKNOWN, 0, TRUE, &DeviceObject);
        if (!NT_SUCCESS(status)) {
            KdPrint((DRIVER_PREFIX "failed to create device (0x%08X)\n",
            status));
```

```
            break;
        }
        DeviceObject->Flags |= DO_DIRECT_IO;

        status = IoCreateSymbolicLink(&symLink, &devName);
        if (!NT_SUCCESS(status)) {
            KdPrint((DRIVER_PREFIX "failed to create sym link (0x%08X)\n",
                status));
            break;
        }
        symLinkCreated = true;

        // register for process notifications
        status = PsSetCreateProcessNotifyRoutineEx(OnProcessNotify, FALSE);
        if (!NT_SUCCESS(status)) {
            KdPrint((DRIVER_PREFIX "failed to register process callback (0x%08X)\n",
                status));
            break;
        }
    } while (false);

    if (!NT_SUCCESS(status)) {
        if (symLinkCreated)
            IoDeleteSymbolicLink(&symLink);
        if (DeviceObject)
            IoDeleteDevice(DeviceObject);
    }

    DriverObject->DriverUnload = SysMonUnload;
    DriverObject->MajorFunction[IRP_MJ_CREATE] =
        DriverObject->MajorFunction[IRP_MJ_CLOSE] = SysMonCreateClose;
    DriverObject->MajorFunction[IRP_MJ_READ] = SysMonRead;

    return status;
}
```

后面我们会使用读分发例程将事件信息返回给用户模式。

8.2.2 处理进程退出通知

上面代码中的进程通知函数是 OnProcessNotify，其原型在本章前面部分描述过了。这个回调函数要处理进程的创建和退出事件。先从进程退出开始，因为它比进程创建（随后就会看到）简单得多。这个回调函数的基本概述如下：

```
void OnProcessNotify(PEPROCESS Process, HANDLE ProcessId,
    PPS_CREATE_NOTIFY_INFO CreateInfo) {
    if (CreateInfo) {
        // process create
```

```
    }
    else {
        // process exit
    }
}
```

对于进程退出，我们只有要保存的进程 ID 以及所有事件公用的头部。首先，我们需要为代表此事件的 FullItem 分配内存：

```
auto info = (FullItem<ProcessExitInfo>*)ExAllocatePoolWithTag(PagedPool,
    sizeof(FullItem<ProcessExitInfo>), DRIVER_TAG);
if (info == nullptr) {
    KdPrint((DRIVER_PREFIX "failed allocation\n"));
    return;
}
```

如果分配失败，驱动程序也没什么办法，所以它只能直接从回调函数返回。接下来要做的是填充基本信息：时间、本项的类型和大小，这些全都容易获得：

```
auto& item = info->Data;
KeQuerySystemTimePrecise(&item.Time);
item.Type = ItemType::ProcessExit;
item.ProcessId = HandleToULong(ProcessId);
item.Size = sizeof(ProcessExitInfo);

PushItem(&info->Entry);
```

首先我们用 Info 变量得到数据项本身（不管 LIST_ENTRY）。然后填充头部信息：因为我们在处理进程退出的分支上，数据项类型显然已知；时间可以从 KeQuerySystemTimePrecise 调用得到，它返回当前的系统时间（UTC，而非本地时间），其形式为一个 64 位整数，包含了从 1601 年 1 月 1 日以来的计数值。最后，数据项的大小是固定的，等于用户模式下能看到的数据结构的大小（而不是 FullItem<ProcessExitInfo> 的大小）。

> ℹ KeQuerySystemTimePrecise API 从 Windows 8 开始可用。对于更早的 Windows 版本，需要用 KeQuerySystemTime API 代替。

进程退出事件的额外数据是进程 ID。代码里用了 HandleToULong 进行正确的类型转换，将 HANDLE 对象转换成无符号的 32 位整数。

剩下要做的就是将这个新的数据项加入到我们的链表尾部。为了达到这个目的，我们定义了一个函数，叫作 PushItem：

```
void PushItem(LIST_ENTRY* entry) {
    AutoLock<FastMutex> lock(g_Globals.Mutex);
    if (g_Globals.ItemCount > 1024) {
        // too many items, remove oldest one
        auto head = RemoveHeadList(&g_Globals.ItemsHead);
```

```
        g_Globals.ItemCount--;
        auto item = CONTAINING_RECORD(head, FullItem<ItemHeader>, Entry);
        ExFreePool(item);
    }
    InsertTailList(&g_Globals.ItemsHead, entry);
    g_Globals.ItemCount++;
}
```

这段代码首先获取快速互斥量，因为可能有多个线程会同时调用这个函数。剩下的所有部分都在这个快速互斥量的保护下完成。

然后，驱动程序会限制链表中的数据项的数目。这是一个必要的预防措施，因为无法保证客户程序会及时消耗掉这些事件。驱动程序绝不能无限制地使用数据，因为这最终会危及系统。这里 1024 这个数值完全是随便选的。更好的办法是从注册表中驱动程序的键值下读取这个值。

 在 DriverEntry 中实现从注册表中读取限制值。提示：可以使用像 ZwOpenKey 或者 IoOpenDeviceRegistryKey 这样的 API，然后用 ZwQueryValueKey。

如果数据项的数量超过了限制，代码将移除最老的那些项，这基本上是把链表当作队列使用（RemoveHeadList）。如果某个数据项被移除了，其内存必须被释放。指向实际入口的指针并不一定会是最初分配的那个（此例中恰恰就是，这是因为 LIST_ENTRY 对象是 FullItem<> 结构的第一个字段），所以要使用 CONTAINING_RECORD 宏来得到 FullItem<> 对象的起始位置。现在调用 ExFreePool 可以释放数据项。图 8-2 展示了 FullItem<T> 对象的布局。

图 8-2　FullItem<T> 布局

最终，驱动程序调用 InserTailList 将数据项加入到链表的尾部，并增加数据项计数。

我们不需要在 PushItem 函数中使用原子增 / 减操作，因为对数据项数量的修改总是在快速互斥量的保护之下进行的。

8.2.3　处理进程创建通知

进程创建通知比退出要更复杂，这是因为信息的数量多种多样。例如，命令行的长度随不同的进程而不同。首先我们需要确定对于进程创建，我们要保存哪些信息。下面是第一次尝试：

```
struct ProcessCreateInfo : ItemHeader {
    ULONG ProcessId;
    ULONG ParentProcessId;
    WCHAR CommandLine[1024];
};
```

我们选择存储进程 ID、父进程 ID 和命令行。这个结构能够工作，并且相当容易处理，因为它的大小可以预先知道。

❓ 上面的声明可能有什么问题？

这里可能有的问题在于命令行。把命令行定义成固定长度很简单，但是有问题。如果命令行比分配的要长，驱动程序就得截断它，这可能会隐藏重要的信息。如果命令行比定义的长度短，这个结构就浪费了内存。

❓ 能不能像这样用？

```
struct ProcessCreateInfo : ItemHeader {
    ULONG ProcessId;
    ULONG ParentProcessId;
    UNICODE_STRING CommandLine;      // can this work?
};
```

这样行不通。首先，在正常情况下，UNICODE_STRING 在用户模式头文件里并没有定义。其次（更糟），它内部指向真正存储字符的指针一般会指向系统空间，而系统空间在用户模式下无法访问。

另一个选择如下，我们会在驱动程序中用到它：

```
struct ProcessCreateInfo : ItemHeader {
    ULONG ProcessId;
    ULONG ParentProcessId;
    USHORT CommandLineLength;
    USHORT CommandLineOffset;
};
```

我们会保存命令行的长度和从结构起始处开始的偏移量。命令行真正的字符在内存中跟随在这个结构的后面。这样，我们不限制命令行的长度，也不会在短的命令行那里浪费内存。

根据这个声明，我们开始实现进程创建：

```
USHORT allocSize = sizeof(FullItem<ProcessCreateInfo>);
USHORT commandLineSize = 0;
if (CreateInfo->CommandLine) {
    commandLineSize = CreateInfo->CommandLine->Length;
    allocSize += commandLineSize;
```

```
}
auto info = (FullItem<ProcessCreateInfo>*)ExAllocatePoolWithTag(PagedPool,
    allocSize, DRIVER_TAG);
if (info == nullptr) {
    KdPrint((DRIVER_PREFIX "failed allocation\n"));
    return;
}
```

整个分配的大小基于命令行的长度（如果有）。现在可以填充不变的那些信息了，即头部、进程和父进程 ID：

```
auto& item = info->Data;
KeQuerySystemTimePrecise(&item.Time);
item.Type = ItemType::ProcessCreate;
item.Size = sizeof(ProcessCreateInfo) + commandLineSize;
item.ProcessId = HandleToULong(ProcessId);
item.ParentProcessId = HandleToULong(CreateInfo->ParentProcessId);
```

数据项的大小必须通过计算得出，它包括基本结构和命令行长度。

下一步，我们需要将命令行复制到基本结构的后面并更新长度和偏移量：

```
if (commandLineSize > 0) {
    ::memcpy((UCHAR*)&item + sizeof(item), CreateInfo->CommandLine->Buffer,
        commandLineSize);
    item.CommandLineLength = commandLineSize / sizeof(WCHAR);   // length in WCHARs
    item.CommandLineOffset = sizeof(item);
}
else {
    item.CommandLineLength = 0;
}
PushItem(&info->Entry);
```

✎ 用跟命令行同样的方式把映像文件名加到 ProcessCreateInfo 结构中。注意偏移量的计算。

8.3 将数据提供给用户模式

下一件需要考虑的事就是如何把收集到的信息提供给用户模式客户程序。有多个选项可供选择，但是对这个驱动程序，我们打算让客户程序使用读请求对驱动进行轮询以获取信息。驱动程序会向用户提供的缓冲区填充尽可能多的事件，直到缓冲区用完或者队列里没有事件为止。

我们会从获得直接 I/O 方式（在 DriverEntry 中设置）的用户缓冲区地址开始进行读请求的处理：

```
NTSTATUS SysMonRead(PDEVICE_OBJECT, PIRP Irp) {
    auto stack = IoGetCurrentIrpStackLocation(Irp);
    auto len = stack->Parameters.Read.Length;
```

```
auto status = STATUS_SUCCESS;
auto count = 0;
NT_ASSERT(Irp->MdlAddress); // we're using Direct I/O

auto buffer = (UCHAR*)MmGetSystemAddressForMdlSafe(Irp->MdlAddress,
    NormalPagePriority);
if (!buffer) {
    status = STATUS_INSUFFICIENT_RESOURCES;
}
else {
```

现在我们需要访问链表并从其头部取得数据项：

```
AutoLock lock(g_Globals.Mutex);        // C++ 17
while (true) {
    if (IsListEmpty(&g_Globals.ItemsHead))  // can also check g_Globals.ItemCount
        break;

    auto entry = RemoveHeadList(&g_Globals.ItemsHead);
    auto info = CONTAINING_RECORD(entry, FullItem<ItemHeader>, Entry);
    auto size = info->Data.Size;
    if (len < size) {
        // user's buffer is full, insert item back
        InsertHeadList(&g_Globals.ItemsHead, entry);
        break;
    }
    g_Globals.ItemCount--;
    ::memcpy(buffer, &info->Data, size);
    len -= size;
    buffer += size;
    count += size;
    // free data after copy
    ExFreePool(info);

}
```

首先我们要获取快速互斥量，因为进程通知会连续到达。如果链表为空，则没什么可做，直接跳出循环。否则将取得头部的数据项，如果它不大于用户缓冲区剩余空间的大小，就将它的内容（除了 LIST_ENTRY 字段）复制到用户缓冲区。这个循环会继续从头部取得数据项，直到链表变为空或者用户缓冲区已满。

最后，我们使用 status 变量值完成此请求，并将 Information 设置为 count 变量值：

```
Irp->IoStatus.Status = status;
Irp->IoStatus.Information = count;
IoCompleteRequest(Irp, 0);
return status;
```

同时，我们也需要看一下卸载例程。如果链表中还有数据项，那必须将它们显式释放，

否则就会造成泄漏:

```
void SysMonUnload(PDRIVER_OBJECT DriverObject) {
    // unregister process notifications
    PsSetCreateProcessNotifyRoutineEx(OnProcessNotify, TRUE);

    UNICODE_STRING symLink = RTL_CONSTANT_STRING(L"\\??\\sysmon");
    IoDeleteSymbolicLink(&symLink);
    IoDeleteDevice(DriverObject->DeviceObject);

    // free remaining items
    while (!IsListEmpty(&g_Globals.ItemsHead)) {
        auto entry = RemoveHeadList(&g_Globals.ItemsHead);
        ExFreePool(CONTAINING_RECORD(entry, FullItem<ItemHeader>, Entry));
    }
}
```

用户模式客户程序

以上这些就绪之后,我们就可以写一个用户模式客户程序了,使用 ReadFile 对驱动程序进行轮询得到数据并显示结果。

main 函数在一个循环中调用 ReadFile,然后睡眠一小会儿以避免线程一直消耗 CPU。一旦有数据到达,就将其送去显示:

```
int main() {
    auto hFile = ::CreateFile(L"\\\\.\\SysMon", GENERIC_READ, 0,
        nullptr, OPEN_EXISTING, 0, nullptr);
    if (hFile == INVALID_HANDLE_VALUE)
        return Error("Failed to open file");

    BYTE buffer[1 << 16];    // 64KB buffer

    while (true) {
        DWORD bytes;
        if (!::ReadFile(hFile, buffer, sizeof(buffer), &bytes, nullptr))
            return Error("Failed to read");

        if (bytes != 0)
            DisplayInfo(buffer, bytes);

        ::Sleep(200);
    }
}
```

DisplayInfo 函数必须理解收到的缓冲区的结构。由于所有事件都从一个公共的头部开始,此函数会基于 ItemType 来区分各种事件类型。处理完当前事件之后,头部中的 Size 字段会指明下一个事件从哪里开始:

```
void DisplayInfo(BYTE* buffer, DWORD size) {
    auto count = size;
    while (count > 0) {
        auto header = (ItemHeader*)buffer;

        switch (header->Type) {
            case ItemType::ProcessExit:
            {
                DisplayTime(header->Time);
                auto info = (ProcessExitInfo*)buffer;
                printf("Process %d Exited\n", info->ProcessId);
                break;
            }

            case ItemType::ProcessCreate:
            {
                DisplayTime(header->Time);
                auto info = (ProcessCreateInfo*)buffer;
                std::wstring commandline((WCHAR*)(buffer + info->CommandLineOffset),
                    info->CommandLineLength);
                printf("Process %d Created. Command line: %ws\n", info->ProcessId,
                    commandline.c_str());
                break;
            }
            default:
                break;
        }
        buffer += header->Size;
        count -= header->Size;
    }
}
```

为了正确提取命令行，代码使用了 C++ 的 wstring 类，用的是基于指针和字符串长度的构造函数。DisplayTime 辅助函数使用适合人们阅读的方式格式化时间：

```
void DisplayTime(const LARGE_INTEGER& time) {
    SYSTEMTIME st;
    ::FileTimeToSystemTime((FILETIME*)&time, &st);
    printf("%02d:%02d:%02d.%03d: ",
        st.wHour, st.wMinute, st.wSecond, st.wMilliseconds);
}
```

驱动程序能够按照第 4 章的方式安装并启动，像下面这样：

```
sc create sysmon type= kernel binPath= C:\Book\SysMon.sys

sc start sysmon
```

以下是运行 SysMonClient.exe 时的一些输出样例：

```
C:\Book>SysMonClient.exe
12:06:24.747: Process 13000 Exited
12:06:31.032: Process 7484 Created. Command line: SysMonClient.exe
12:06:42.461: Process 3128 Exited
12:06:42.462: Process 7936 Exited
12:06:42.474: Process 12320 Created. Command line: "C:\$WINDOWS.~BT\Sources\mighost.\
exe" {5152EFE5-97CA-4DE6-BBD2-4F6ECE2ABD7A} /InitDoneEvent:MigHost.{5152EFE5-97CA-4D\
E6-BBD2-4F6ECE2ABD7A}.Event /ParentPID:11908 /LogDir:"C:\$WINDOWS.~BT\Sources\Panthe\
r"
12:06:42.485: Process 12796 Created. Command line: \??\C:\WINDOWS\system32\conhost.e\
xe 0xffffffff -ForceV1
12:07:09.575: Process 6784 Created. Command line: "C:\WINDOWS\system32\cmd.exe"
12:07:09.590: Process 7248 Created. Command line: \??\C:\WINDOWS\system32\conhost.ex\
e 0xffffffff -ForceV1
12:07:11.387: Process 7832 Exited
12:07:12.034: Process 2112 Created. Command line: C:\WINDOWS\system32\ApplicationFra\
meHost.exe -Embedding
12:07:12.041: Process 5276 Created. Command line: "C:\Windows\SystemApps\Microsoft.M\
icrosoftEdge_8wekyb3d8bbwe\MicrosoftEdge.exe" -ServerName:MicrosoftEdge.AppXdnhjhccw\
3zf0j06tkg3jtqr00qdm0khc.mca
12:07:12.624: Process 2076 Created. Command line: C:\WINDOWS\system32\DllHost.exe /P\
rocessid:{7966B4D8-4FDC-4126-A10B-39A3209AD251}
12:07:12.747: Process 7080 Created. Command line: C:\WINDOWS\system32\browser_broker\
.exe -Embedding
12:07:13.016: Process 8972 Created. Command line: C:\WINDOWS\System32\svchost.exe -k\
 LocalServiceNetworkRestricted
12:07:13.435: Process 12964 Created. Command line: C:\WINDOWS\system32\DllHost.exe /\
Processid:{973D20D7-562D-44B9-B70B-5A0F49CCDF3F}
12:07:13.554: Process 11072 Created. Command line: C:\WINDOWS\system32\Windows.WARP.\
JITService.exe 7f992973-8a6d-421d-b042-6afd93a19631 S-1-15-2-3624051433-2125758914-1\
423191267-1740899205-1073925389-3782572162-737981194 S-1-5-21-4017881901-586210945-2\
666946644-1001 516
12:07:14.454: Process 12516 Created. Command line: C:\Windows\System32\RuntimeBroker\
.exe -Embedding
12:07:14.914: Process 10424 Created. Command line: C:\WINDOWS\system32\MicrosoftEdge\
SH.exe SCODEF:5276 CREDAT:9730 APH:1000000000000017 JITHOST /prefetch:2
12:07:14.980: Process 12536 Created. Command line: "C:\Windows\System32\MicrosoftEdg\
eCP.exe" -ServerName:Windows.Internal.WebRuntime.ContentProcessServer
12:07:17.741: Process 7828 Created. Command line: C:\WINDOWS\system32\SearchIndexer.\
exe /Embedding
12:07:19.171: Process 2076 Exited
12:07:30.286: Process 3036 Created. Command line: "C:\Windows\System32\MicrosoftEdge\
CP.exe" -ServerName:Windows.Internal.WebRuntime.ContentProcessServer
12:07:31.657: Process 9536 Exited
```

8.4 线程通知

类似于进程的回调，内核也提供了线程创建和销毁的回调。用来注册的 API 是 PsSet-

CreateThreadNotifyRoutine，注销则是另外一个 API——PsRemoveCreateThreadNotif-yRoutine。提供给回调例程的参数是进程 ID、线程 ID 和线程是被创建还是被销毁的标志。

　　要扩展现有的 SysMon 驱动程序，除了接收进程通知之外还要接收线程通知。首先，要为线程事件增加枚举值，还要增加用来表示线程事件的结构，所有这些都在 SysMon-Common.h 头文件中进行：

```cpp
enum class ItemType : short {
    None,
    ProcessCreate,
    ProcessExit,
    ThreadCreate,
    ThreadExit
};

struct ThreadCreateExitInfo : ItemHeader {
    ULONG ThreadId;
    ULONG ProcessId;
};
```

现在向 DriverEntry 中增加适当的注册操作，就在注册线程通知的后面：

```cpp
status = PsSetCreateThreadNotifyRoutine(OnThreadNotify);
if (!NT_SUCCESS(status)) {
    KdPrint((DRIVER_PREFIX "failed to set thread callbacks (status=%08X)\n", status)\
);
    break;
}
```

回调例程本身相当简单，这是因为事件结构大小是固定的。下面是完整的线程回调例程：

```cpp
void OnThreadNotify(HANDLE ProcessId, HANDLE ThreadId, BOOLEAN Create) {
    auto size = sizeof(FullItem<ThreadCreateExitInfo>);
    auto info = (FullItem<ThreadCreateExitInfo>*)ExAllocatePoolWithTag(PagedPool,
        size, DRIVER_TAG);
    if (info == nullptr) {
        KdPrint((DRIVER_PREFIX "Failed to allocate memory\n"));
        return;
    }
    auto& item = info->Data;
    KeQuerySystemTimePrecise(&item.Time);
    item.Size = sizeof(item);
    item.Type = Create ? ItemType::ThreadCreate : ItemType::ThreadExit;
    item.ProcessId = HandleToULong(ProcessId);
    item.ThreadId = HandleToULong(ThreadId);

    PushItem(&info->Entry);
}
```

这些代码大多数看起来很熟悉。

为了让实现完整，我们向客户程序中加入代码，显示线程创建和销毁事件的内容（在 DisplayInfo 中）：

```cpp
case ItemType::ThreadCreate:
{
    DisplayTime(header->Time);
    auto info = (ThreadCreateExitInfo*)buffer;
    printf("Thread %d Created in process %d\n",
        info->ThreadId, info->ProcessId);
    break;
}

case ItemType::ThreadExit:
{
    DisplayTime(header->Time);
    auto info = (ThreadCreateExitInfo*)buffer;
    printf("Thread %d Exited from process %d\n",
        info->ThreadId, info->ProcessId);
    break;
}
```

以下是更新之后的驱动程序和客户程序的一些输出样例：

```
13:06:29.631: Thread 12180 Exited from process 11976
13:06:29.885: Thread 13016 Exited from process 8820
13:06:29.955: Thread 12532 Exited from process 8560
13:06:30.218: Process 12164 Created. Command line: SysMonClient.exe
13:06:30.219: Thread 12004 Created in process 12164
13:06:30.607: Thread 12876 Created in process 10728


...


13:06:33.260: Thread 4524 Exited from process 4484
13:06:33.260: Thread 13072 Exited from process 4484
13:06:33.263: Thread 12388 Exited from process 4484
13:06:33.264: Process 4484 Exited
13:06:33.264: Thread 4960 Exited from process 5776
13:06:33.264: Thread 12660 Exited from process 5776
13:06:33.265: Process 5776 Exited
13:06:33.272: Process 2584 Created. Command line: "C:\$WINDOWS.~BT\Sources\mighost.e\
xe" {CCD9805D-B15B-4550-94FB-B2AE544639BF} /InitDoneEvent:MigHost.{CCD9805D-B15B-455\
0-94FB-B2AE544639BF}.Event /ParentPID:11908 /LogDir:"C:\$WINDOWS.~BT\Sources\Panther\
"
13:06:33.272: Thread 13272 Created in process 2584
13:06:33.280: Process 12120 Created. Command line: \??\C:\WINDOWS\system32\conhost.e\
xe 0xffffffff -ForceV1
13:06:33.280: Thread 4200 Created in process 12120
```

```
13:06:33.283: Thread 4400 Created in process 12120
13:06:33.284: Thread 9632 Created in process 12120
13:06:33.284: Thread 6064 Created in process 12120
13:06:33.289: Thread 2472 Created in process 12120
```

 向客户程序加入代码，在线程创建和退出事件中显示进程映像文件的名称。

8.5　映像载入通知

在本章中，我们要了解的最后一个回调机制是映像载入通知。无论何时，当一个映像（EXE、DLL、驱动）文件装入时，驱动程序都能接收到通知。

PsSetLoadImageNotifyRoutine API 注册回调，PsRemoveImageNotifyRoutine 用于注销。回调函数有如下原型：

```
typedef void (*PLOAD_IMAGE_NOTIFY_ROUTINE)(
    _In_opt_ PUNICODE_STRING FullImageName,
    _In_ HANDLE ProcessId,      // pid into which image is being mapped
    _In_ PIMAGE_INFO ImageInfo);
```

> 奇怪的是，并没有映像卸载的回调机制。

FullImageName 参数有些麻烦。如同 SAL 注解指出的那样，它是可选的且可能是NULL。即使不是 NULL，它也并不一定是正确的映像文件名称。

产生这个现象的根本原因在于内核，而这超出了本书的范围。在大多数情况下，这个参数还是正常的，其路径格式为内部的 NT 格式，以 "\Device\HarddiskVolumex\..." 开头而不是以 "c:\..." 开头。可以用一些方式进行格式转换。我们在第 11 章中再仔细查看这个问题。

ProcessId 参数是载入映像的进程 ID。对驱动程序（内核映像）来说，这个值为零。

ImageInfo 参数包含映像的附加信息，声明如下：

```
#define IMAGE_ADDRESSING_MODE_32BIT     3

typedef struct _IMAGE_INFO {
    union {
        ULONG Properties;
        struct {
            ULONG ImageAddressingMode  : 8;  // Code addressing mode
            ULONG SystemModeImage      : 1;  // System mode image
            ULONG ImageMappedToAllPids : 1;  // Image mapped into all processes
            ULONG ExtendedInfoPresent  : 1;  // IMAGE_INFO_EX available
            ULONG MachineTypeMismatch  : 1;  // Architecture type mismatch
            ULONG ImageSignatureLevel  : 4;  // Signature level
            ULONG ImageSignatureType   : 3;  // Signature type
            ULONG ImagePartialMap      : 1;  // Nonzero if entire image is not mapped
```

```
            ULONG Reserved                    : 12;
        };
    };
    PVOID         ImageBase;
    ULONG         ImageSelector;
    SIZE_T        ImageSize;
    ULONG         ImageSectionNumber;
} IMAGE_INFO, *PIMAGE_INFO;
```

下面是这个结构中重要字段的简要概览：

❑ SystemModeImage——如果是内核映像，则设置这个标志；如果是用户模式映像，则不设置。

❑ ImageSignatureLevel——签名级别（Windows 8.1 及以后）。参见 WDK 中的 SE_SIGNI-NG_LEVEL 常数定义。

❑ ImageSignatureType ——签名类型（Windows 8.1 及以后）。参见 WDK 中的 SE_IMAGE_SIGNATURE_TYPE 枚举类型。

❑ ImageBase ——映像装入的基地址。

❑ ImageSize ——映像大小。

❑ ExtendedInfoPresent——如果设置此标志，则 IMAGE_INFO 是更大的结构 IMAGE_INFO_EX 的一部分，如下：

```
typedef struct _IMAGE_INFO_EX {
    SIZE_T              Size;
    IMAGE_INFO          ImageInfo;
    struct _FILE_OBJECT *FileObject;
} IMAGE_INFO_EX, *PIMAGE_INFO_EX;
```

驱动程序可以使用 CONTAINING_RECORD 宏来访问这个更大的结构：

```
if (ImageInfo->ExtendedInfoPresent) {
    auto exinfo = CONTAINING_RECORD(ImageInfo, IMAGE_INFO_EX, ImageInfo);
    // access FileObject
}
```

这个扩展结构只增加了一个有意义的成员——用于管理映像的文件对象。驱动程序可以在这个对象上增加一个引用（ObReferenceObject）并根据需要在其他函数中使用它。

✎ 向 SysMon 驱动程序中加入映像载入通知，仅收集用户模式映像载入。客户程序应该显示映像路径、进程 ID 和映像基地址。

8.6 练习

1. 创建一个驱动程序，监测进程的创建并允许客户应用配置禁止执行的那些可执行文件路径。

2. 写一个驱动程序（或者添加到 SysMon 驱动程序），要具有监测远程线程创建的能力——远程线程是指那些在非自身进程中创建的线程。提示：进程的第一个线程总是被"远程"创建。在有这样的情况发生时通知用户模式客户程序。写一个测试应用，调用 CreateRemoteThread 来测试监测是否正确。

8.7　总结

在本章中，我们了解了内核提供的一些回调机制：进程、线程和映像。在下一章中，我们会继续面对更多的回调机制——对象和注册表。

Chapter 9 | 第 9 章

对象和注册表通知

内核还提供了更多的方式对特定操作进行拦截。首先，我们将检查对象通知，它能拦截获取某些类型的对象的句柄。其次，我们将查看对注册表操作的拦截。

9.1 对象通知

内核提供这样一种机制，它能够在试图打开或者复制特定对象类型的句柄时通知感兴趣的驱动程序。正式支持的对象类型有进程和线程，对 Windows 10 来说，还有桌面对象。

> **桌面对象**
>
> 桌面是一个内核对象，包含在 Window Station 里，后者也是一个内核对象，它是会话的一部分。桌面包含了窗口、菜单和挂钩。这里的钩子指的是用户模式的挂钩，通过 SetWindowsHookEx API 使用。
>
> 正常情况下，当用户登录系统时，会创建两个桌面。叫作"Winlogon"的桌面由 Winlogon.exe 创建，这是我们在按下安全注意序列（Secure Attention Sequence，SAS）组合键（通常是 Ctrl+Alt+Del）时所看到的。第二个桌面叫作"默认"桌面，就是我们所熟知的正常桌面，可以看到正常的窗口。SwitchDesktop API 用来切换到另一个桌面。更多细节请见博客条目⊖。

需要调用的注册 API 是 ObRegisterCallbacks，原型如下：

```
NTSTATUS ObRegisterCallbacks (
    _In_ POB_CALLBACK_REGISTRATION CallbackRegistration,
    _Outptr_ PVOID *RegistrationHandle);
```

⊖　https://scorpiosoftware.net/2019/02/17/windows-10-desktops-vs-sysinternals-desktops/

在注册之前，必须先初始化一个 OB_CALLBACK_REGISTRATION 结构，此结构用于提供驱动程序要针对什么进行注册的必要细节。RegistrationHandle 参数是成功注册后返回的值，它只是一个不透明的指针，在调用 ObUnRegisterCallbacks 注销时使用。

> 使用 ObRegisterCallbacks 的驱动程序必须在链接时使用 /integritycheck 开关。

下面是 OB_CALLBACK_REGISTRATION 的定义：

```
typedef struct _OB_CALLBACK_REGISTRATION {
    _In_ USHORT                     Version;
    _In_ USHORT                     OperationRegistrationCount;
    _In_ UNICODE_STRING             Altitude;
    _In_ PVOID                      RegistrationContext;
    _In_ OB_OPERATION_REGISTRATION  *OperationRegistration;
} OB_CALLBACK_REGISTRATION, *POB_CALLBACK_REGISTRATION;
```

Version 是一个常量，必须被设置为 OB_FLT_REGISTRATION_VERSION（当前为 0x100）。然后，被注册的操作数量由 OperationRegistrationCount 指定。这个参数决定了 Operation-Registration 指向的 OB_OPERATION_REGISTRATION 结构的数量。每个结构提供了一种感兴趣的对象类型（进程、线程或桌面）的信息。

高度（altitude）参数比较有趣。它指明了一个数字（以字符串的形式），这个数字会影响此驱动程序中回调被调用的顺序。这是必需的，因为其他的驱动程序可能也有它们自己的回调，哪个驱动程序的回调先被调用将由"高度"参数决定——高度值越大，驱动程序在调用链中就越早被调用。

高度参数应该取什么值？这在大多数时候其实无关紧要，参数值由驱动程序决定。但是所提供的高度值不能跟之前注册的驱动程序指明的值冲突。这个值不一定是整数。事实上，它是一个无限精度的十进制数字，这也就是它被指定成字符串的原因。为了避免冲突，高度应当被设成小数点后面跟着一个随机数的形式，比如 "12345.1762389"，这样冲突的机会就很少。驱动程序甚至可以产生随机数字来避免冲突。如果注册失败并返回 STATUS_FLT_INSTANCE_ALTITUDE_COLLISION 状态，那就表示高度冲突了，仔细编写的驱动程序可以调整其高度值并重试。

> 高度的概念也用在注册过滤器（见 9.3 节）和文件系统小过滤驱动中（见下一章）。

最后，RegistrationContext 是驱动程序定义的值，会原样传递给回调例程。

驱动程序在 OB_OPERATION_REGISTRATION 结构里设置回调，确定对哪种对象类型和操作感兴趣。它的定义如下：

```
typedef struct _OB_OPERATION_REGISTRATION {
    _In_ POBJECT_TYPE       *ObjectType;
    _In_ OB_OPERATION       Operations;
```

```
    _In_ POB_PRE_OPERATION_CALLBACK  PreOperation;
    _In_ POB_POST_OPERATION_CALLBACK PostOperation;
} OB_OPERATION_REGISTRATION, *POB_OPERATION_REGISTRATION;
```

ObjectType 是一个指向这个实例注册的对象类型（进程、线程或者桌面）的指针。这些指针被分别输出为全局内核变量：PsProcessType、PsThreadType 和 ExDesktopObjectType。

Operations 字段是一个位标记枚举类型，用来选择创建 / 打开操作（OB_OPERATION_ HANDLE_CREATE）和复制操作（OB_OPERATION_HANDLE_DUPLICATE）。

OB_OPERATION_HANDLE_CREATE 指对用户模式函数 CreateProcess、OpenProcess、CreateThread、OpenThread、CreateDesktop、OpenDesktop 和针对这些对象类型的相似函数的调用。OB_OPERATION_HANDLE_DUPLICATE 指这些对象类型的句柄复制操作（用户模式 DuplicateHandle API）。

可以为这些调用注册一个或者两个回调（顺便说一句，从内核调用也一样）：一个操作前回调（PreOperation 字段）和一个操作后回调（PostOperation）。

9.1.1　操作前回调

操作前回调是在实际的创建 / 打开 / 复制操作完成之前被调用，给驱动程序一个对操作结果进行修改的机会。操作前回调接受一个 OB_PRE_OPERATION_INFORMATION 结构，其定义如下：

```
typedef struct _OB_PRE_OPERATION_INFORMATION {
    _In_ OB_OPERATION              Operation;
    union {
        _In_ ULONG Flags;
        struct {
            _In_ ULONG KernelHandle:1;
            _In_ ULONG Reserved:31;
        };
    };
    _In_ PVOID                        Object;
    _In_ POBJECT_TYPE                 ObjectType;
    _Out_ PVOID                       CallContext;
    _In_ POB_PRE_OPERATION_PARAMETERS Parameters;
} OB_PRE_OPERATION_INFORMATION, *POB_PRE_OPERATION_INFORMATION;
```

下面是对结构成员的概述：

❑ Operation ——指明这是什么操作（OB_OPERATION_HANDLE_CREATE 或者 OB_OPERA-TION_HANDLE_DUPLICATE）。

❑ KernelHandle（在 Flags 之内）——指明这是一个内核句柄。内核句柄只能由内核代码创建和使用。这个字段可以让驱动程序选择性地忽略内核请求。

❑ Object ——指针，指向正在创建 / 打开 / 复制的句柄的实际对象。对进程来说，这是 EPROCESS 地址；对线程来说，是 PETHREAD 地址。

❑ ObjectType ——指向对象的类型：*PsProcessType、*PsThreadType 或者 *Ex-DesktopObjectType。

❑ CallContext ——由驱动程序定义的值，会被传递到这个实例的操作后回调（如果存在的话）。

❑ Parameters ——指明了基于操作的附加信息的联合。这个联合体定义如下：

```
typedef union _OB_PRE_OPERATION_PARAMETERS {
    _Inout_ OB_PRE_CREATE_HANDLE_INFORMATION    CreateHandleInformation;
    _Inout_ OB_PRE_DUPLICATE_HANDLE_INFORMATION DuplicateHandleInformation;
} OB_PRE_OPERATION_PARAMETERS, *POB_PRE_OPERATION_PARAMETERS;
```

驱动程序应该基于操作对相应的字段进行检查。对于创建操作，驱动程序会收到如下信息：

```
typedef struct _OB_PRE_CREATE_HANDLE_INFORMATION {
    _Inout_ ACCESS_MASK    DesiredAccess;
    _In_ ACCESS_MASK       OriginalDesiredAccess;
} OB_PRE_CREATE_HANDLE_INFORMATION, *POB_PRE_CREATE_HANDLE_INFORMATION;
```

OriginalDesiredAccess 是由调用者设置的访问掩码。考虑用下面的用户模式代码来打开一个已经存在的进程的句柄：

```
HANDLE OpenHandleToProcess(DWORD pid) {
    HANDLE hProcess = OpenProcess(PROCESS_QUERY_INFORMATION | PROCESS_VM_READ,
        FALSE, pid);
    if(!hProcess) {
        // failed to open a handle
    }
    return hProcess;
}
```

在这个例子中，客户程序试图用指定的访问掩码获取一个进程的句柄，这个访问掩码指出了它的“意图”。驱动程序的操作前回调在 OriginalDesiredAccess 字段中接收这个掩码值。这个值也会被复制到 DesiredAccess 中。一般情况下，内核会基于客户程序的安全上下文和进程的安全描述符来确定客户程序是否能够被授予它所希望获得的访问。

驱动程序能够基于它自身的逻辑对 DesiredAccess 字段进行修改，比如移除某些客户程序请求的访问：

```
OB_PREOP_CALLBACK_STATUS OnPreOpenProcess(PVOID /* RegistrationContext */,
    POB_PRE_OPERATION_INFORMATION Info) {

    if(/* some logic */) {
        Info->Parameters->CreateHandleInformation.DesiredAccess &= ~PROCESS_VM_READ;
    }
    return OB_PREOP_SUCCESS;
}
```

上面的代码片段在允许操作继续正常运行之前移除了 PROCESS_VM_READ 访问掩码。如果最终结果是成功的，客户程序会得到一个返回的句柄，但是只有 PROCESS_QUERY_INFORMATION 访问掩码。

 可以从 MSDN 的文档中找到进程、线程以及桌面访问掩码的完整列表。

 不能增加客户程序未曾请求的新访问掩码。

对复制操作，提供给驱动程序的信息如下：

```
typedef struct _OB_PRE_DUPLICATE_HANDLE_INFORMATION {
    _Inout_ ACCESS_MASK         DesiredAccess;
    _In_ ACCESS_MASK            OriginalDesiredAccess;
    _In_ PVOID                  SourceProcess;
    _In_ PVOID                  TargetProcess;
} OB_PRE_DUPLICATE_HANDLE_INFORMATION, *POB_PRE_DUPLICATE_HANDLE_INFORMATION;
```

DesiredAccess 字段跟前面一样能被修改。额外的信息还有源进程（其句柄要被复制的进程）和目标进程（复制出来的新句柄所在的进程）。这就允许驱动程序在决定如何修改（如果要修改）访问掩码之前，先对这些进程的属性进行查询。

ℹ️ 给定一个进程的地址，如何获取进程的更多信息？由于 EPROCESS 结构没有公开，而且只有少量导出和有文档的函数会直接涉及它的指针——要获取详细信息看来是个问题。一种变通方法是使用 ZwQueryInformationProcess 取得需要的信息，不过这个函数需要句柄，而这可以通过 ObOpenObjectByPointer 函数获得。我们会在第 11 章详细讨论这种技术。

9.1.2 操作后回调

操作后回调是在操作完成之后被调用。此时驱动程序不能进行任何修改，只能查看结果。操作后回调接收到的是如下结构：

```
typedef struct _OB_POST_OPERATION_INFORMATION {
    _In_ OB_OPERATION  Operation;
    union {
        _In_ ULONG Flags;
        struct {
            _In_ ULONG KernelHandle:1;
            _In_ ULONG Reserved:31;
        };
    };
    _In_ PVOID                          Object;
```

```
    _In_ POBJECT_TYPE                    ObjectType;
    _In_ PVOID                           CallContext;
    _In_ NTSTATUS                        ReturnStatus;
    _In_ POB_POST_OPERATION_PARAMETERS   Parameters;
} OB_POST_OPERATION_INFORMATION,*POB_POST_OPERATION_INFORMATION;
```

这看上去跟操作前回调的信息很像，除了下面这些：

❑ 操作的最终状态在 ReturnStatus 字段中。如果成功，那么意味着客户程序将得到合法的返回句柄（可能伴随着减少了的访问掩码）。

❑ Parameters 联合仅提供一种信息：授予客户程序的访问掩码（假设状态为成功）。

9.2　进程保护者驱动程序

进程保护者驱动程序是使用对象回调的一个示例。其目的是保护某些进程不被强行终止，这是通过拒绝任何客户程序发出的针对"受保护"进程的 PROCESS_TERMINATE 请求而实现的。

> 完整的驱动程序和客户程序项目位于惯常的 **Github** 仓库[○]中。

驱动程序需要保存一个受保护进程的列表。在此驱动程序中，我们采用一个有长度限制的简单数组来保存处于驱动程序保护之下的进程 ID。下面是用于保存驱动程序全局数据的结构（在 ProcessProtect.h 中定义）：

```
#define DRIVER_PREFIX "ProcessProtect: "

#define PROCESS_TERMINATE 1

#include "FastMutex.h"

const int MaxPids = 256;

struct Globals {
    int PidsCount;           // currently protected process count
    ULONG Pids[MaxPids];     // protected PIDs
    FastMutex Lock;
    PVOID RegHandle;         // object registration cookie
    void Init() {
        Lock.Init();
    }
};
```

○　https://github.com/zodiacon/windowskernelprogrammingbook

请注意我们必须显式定义 PROCESS_TERMINATE，因为我们在 WDK 头文件中并没有定义它（只定义了 PROCESS_ALL_ACCESS）。从用户模式头文件或者文档中获取它的定义相当容易。

主文件（ProcessProtect.cpp）声明了一个 Globals 类型的全局变量，叫作 g_Data（并且在 DriverEntry 的开始调用了 Init 成员函数）。

9.2.1 对象通知注册

进程保护者驱动程序的 DriverEntry 例程必须包含为进程注册对象回调。首先，我们准备好注册的结构：

```
OB_OPERATION_REGISTRATION operations[] = {
    {
        PsProcessType,          // object type
        OB_OPERATION_HANDLE_CREATE | OB_OPERATION_HANDLE_DUPLICATE,
        OnPreOpenProcess, nullptr   // pre, post
    }
};

OB_CALLBACK_REGISTRATION reg = {
    OB_FLT_REGISTRATION_VERSION,
    1,      // operation count
    RTL_CONSTANT_STRING(L"12345.6171"),     // altitude
    nullptr,        // context
    operations
};
```

这里仅为进程对象注册一个操作前回调。这个回调应当从任意客户程序请求的 DesireAccess 字段中移除 PROCESS_TERMINATE。

现在我们准备好进行实际的注册了：

```
do {
    status = ObRegisterCallbacks(&reg, &g_Data.RegHandle);
    if (!NT_SUCCESS(status)) {
        break;
    }
```

9.2.2 管理受保护的进程

驱动程序为受其保护的进程维护着一个进程 ID 的数组。驱动程序暴露出三个 I/O 控制代码，允许增加和删除 PID 以及清除整个列表。控制代码在 ProcessProtectCommon.h 中定义：

```
#define PROCESS_PROTECT_NAME L"ProcessProtect"

#define IOCTL_PROCESS_PROTECT_BY_PID      \
    CTL_CODE(0x8000, 0x800, METHOD_BUFFERED, FILE_ANY_ACCESS)
#define IOCTL_PROCESS_UNPROTECT_BY_PID   \
    CTL_CODE(0x8000, 0x801, METHOD_BUFFERED, FILE_ANY_ACCESS)
#define IOCTL_PROCESS_PROTECT_CLEAR      \
    CTL_CODE(0x8000, 0x802, METHOD_NEITHER, FILE_ANY_ACCESS)
```

对于要加入保护和去掉保护的进程，IRP_MJ_DENICE_CONTROL 的处理程序接受一个
PID 数组（不一定只有一个 PID）。处理程序的框架代码是针对已知控制代码的标准 switch
语句：

```
NTSTATUS ProcessProtectDeviceControl(PDEVICE_OBJECT, PIRP Irp) {
    auto stack = IoGetCurrentIrpStackLocation(Irp);
    auto status = STATUS_SUCCESS;
    auto len = 0;

    switch (stack->Parameters.DeviceIoControl.IoControlCode) {
        case IOCTL_PROCESS_PROTECT_BY_PID:
            //...
            break;

        case IOCTL_PROCESS_UNPROTECT_BY_PID:
            //...
            break;

        case IOCTL_PROCESS_PROTECT_CLEAR:
            //...
            break;

        default:
            status = STATUS_INVALID_DEVICE_REQUEST;
            break;
    }

    // complete the request
    Irp->IoStatus.Status = status;
    Irp->IoStatus.Information = len;
    IoCompleteRequest(Irp, IO_NO_INCREMENT);
    return status;
}
```

为了增加和删除 PID，创建两个辅助函数：

```
bool AddProcess(ULONG pid) {
    for(int i = 0; i < MaxPids; i++)
        if (g_Data.Pids[i] == 0) {
```

```
            // empty slot
            g_Data.Pids[i] = pid;
            g_Data.PidsCount++;
            return true;
        }
    return false;
}

bool RemoveProcess(ULONG pid) {
    for (int i = 0; i < MaxPids; i++)
        if (g_Data.Pids[i] == pid) {
            g_Data.Pids[i] = 0;
            g_Data.PidsCount--;
            return true;
        }
    return false;
}
```

注意在这些函数里不会获取快速互斥量，这意味着调用者必须在调用 AddProcess 或者 RemoveProcess 之前先获取好。

最后一个辅助函数用来在数组中搜索进程 ID，如果找到了就返回 true：

```
bool FindProcess(ULONG pid) {
    for (int i = 0; i < MaxPids; i++)
        if (g_Data.Pids[i] == pid)
            return true;
    return false;
}
```

现在我们准备好实现 I/O 控制代码了。要增加进程，需要先在进程 ID 数组中找到一个空的"槽位"，然后保存请求的进程 ID。当然，我们能接受多个 PID。

```
case IOCTL_PROCESS_PROTECT_BY_PID:
{
    auto size = stack->Parameters.DeviceIoControl.InputBufferLength;
    if (size % sizeof(ULONG) != 0) {
        status = STATUS_INVALID_BUFFER_SIZE;
        break;
    }

    auto data = (ULONG*)Irp->AssociatedIrp.SystemBuffer;

    AutoLock locker(g_Data.Lock);

    for (int i = 0; i < size / sizeof(ULONG); i++) {
        auto pid = data[i];
        if (pid == 0) {
```

```
            status = STATUS_INVALID_PARAMETER;
            break;
        }
        if (FindProcess(pid))
            continue;

        if (g_Data.PidsCount == MaxPids) {
            status = STATUS_TOO_MANY_CONTEXT_IDS;
            break;
        }

        if (!AddProcess(pid)) {
            status = STATUS_UNSUCCESSFUL;
            break;
        }

        len += sizeof(ULONG);
    }

    break;
}
```

首先，这里的代码检查了缓冲区大小，它必须是四字节（PID 的大小）的整数倍并且不能为零。然后，找回指向系统缓冲区的指针（控制代码使用 METHOD_BUFFERED ——如果需要复习这些内容，请见第 7 章）。现在可以获取快速互斥量并开始循环了。

这个循环遍历请求中所有 PID，如果下面的情况都为真，就将 PID 加入到数组中：

❑ PID 不为零（零永远都是一个非法的 PID，它是为 Idle 进程预留的）。

❑ PID 还没有在数组中（FindProcess 函数判断这一点）。

❑ 管理的 PID 数目没有超过 MaxPids。

删除 PID 也类似。需要找到它，然后通过在它的槽位中置零（这是 RemoveProcess 的任务）将其“删除”。

```
case IOCTL_PROCESS_UNPROTECT_BY_PID:
{
    auto size = stack->Parameters.DeviceIoControl.InputBufferLength;
    if (size % sizeof(ULONG) != 0) {
        status = STATUS_INVALID_BUFFER_SIZE;
        break;
    }

    auto data = (ULONG*)Irp->AssociatedIrp.SystemBuffer;

    AutoLock locker(g_Data.Lock);

    for (int i = 0; i < size / sizeof(ULONG); i++) {
```

```
        auto pid = data[i];
        if (pid == 0) {
            status = STATUS_INVALID_PARAMETER;
            break;
        }
        if (!RemoveProcess(pid))
            continue;

        len += sizeof(ULONG);

        if (g_Data.PidsCount == 0)
            break;
    }

    break;
}
```

ℹ️ 记住，如果用不包含模板类型的方式使用 AutoLock，需要将项目的 C++ 语言标准设置为 C++17。

最后，清除列表很简单，只要在拥有锁的时候完成就行。

```
case IOCTL_PROCESS_PROTECT_CLEAR:
{
    AutoLock locker(g_Data.Lock);
    ::memset(&g_Data.Pids, 0, sizeof(g_Data.Pids));
    g_Data.PidsCount = 0;
    break;
}
```

9.2.3 操作前回调

这个驱动程序中最重要的一块是对当前受保护的 PID 移除 PROCESS_TERMINATE 访问掩码：

```
OB_PREOP_CALLBACK_STATUS
OnPreOpenProcess(PVOID, POB_PRE_OPERATION_INFORMATION Info) {
    if(Info->KernelHandle)
        return OB_PREOP_SUCCESS;

    auto process = (PEPROCESS)Info->Object;
    auto pid = HandleToULong(PsGetProcessId(process));

    AutoLock locker(g_Data.Lock);
    if (FindProcess(pid)) {
        // found in list, remove terminate access
        Info->Parameters->CreateHandleInformation.DesiredAccess &=
```

```
                ~PROCESS_TERMINATE;
    }

    return OB_PREOP_SUCCESS;
}
```

如果传入的句柄是内核句柄，我们就让操作正常运行下去。这样做是有道理的，因为我们想让内核代码正常运行。

接着我们需要已打开句柄的进程 ID。回调所提供的数据是对象指针。幸运的是，用 PsGetProcessId API 可以简单地获取 PID。此函数接受一个 PEPROCESS 并返回进程的 ID。

最后一部分代码用来检查我们是否需要保护这个特定进程，因此我们在锁的保护下调用 FindProcess 函数。如果找到了，就移除 PROCESS_TERMINATE 访问掩码。

9.2.4　客户应用

客户应用应该能够通过发出正确的 DeviceIoControl 调用来增加、删除和清除进程。其命令行界面具有如下形式（假定可执行文件为 Protect.exe）:

Protect.exe add 1200 2820（保护 PID 1200 和 2820）

Protect.exe remove 2820（清除 PID 2820 的保护）

Protect.exe clear（清除对所有 PID 的保护）

main 函数如下:

```
int wmain(int argc, const wchar_t* argv[]) {
    if(argc < 2)
        return PrintUsage();

    enum class Options {
        Unknown,
        Add, Remove, Clear
    };
    Options option;
    if (::_wcsicmp(argv[1], L"add") == 0)
        option = Options::Add;
    else if (::_wcsicmp(argv[1], L"remove") == 0)
        option = Options::Remove;
    else if (::_wcsicmp(argv[1], L"clear") == 0)
        option = Options::Clear;
    else {
        printf("Unknown option.\n");
        return PrintUsage();
    }

    HANDLE hFile = ::CreateFile(L"\\\\.\\" PROCESS_PROTECT_NAME,
```

```
            GENERIC_WRITE | GENERIC_READ, 0, nullptr, OPEN_EXISTING, 0, nullptr);
    if (hFile == INVALID_HANDLE_VALUE)
        return Error("Failed to open device");

    std::vector<DWORD> pids;
    BOOL success = FALSE;
    DWORD bytes;
    switch (option) {
        case Options::Add:
            pids = ParsePids(argv + 2, argc - 2);
            success = ::DeviceIoControl(hFile, IOCTL_PROCESS_PROTECT_BY_PID,
                pids.data(), static_cast<DWORD>(pids.size()) * sizeof(DWORD),
                nullptr, 0, &bytes, nullptr);
            break;

        case Options::Remove:
            pids = ParsePids(argv + 2, argc - 2);
            success = ::DeviceIoControl(hFile, IOCTL_PROCESS_UNPROTECT_BY_PID,
                pids.data(), static_cast<DWORD>(pids.size()) * sizeof(DWORD),
                nullptr, 0, &bytes, nullptr);
            break;

        case Options::Clear:
            success = ::DeviceIoControl(hFile, IOCTL_PROCESS_PROTECT_CLEAR,
                nullptr, 0, nullptr, 0, &bytes, nullptr);
            break;

    }

    if (!success)
        return Error("Failed in DeviceIoControl");

    printf("Operation succeeded.\n");

    ::CloseHandle(hFile);

    return 0;
}
```

ParsePids 辅助函数解析进程 ID 并以 std::vector<DWORD> 的形式返回它们，通过调用 std::vector<T> 的 data() 方法，很容易就能将其作为一个数组进行传递：

```
std::vector<DWORD> ParsePids(const wchar_t* buffer[], int count) {
    std::vector<DWORD> pids;
    for (int i = 0; i < count; i++)
        pids.push_back(::_wtoi(buffer[i]));
    return pids;
}
```

最后，Error 函数跟我们在前面的项目中用到的一样，而 PrintUsage 就是简单地显示使用信息。

运行下面的命令正常安装和启动此驱动程序：

```
sc create protect type= kernel binPath= c:\book\processprotect.sys
```

```
sc start protect
```

我们来测试一下。作为一个示例，我们运行 Notepad.exe 进程并保护它，然后尝试用任务管理器终止它。图 9-1 显示了正在运行的 notepad 实例。

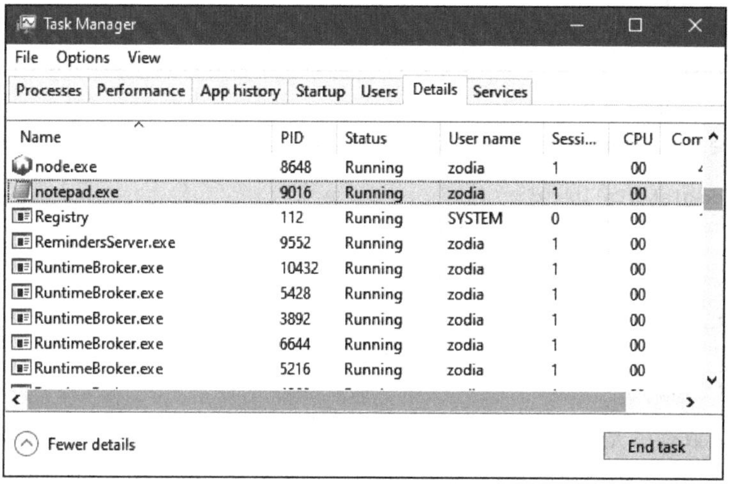

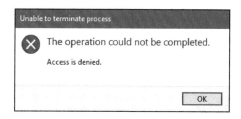

图 9-1　正在运行的 Notepad

现在保护它：

```
protect add 9016
```

在任务管理器中单击 "End task" 按钮，弹出一个错误，如图 9-2 所示。

图 9-2　尝试终止进程

我们可以移除保护并再次进行尝试。这次进程如同期望的那样被终止了：

```
protect remove 9016
```

> ⓘ 在 notepad 的例子中，即使它被保护了，单击其窗口的关闭按钮或者从菜单中选择文件 / 退出都能结束进程。这是因为这些操作内部调用了 ExitProcess，此函数不涉及任何句柄。这意味着我们这里设计的保护机制起码对没有用户界面的进程是好用的。

> ✎ 增加一个控制代码，允许查询当前受保护的进程。可以把这个 I/O 控制代码命名为 IOCTL_PROCESS_QUERY_PIDS。

9.3 注册表通知

类似于对象通知，配置管理器（执行体中处理注册表的部分）也能用于注册回调，以在访问注册表键值时得到通知。

CmRegisterCallbackEx API 用于注册此类通知。它的原型如下：

```
NTSTATUS CmRegisterCallbackEx (
    _In_        PEX_CALLBACK_FUNCTION   Function,
    _In_        PCUNICODE_STRING        Altitude,
    _In_        PVOID                   Driver,     // PDRIVER_OBJECT
    _In_opt_    PVOID                   Context,
    _Out_       PLARGE_INTEGER          Cookie,
    _Reserved_  PVOID                   Reserved
```

Function 参数指的是回调自身，等会儿我们再看。Altitude 是驱动程序的回调高度，基本上跟在对象回调中是一个意思。Driver 参数必须是 DriverEntry 的驱动对象。Context 是驱动程序定义的值，会原样传递给回调。最后，Cookie 是注册成功时的结果。这个值必须在注销时传递给 CmUnregisterCallback。

> 有点令人讨厌的是，各种各样的注册 API 在注册 / 注销方面并不一致：CmRegister-CallbackEx 返回一个 LARGE_INTEGER 代表注册；ObRegisterCallbacks 返回一个 PVOID。进程和线程注册函数不返回任何内容（内部使用回调本身的地址来标识注册）。最后，完成进程和线程注销的 API 并不对称。

回调函数相当通用，如下所示：

```
NTSTATUS RegistryCallback (
    _In_ PVOID CallbackContext,
    _In_opt_ PVOID Argument1,
    _In_opt_ PVOID Argument2);
```

CallbackContext 参数就是传递给 CmRegisterCallbackEx 的 Context 参数。第一个通用参数实际上是一个枚举类型 REG_NOTIFY_CLASS，它描述导致此回调被调用的操作，以及表明这是一个操作前还是操作后回调。第二个通用参数是指向跟通知相关的特定结构的指针。驱动程序通常按照如下方式对通知类型进行分类处理：

```
NTSTATUS OnRegistryNotify(PVOID, PVOID Argument1, PVOID Argument2) {
    switch ((REG_NOTIFY_CLASS)(ULONG_PTR)Argument1) {
        //...
    }
```

表 9-1 显示了 REG_NOTIFY_CLASS 枚举类型的一些值，以及通过 Argument2 参数传递的对应结构。

表 9-1　一些注册表通知和相关的结构

通知	相关结构
RegNtPreDeleteKey	REG_DELETE_KEY_INFORMATION
RegNtPostDeleteKey	REG_POST_OPERATION_INFORMATION
RegNtPreSetValueKey	REG_SET_VALUE_KEY_INFORMATION
RegNtPostSetValueKey	REG_POST_OPERATION_INFORMATION
RegNtPreCreateKey	REG_PRE_CREATE_KEY_INFORMATION
RegNtPostCreateKey	REG_POST_CREATE_KEY_INFORMATION

从表 9-1 中可以看到各种操作后通知用的是同一个结构 REG_POST_CREATE_KEY_INF-ORMATION。

9.3.1　处理操作前通知

操作前通知在配置管理器进行相应的操作之前被调用。驱动程序有如下选项：

❏ 从回调中返回 STATUS_SUCCESS，指示配置管理器继续正常执行操作。

❏ 从回调中返回某种失败状态。这种情况下配置管理器以此状态返回到调用者，操作后回调将不被调用。

❏ 以某种方式处理请求，然后从回调中返回 STATUS_CALLBACK_BYPASS。配置管理器返回成功给调用者并不会调用操作后回调。驱动程序必须在回调提供的 REG_xxx_KEY_INFORMATION 中设置正确的值。

9.3.2　处理操作后回调

在操作完成之后，并且假定驱动程序并没有阻止操作后回调的运行，这类回调会在配置管理器完成操作之后被调用。为操作后回调提供的结构显示如下：

```
typedef struct _REG_POST_OPERATION_INFORMATION {
    PVOID     Object;          // input
    NTSTATUS  Status;          // input
    PVOID     PreInformation;  // The pre information
    NTSTATUS  ReturnStatus;    // callback can change the outcome of the operation
```

```
    PVOID      CallContext;
    PVOID      ObjectContext;
    PVOID      Reserved;
} REG_POST_OPERATION_INFORMATION,*PREG_POST_OPERATION_INFORMATION;
```

操作后回调有如下选项：

❑ 检查操作结果，并做一些有用的事（例如记录下来）。

❑ 修改返回的状态，这是通过设置操作后回调结构的 ReturnStatus 字段并返回
STATUS_CALLBACK_BYPASS 而达到的。配置管理器会将这个新的状态返回给调
用者。

❑ 修改 REG_xxx_KEY_INFORMATION 中的输出参数并返回 STATUS_SUCCESS。配置管
理器向调用者返回新的数据。

 操作后回调结构中的 PreInformation 成员指向前调用结构。

9.3.3 性能考虑

注册表回调会在操作每个注册表时调用，没有预先设置的方法能使其只处理某些操作。
这就意味着回调需要尽可能快速地运行，因为调用者在等待中。另外，在整个调用链上也
很可能不止有一个驱动。

某些注册表操作，特别是读取操作的数量是很大的，因此对驱动程序来说，如果可能
的话，最好避免处理读取操作。如果必须处理，至少要把处理限制在感兴趣的某些键值上，
比如 HKLM\System\CurrentControlSet 下面的那些（只是举例）。

写入和创建操作用得少很多，因此这时候如果需要的话，驱动程序能做更多事。

 底线很简单：对尽可能少的键值，做尽可能少的事。

9.4 实现注册表通知

我们要扩展第 8 章的 SysMon 驱动程序以包含一些注册表操作的通知。作为一个例子，
我们将会加入对于写 HKEY_LOCAL_MACHINE 以下某处的通知。

首先我们要定义一个数据结构，以包括要报告的信息（在 *SysMonCommon.h* 中）：

```
struct RegistrySetValueInfo : ItemHeader {
    ULONG ProcessId;
    ULONG ThreadId;
    WCHAR KeyName[256];      // full key name
    WCHAR ValueName[64];     // value name
    ULONG DataType;          // REG_xxx
    UCHAR Data[128];         // data
```

```
    ULONG DataSize;          // size of data
};
```

简洁起见，我们将使用固定大小的数组保存要报告的信息。对于产品级别的驱动程序，更好的办法是使用动态的数组以节约内存并在需要时提供完整的信息。Data 数组包含了实际写入的数据。自然地，我们必须用某种方式限制数据的大小，因为它几乎可以任意大。

DataType 为 REG_xxx 类型常数之一，比如 REG_SZ、REG_DWORD、REG_BINARY 等。这些值在用户模式和内核模式中都是一样的。

接下来我们将为这种通知增加一种新的事件类型：

```
enum class ItemType : short {
    None,
    ProcessCreate,
    ProcessExit,
    ThreadCreate,
    ThreadExit,
    ImageLoad,
    RegistrySetValue    // new value
};
```

在 DriverEntry 中，我们需要增加注册表回调的注册，将其作为 do/while(false) 块的一部分。这代表了注册的返回值保存在 Globals 结构里：

```
UNICODE_STRING altitude = RTL_CONSTANT_STRING(L"7657.124");
status = CmRegisterCallbackEx(OnRegistryNotify, &altitude, DriverObject,
    nullptr, &g_Globals.RegCookie, nullptr);
if(!NT_SUCCESS(status)) {
    KdPrint((DRIVER_PREFIX "failed to set registry callback (%08X)\n",
        status));
    break;
}
```

当然，我们必须在卸载例程中注销这个注册：

```
CmUnRegisterCallback(g_Globals.RegCookie);
```

9.4.1　处理注册表回调

我们的回调应该只涉及对 HKEY_LOCAL_MACHINE 的写入操作。首先，我们执行感兴趣的操作：

```
NTSTATUS OnRegistryNotify(PVOID context, PVOID arg1, PVOID arg2) {
    UNREFERENCED_PARAMETER(context);

    switch ((REG_NOTIFY_CLASS)(ULONG_PTR)arg1) {
        case RegNtPostSetValueKey:
        //...
```

```
    }
    return STATUS_SUCCESS;
}
```

在这个驱动程序中，我们不关心别的操作，所以我们就在 switch 语句之后简单地返回一个成功状态。注意我们检查的是操作之后，因为本驱动程序只对操作的结果感兴趣。然后，将第二个参数强制转换成操作后数据并检查操作是否成功：

```
auto args = (REG_POST_OPERATION_INFORMATION*)arg2;
if (!NT_SUCCESS(args->Status))
    break;
```

如果操作不成功，我们就退出。驱动程序的这个决定是随机的；事实上，一个不同的驱动程序可能会对这些失败的尝试感兴趣，并想要作进一步的调查。

下一步，我们需要检查键值是否在 HKLM 之下。如果不是，我们就跳过这个键值不加处理。内核所看到的注册表的内部路径总是以 \REGISTRY\ 为根。后面对应于本地机器的部分是 MACHINE\——跟用户模式代码的 HKEY_LOCAL_MACHINE 相同。这意味着我们需要检查键值是否以 \REGISTRY\MACHINE 开头。

键值的路径并不存储在操作后结构里，甚至也不直接存储在操作前结构里。相反，注册表的键值对象本身以操作后信息结构的一部分的形式提供。然后我们还需要调用 CmCallbackGetKeyObjectIDEx 函数去取出键值名称，才能检查其是否以 \REGISTRY\ MACHINE\ 开头：

```
static const WCHAR machine[] = L"\\REGISTRY\\MACHINE\\";

PCUNICODE_STRING name;
if (NT_SUCCESS(CmCallbackGetKeyObjectIDEx(&g_Globals.RegCookie, args->Object,
    nullptr, &name, 0))) {
    // filter out none-HKLM writes
    if (::wcsncmp(name->Buffer, machine, ARRAYSIZE(machine) - 1) == 0) {
```

如果满足条件，我们就需要将操作的信息捕获到通知结构里并将其放入队列。那些信息（数据类型、值名称、实际值等）作为操作前信息结构提供，而幸运的是操作前信息结构是我们能直接收到的操作后信息结构的一部分。

```
auto preInfo = (REG_SET_VALUE_KEY_INFORMATION*)args->PreInformation;
NT_ASSERT(preInfo);

auto size = sizeof(FullItem<RegistrySetValueInfo>);
auto info = (FullItem<RegistrySetValueInfo>*)ExAllocatePoolWithTag(PagedPool,
    size, DRIVER_TAG);
if (info == nullptr)
    break;

// zero out structure to make sure strings are null-terminated when copied
```

```
RtlZeroMemory(info, size);

// fill standard data
auto& item = info->Data;
KeQuerySystemTimePrecise(&item.Time);
item.Size = sizeof(item);
item.Type = ItemType::RegistrySetValue;

// get client PID/TID (this is our caller)
item.ProcessId = HandleToULong(PsGetCurrentProcessId());
item.ThreadId = HandleToULong(PsGetCurrentThreadId());

// get specific key/value data
::wcsncpy_s(item.KeyName, name->Buffer, name->Length / sizeof(WCHAR) - 1);
::wcsncpy_s(item.ValueName, preInfo->ValueName->Buffer,
    preInfo->ValueName->Length / sizeof(WCHAR) - 1);
item.DataType = preInfo->Type;
item.DataSize = preInfo->DataSize;
::memcpy(item.Data, preInfo->Data, min(item.DataSize, sizeof(item.Data)));
PushItem(&info->Entry);
```

特定于此通知的操作前信息结构（REG_SET_VALUE_KEY_INFORMATION）拥有我们要寻找的信息。上面的代码小心地不去复制过多的内容，避免造成静态分配的缓冲区溢出。

最后，如果 CmCallbackGetKeyObjectIDEx 调用成功，作为结果的键值名称需要被显式释放：

```
CmCallbackReleaseKeyObjectIDEx(name);
```

9.4.2　修改后的客户程序代码

客户应用也必须被修改成支持这个新的事件类型。下面是一种可能的实现：

```
case ItemType::RegistrySetValue:
{
    DisplayTime(header->Time);
    auto info = (RegistrySetValueInfo*)buffer;
    printf("Registry write PID=%d: %ws\\%ws type: %d size: %d data: ",
        info->ProcessId, info->KeyName, info->ValueName,
        info->DataType, info->DataSize);

    switch (info->DataType) {
        case REG_DWORD:
            printf("0x%08X\n", *(DWORD*)info->Data);
            break;

        case REG_SZ:
        case REG_EXPAND_SZ:
```

```
            printf("%ws\n", (WCHAR*)info->Data);
            break;

        case REG_BINARY:
            DisplayBinary(info->Data, min(info->DataSize, sizeof(info->Data)));
            break;

        // add other cases... (REG_QWORD, REG_LINK, etc.)
        default:
            DisplayBinary(info->Data, min(info->DataSize, sizeof(info->Data)));
            break;
    }
    break;
}
```

DisplayBinary 是个简单的辅助函数，它用一系列十六进制值显示二进制数据，为完整起见，代码如下：

```
void DisplayBinary(const UCHAR* buffer, DWORD size) {
    for (DWORD i = 0; i < size; i++)
        printf("%02X ", buffer[i]);
    printf("\n");
}
```

下面是这个增强后的客户程序和驱动程序的一些输出：

19:22:21.509: Thread 6488 Exited from process 8808
19:22:21.509: Thread 5348 Created in process 8252
19:22:21.510: Thread 5348 Exited from process 8252
19:22:21.531: Registry write PID=7288: \REGISTRY\MACHINE\SOFTWARE\Microsoft\Windows \
Search\FileChangeClientConfigs\{5B8A4E77-3A02-4093-BDDC-B46FAB03AEF5}\FileAttributes\
FilteredOut type: 4 size: 4 data: 0x00000000
19:22:21.531: Registry write PID=7288: \REGISTRY\MACHINE\SOFTWARE\Microsoft\Windows \
Search\FileChangeClientConfigs\{5B8A4E77-3A02-4093-BDDC-B46FAB03AEF5}\UsnSourceFilte\
redOut type: 4 size: 4 data: 0x00000008
19:22:21.531: Registry write PID=7288: \REGISTRY\MACHINE\SOFTWARE\Microsoft\Windows \
Search\FileChangeClientConfigs\{5B8A4E77-3A02-4093-BDDC-B46FAB03AEF5}\UsnReasonFilte\
redOut type: 4 size: 4 data: 0x00000000
19:22:21.531: Registry write PID=7288: \REGISTRY\MACHINE\SOFTWARE\Microsoft\Windows \
Search\FileChangeClientConfigs\{5B8A4E77-3A02-4093-BDDC-B46FAB03AEF5}\ConfigFlags ty\
pe: 4 size: 4 data: 0x00000001
19:22:21.531: Registry write PID=7288: \REGISTRY\MACHINE\SOFTWARE\Microsoft\Windows \
Search\FileChangeClientConfigs\{5B8A4E77-3A02-4093-BDDC-B46FAB03AEF5}\ScopeToMonitor\
 type: 1 size: 270 data: C:\Users\zodia\AppData\Local\Packages\Microsoft.Windows.Con\
tentD19:22:21.531: Registry write PID=7288: \REGISTRY\MACHINE\SOFTWARE\Microsoft\Win\
dows Search\FileChangeClientConfigs\{5B8A4E77-3A02-4093-BDDC-B46FAB03AEF5}\Monitored\
PathRegularExpressionExclusion type: 1 size: 2 data:
19:22:21.531: Registry write PID=7288: \REGISTRY\MACHINE\SOFTWARE\Microsoft\Windows \
```
```

```
Search\FileChangeClientConfigs\{5B8A4E77-3A02-4093-BDDC-B46FAB03AEF5}\ApplicationNam\
e type: 1 size: 36 data: RuntimeBroker.exe
19:22:21.531: Registry write PID=7288: \REGISTRY\MACHINE\SOFTWARE\Microsoft\Windows \
Search\FileChangeClientConfigs\{5B8A4E77-3A02-4093-BDDC-B46FAB03AEF5}\ClientId type:\
 4 size: 4 data: 0x00000001
19:22:21.531: Registry write PID=7288: \REGISTRY\MACHINE\SOFTWARE\Microsoft\Windows \
Search\FileChangeClientConfigs\{5B8A4E77-3A02-4093-BDDC-B46FAB03AEF5}\VolumeIndex ty\
pe: 4 size: 4 data: 0x00000001
19:22:21.678: Thread 4680 Exited from process 6040
19:22:21.678: Thread 4760 Exited from process 6040
```

 增强 SysMon：加入新的 I/O 控制代码，用来允许 / 禁止某些通知类型（进程、线程、映像载入、注册表）。

9.5 练习

1. 实现一个驱动程序，禁止注入线程到其他进程，除非目标进程正在被调试。

2. 实现一个驱动程序，保护注册表键值不被修改。客户程序可以将要保护和去掉保护的注册表键值发送给驱动程序。

3. 实现一个驱动程序，如果原本访问的位置是 HKEY_LOCAL_MACHINE，则将来自选中程序（通过客户应用进行选择）的注册表写入操作重定向到它们的私有键值中。如果应用是在写数据，那么就放在私有存储里。如果是在读数据，先检查私有存储，如果没有就去真正的注册表键值那里读。这是应用沙箱化的一个方面。

9.6 总结

在本章中，我们查看了内核提供的两种回调机制——在获取某些对象句柄和注册表访问时。下一章我们将深入了解文件系统小过滤驱动（file system mini-filter）的新领域。

第 10 章

文件系统小过滤驱动

文件系统是访问文件的 I/O 操作的目标。Windows 支持多种文件系统，其中最引人注目的是 NTFS，它是 Windows 的原生文件系统。文件系统过滤是这样一种机制，让驱动程序能够截取针对文件系统的调用。这对很多类型的软件都有用，比如反病毒软件、备份软件、加密软件等。

Windows 支持叫作文件系统过滤驱动的过滤器模型已经很长时间了，现在这种模型被称为文件系统遗留过滤驱动。一种更新的模型，叫作文件系统小过滤驱动，被开发出来用来替代遗留过滤驱动机制。小过滤驱动在很多方面更容易编写，是开发文件系统过滤驱动的推荐方式。在本章中我们会介绍文件系统小过滤驱动的基础知识。

10.1　简介

众所周知，遗留文件系统过滤驱动很难编写。驱动程序的编写者需要小心处理各种微小的细节，其中多数都是例行代码，开发过程很复杂。遗留过滤驱动无法在系统运行时卸载，所以要装入一个新版本就不得不重启系统。在小过滤驱动模型中，驱动程序能够动态加载和卸载，因此显著地简化了开发流程。

在其内部，Windows 提供了一个叫作过滤管理器（filter manager）的遗留过滤驱动，它用来管理小过滤驱动。图 10-1 显示了一个典型的过滤驱动层次。

每个小过滤驱动都有它自身的高度（altitude）值，这个值确定了它在设备栈中的相对位置。过滤管理器跟别的遗留过滤驱动一样，是接收 IRP 的那一个，然后它会按照它所管理的小过滤驱动的高度值，按照从大到小的顺序调用。

在某些不常见的情形中，层次结构中可能会有另外一个遗留过滤驱动，这可能会造成小过滤驱动的"分裂"，某些小过滤驱动的高度会比遗留过滤驱动要高而某些要低。在这种情况下，系统会装入驱动管理器的多个实例，每个实例管理它自己的小过滤驱动。这样的过滤管理器实例被称为帧（frame）。图 10-2 显示了有两个帧的例子。

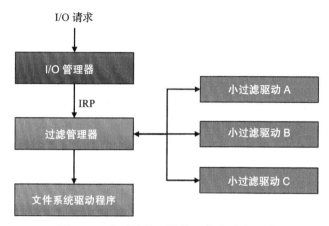

图 10-1　由过滤管理器管理的小过滤驱动

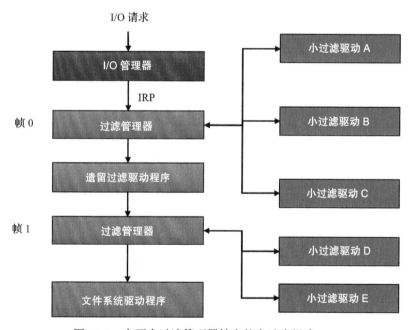

图 10-2　在两个过滤管理器帧中的小过滤驱动

10.2　装入与卸载

小过滤驱动程序必须像别的驱动程序一样装入。用来装入的用户模式 API 是 FilterLoad，需要将驱动程序名称（即其在注册表中的键值，HKLM\System\Current-

ControlSet\Services\drivername）作为参数传递给它。在系统内部，调用的则是内核 API
FltLoadFilter，它们的语义是一样的。跟别的驱动程序一样，如果从用户模式调用，那
么调用者的令牌中必须包含 SeLoadDriverPrivilege 权限。此权限默认在管理员级别的
令牌中存在，而在标准用户的令牌中不存在。

> 装入小过滤驱动程序跟装入标准软件驱动程序是一样的，但是卸载就不一样了。

在用户模式下卸载小过滤驱动需要调用 FilterUnload API，在内核模式下则是
FltUnloadFilter。这个操作需要与装入同样的权限，但是并不保证一定会成功，这是因
为小过滤驱动的卸载回调（后面会讨论）会被调用，它可以让请求失败从而将驱动程序保留
在系统中。

虽然使用 API 进行装入和卸载有其用途，但是在开发过程中用一个内建的工具通常会
更方便些，这个内建工具叫作 fltmc.exe，能够完成上述功能（以及更多）。（从一个提升了
权限的命令窗口）不带参数地运行它将会列出当前已经装入的小过滤驱动。以下是在我的
Windows 10 Pro 版本 1903 机器上的输出：

```
C:\WINDOWS\system32>fltmc

Filter Name            Num Instances    Altitude    Frame
---------------        -------------    --------    -----
bindflt                      1          409800        0
FsDepends                    9          407000        0
WdFilter                    10          328010        0
storqosflt                   1          244000        0
wcifs                        3          189900        0
PrjFlt                       1          189800        0
CldFlt                       2          180451        0
FileCrypt                    0          141100        0
luafv                        1          135000        0
npsvctrig                    1           46000        0
Wof                          8           40700        0
FileInfo                    10           40500        0
```

对每个过滤驱动，输出的内容中显示了驱动程序的名称，每个过滤驱动当前运行了多
少个实例（每个文件系统的卷附加一个实例），其高度和它所在的过滤管理器的帧。

读者可能会疑惑为什么驱动程序的实例数目不一样。简短的回答就是：是否要附加
到一个给定的卷上，这由驱动程序自己决定（本章后面我们会查看关于这个问题的详细
内容）。

用 fltmc.exe 加上装入选项，可以装入一个驱动程序，如下：

```
fltmc load myfilter
```

反过来，加上卸载选项以卸载一个驱动程序：

```
fltmc unload myfilter
```

　　fltmc 还包括其他选项。输入 fltmc -? 可以得到完整的列表，例如，可以使用 fltmc instances 得到每个驱动程序的全部实例的详细信息。类似地，使用 fltmc volumes 可以得到系统中挂载的所有文件系统卷的列表。在本章后面我们将看到这些信息是如何传递到驱动程序的。

　　文件系统驱动程序和过滤驱动程序创建在对象管理器名字空间的 FileSystem 目录下。图 10-3 显示了 WinObj 中的这个目录。

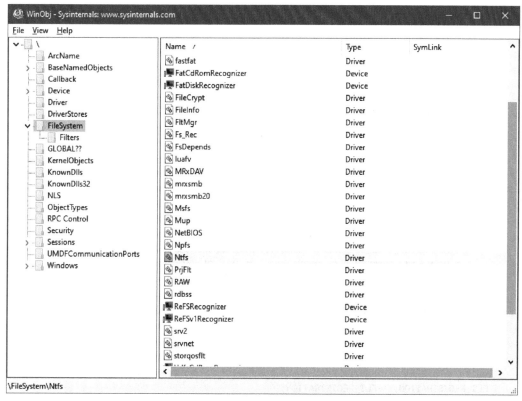

图 10-3　WinObj 中的文件系统驱动程序、过滤驱动和小过滤驱动

10.3　初始化

　　文件系统小过滤驱动程序跟别的驱动程序一样，有一个 DriverEntry 例程。驱动程序必须用过滤管理器把自己注册为一个小过滤驱动，指明各种设置，比如希望截取什么操作。驱动程序设置好适当的结构然后调用 FltRegisterFilter 进行注册。如果成功，驱动程序就可以按需进行进一步的初始化工作，最终调用 FltStartFiltering 实际开始过滤操作。注意驱动程序不必自己设置分发例程（IRP_MJ_READ、IRP_MJ_WRITE 等）。这是因为

小过滤驱动程序并不直接在 I/O 路径上，过滤管理器才是。

`FltRegisterFilter` 有如下原型：

```
NTSTATUS FltRegisterFilter (
    _In_ PDRIVER_OBJECT Driver,
    _In_ const FLT_REGISTRATION *Registration,
    _Outptr_ PFLT_FILTER *RetFilte);
```

所需的 `FLT_REGISTRATION` 结构提供了注册必需的所有信息。其定义如下：

```
typedef struct _FLT_REGISTRATION {
    USHORT Size;
    USHORT Version;

    FLT_REGISTRATION_FLAGS Flags;

    const FLT_CONTEXT_REGISTRATION *ContextRegistration;
    const FLT_OPERATION_REGISTRATION *OperationRegistration;

    PFLT_FILTER_UNLOAD_CALLBACK FilterUnloadCallback;
    PFLT_INSTANCE_SETUP_CALLBACK InstanceSetupCallback;
    PFLT_INSTANCE_QUERY_TEARDOWN_CALLBACK InstanceQueryTeardownCallback;
    PFLT_INSTANCE_TEARDOWN_CALLBACK InstanceTeardownStartCallback;
    PFLT_INSTANCE_TEARDOWN_CALLBACK InstanceTeardownCompleteCallback;

    PFLT_GENERATE_FILE_NAME GenerateFileNameCallback;
    PFLT_NORMALIZE_NAME_COMPONENT NormalizeNameComponentCallback;
    PFLT_NORMALIZE_CONTEXT_CLEANUP NormalizeContextCleanupCallback;

    PFLT_TRANSACTION_NOTIFICATION_CALLBACK TransactionNotificationCallback;
    PFLT_NORMALIZE_NAME_COMPONENT_EX NormalizeNameComponentExCallback;

#if FLT_MGR_WIN8
    PFLT_SECTION_CONFLICT_NOTIFICATION_CALLBACK SectionNotificationCallback;
#endif
} FLT_REGISTRATION, *PFLT_REGISTRATION;
```

这个结构里面封装了许多信息。重要的字段描述如下：

❑ Size 必须设置成结构的大小，而结构的大小可能取决于目标系统的 Windows 版本（在项目属性中设置）。驱动程序通常就设置成 sizeof（FLT_REGISTRATION）。

❑ Version 也是基于目标系统的 Windows 版本。驱动程序使用 FLT_REGISTRATION_VERSION。

❑ Flags 可以设置成零或者下列值的组合：

　　○ FLTFL_REGISTRATION_DO_NOT_SUPPORT_SERVICE_STOP ——驱动程序不支持停止请求，不管其他设置是什么。

　　○ FLTFL_REGISTRATION_SUPPORT_NPFS_MSFS ——驱动程序支持命名管道和邮

件槽，并希望同时过滤针对这些文件系统的请求（请参见"管道和邮件槽"获取详细信息）。

○ FLTFL_REGISTRATION_SUPPORT_DAX_VOLUME（Windows 10 版本 1607 及以后）——驱动程序支持附加到直接访问卷（Direct Access Volume，DAX），如果有直接访问卷的话（请参看"直接访问卷"）。

管道与邮件槽

　　命名管道是一个单向或者双向的通信机制，从一个服务器到一个或者多个客户端，它实现为一个文件系统（npfs.sys）。Windows API 为创建管道的服务器和客户端提供了特有的函数。CreateNamedPipe 函数用于创建一个命名管道服务器，客户端可以使用普通的 CreateFile API，加上一个形如 \\<server>\pipe\<pipename> 的"文件名"连接到服务器。

　　邮件槽是一个单向的通信机制，也实现为一个文件系统（msfs.sys），服务进程打开一个邮件槽（可以把它想象成一个邮箱），客户端可以把消息发送到这个邮件槽。CreateMailslot 是创建邮件槽的 Windows API，客户端则用形如 \\<server>\mailslot\<mailslotname> 的文件名调用 CreateFile 进行连接。

直接访问卷（DAX 或者 DAS）

　　直接访问卷是加入 Windows 10 版本 1607（"年度更新"）的一个相对新的特性，它支持一种新的存储方式，该方式基于对底层字节数据的直接访问。这种访问被一类新式的存储硬件所支持，这种硬件称为存储级内存（Storage Class Memory）——一种非易失性的存储介质，具有类似于 RAM 的性能。（可以在 Web 上找到更多信息。）

❏ ContextRegistration ——指向 FLT_CONTEXT_REGISTRATION 结构数组的可选指针。数组的每个入口代表了一个驱动程序可能用到的上下文。这里的上下文指一些由驱动程序定义的数据，能够被附加到文件系统实体中，比如文件和卷。本章后面我们会查看这个上下文。在有些不需要上下文的驱动程序中，我们可以将这个字段设置为 NULL。

❏ OperationRegistration ——迄今为止最重要的字段。这是一个指向 FLT_OPERATION_REGISTRATION 结构数组的指针，每个入口指明了感兴趣的操作和驱动程序希望调用的操作前和 / 或操作后回调。下一节将讲述详细信息。

❏ FilterUnlockCallback ——指明驱动程序将要被卸载时调用的函数。如果设置成 NULL，驱动程序就无法卸载。如果设置了一个回调并返回一个成功状态，驱动程序就能卸载；此时驱动程序必须调用 FltUnregisterFilter 以在卸载之前注销其自身的注册。返回非成功的状态则不卸载驱动程序。

❑ InstanceSetupCallback ——这个回调允许驱动程序在一个实例将被附加到一个新的
卷时得到通知。驱动程序可以返回 STATUS_SUCCESS 允许附加，或者如果不想附加
到这个卷，就返回 STATUS_FLT_DO_NOT_ATTACH。

❑ InstanceQueryTeardownCallback ——可选回调，在脱离卷之前被调用。这种情况会
在显式请求从一个卷脱离时发生。内核模式调用 FltDetachVolume，用户模式调
用 FilterDetach 发出脱离请求。如果这里设置成 NULL，则脱离请求失败。

❑ InstanceTeardownStartCallback ——可选回调，当某个实例开始脱离时调用。驱动程
序必须完成所有挂起的操作以便完成实例的脱离。将此回调设置成 NULL 不会阻止
实例的脱离（可以通过设置前一个查询脱离回调去阻止）。

❑ InstanceTeardownCompleteCallback ——可选回调，在所有挂起的 I/O 操作完成或者
取消之后调用。

余下的回调字段都是可选的，很少会用到。它们在本书讨论的范围之外。

10.3.1　操作回调注册

小过滤驱动程序必须指出它对什么操作感兴趣。这个信息在小过滤驱动程序注册时由
一个 FLT_OPERATION_REGISTRATION 结构数组提供。该结构定义如下：

```
typedef struct _FLT_OPERATION_REGISTRATION {
    UCHAR MajorFunction;
    FLT_OPERATION_REGISTRATION_FLAGS Flags;
    PFLT_PRE_OPERATION_CALLBACK PreOperation;
    PFLT_POST_OPERATION_CALLBACK PostOperation;

    PVOID Reserved1;     // reserved
} FLT_OPERATION_REGISTRATION, *PFLT_OPERATION_REGISTRATION;
```

操作本身用一个主功能代码标记，大多数主功能代码跟我们在前面章节遇到的一样：
IRP_MJ_CREATE、IRP_MJ_READ、IRP_MJ_WRITE 等。但是，有些操作的主功能代码并没
有真正的主功能分发例程。这个抽象是由过滤管理器提供的，用来将小过滤驱动程序与实
际的操作来源隔离开——它可以是一个真正的 IRP，也可以是一个被抽象成 IRP 的别的操
作。此外，文件系统还支持另一种接收请求的机制，叫作快速 I/O。快速 I/O 用于对有缓存
的文件进行同步 I/O 操作。快速 I/O 请求直接在用户缓冲区和系统缓存之间传递数据，跳过
了文件系统和存储驱动栈，从而避免了不必要的负担。作为一个规范的例子，NTFS 文件系
统驱动程序支持快速 I/O。

> 快速 I/O 的初始化包括分配一个 FAST_IO_DISPATCH 结构（包含了一大堆回调），
> 填充它，然后将 DRIVER_OBJECT 的 FastIoDispatch 成员的值指向这个结构。

在内核调试器中能够看到这些信息，像下面这样对 NTFS 文件系统驱动程序使

用 !drvobj 命令：

```
lkd> !drvobj \filesystem\ntfs f
Driver object (ffffad8b19a60bb0) is for:
 \FileSystem\Ntfs

Driver Extension List: (id , addr)

Device Object list:
ffffad8c22448050   ffffad8c476e3050   ffffad8c3943f050   ffffad8c208f1050
ffffad8b39e03050   ffffad8b39e87050   ffffad8b39e73050   ffffad8b39d52050
ffffad8b19fc9050   ffffad8b199f3d80

DriverEntry:   fffff8026b609010 Ntfs!GsDriverEntry
DriverStartIo: 00000000
DriverUnload:  00000000
AddDevice:     00000000

Dispatch routines:
[00] IRP_MJ_CREATE              fffff8026b49bae0   Ntfs!NtfsFsdCreate
[01] IRP_MJ_CREATE_NAMED_PIPE   fffff80269141d40   nt!IopInvalidDeviceRequest
[02] IRP_MJ_CLOSE               fffff8026b49d730   Ntfs!NtfsFsdClose
[03] IRP_MJ_READ                fffff8026b3b3f80   Ntfs!NtfsFsdRead

(truncated)

[19] IRP_MJ_QUERY_QUOTA         fffff8026b49c700   Ntfs!NtfsFsdDispatchWait
[1a] IRP_MJ_SET_QUOTA           fffff8026b49c700   Ntfs!NtfsFsdDispatchWait
[1b] IRP_MJ_PNP                 fffff8026b5143e0   Ntfs!NtfsFsdPnp

Fast I/O routines:
FastIoCheckIfPossible         fffff8026b5adff0   Ntfs!NtfsFastIoCheckIfPossible
FastIoRead                    fffff8026b49e080   Ntfs!NtfsCopyReadA
FastIoWrite                   fffff8026b46cb00   Ntfs!NtfsCopyWriteA
FastIoQueryBasicInfo          fffff8026b4d50d0   Ntfs!NtfsFastQueryBasicInfo
FastIoQueryStandardInfo       fffff8026b4d2de0   Ntfs!NtfsFastQueryStdInfo
FastIoLock                    fffff8026b4d6160   Ntfs!NtfsFastLock
FastIoUnlockSingle            fffff8026b4d6b40   Ntfs!NtfsFastUnlockSingle
FastIoUnlockAll               fffff8026b5ad2d0   Ntfs!NtfsFastUnlockAll
FastIoUnlockAllByKey          fffff8026b5ad590   Ntfs!NtfsFastUnlockAllByKey
ReleaseFileForNtCreateSection fffff8026b3c3670   Ntfs!NtfsReleaseForCreateSection
FastIoQueryNetworkOpenInfo    fffff8026b4d4cb0   Ntfs!NtfsFastQueryNetworkOpenInfo
AcquireForModWrite            fffff8026b3c4c20   Ntfs!NtfsAcquireFileForModWrite
MdlRead                       fffff8026b46b6a0   Ntfs!NtfsMdlReadA
MdlReadComplete               fffff8026911aca0   nt!FsRtlMdlReadCompleteDev
PrepareMdlWrite               fffff8026b46aae0   Ntfs!NtfsPrepareMdlWriteA
MdlWriteComplete              fffff802696c41e0   nt!FsRtlMdlWriteCompleteDev
FastIoQueryOpen               fffff8026b4d4940   Ntfs!NtfsNetworkOpenCreate
```

```
ReleaseForModWrite            fffff8026b3c5a40  Ntfs!NtfsReleaseFileForModWrite
AcquireForCcFlush             fffff8026b3a8690  Ntfs!NtfsAcquireFileForCcFlush
ReleaseForCcFlush             fffff8026b3c5610  Ntfs!NtfsReleaseFileForCcFlush

Device Object stacks:

!devstack ffffad8c22448050 :
  !DevObj            !DrvObj            !DevExt           ObjectName
  ffffad8c4adcba70   \FileSystem\FltMgr ffffad8c4adcbbc0
> ffffad8c22448050   \FileSystem\Ntfs   ffffad8c224481a0

(truncated)

Processed 10 device objects.
```

过滤管理器将 I/O 操作抽象化，不管它们是基于 IRP 的还是基于快速 I/O 的。小过滤驱动可以截取任何一个此类操作。例如，如果驱动程序对快速 I/O 不感兴趣，它可以用 FLT_IS_FASTIO_OPERATION 和 / 或 FLT_IS_IRP_OPERATION 宏向过滤管理器查询实际的请求类型。

表 10-1 列出了一些文件系统小过滤驱动常见的主功能，每个功能都附上了简短的描述。

表 10-1　常见主功能

主功能	有无分发例程	描述
IRP_MJ_CREATE	有	创建或者打开文件 / 目录
IRP_MJ_READ	有	从文件中读
IRP_MJ_WRITE	有	写到文件中
IRP_MJ_QUERY_EA	有	读取文件 / 目录的扩展属性
IRP_MJ_DIRECTORY_CONTROL	有	发送给目录的请求
IRP_MJ_FILE_SYSTEM_CONTROL	有	文件系统的设备 I/O 控制请求
IRP_MJ_SET_INFORMATION	有	设置文件的各种信息（比如删除、重命名等）
IRP_MJ_ACQUIRE_FOR_SECTION_-SYNCHRONIZATION	无	节（内存映射文件）将要被打开
IRP_MJ_OPERATION_END	无	提醒已经到达操作回调数组的末尾

FLT_OPERATION_REGISTRATION 的第二个字段是一个标志集合，它可以为零或者如下标志值的组合，这些标志会影响读写入操作：

❑ FLTFL_OPERATION_REGISTRATION_SKIP_CACHED_IO ——如果是缓存 I/O（比如快速 I/O 操作，它总是一个缓存操作），则不调用回调函数。

❑ FLTFL_OPERATION_REGISTRATION_SKIP_PAGING_IO ——对换页 I/O（仅基于 IRP 的操作）不调用回调函数。

❑ FLTFL_OPERATION_REGISTRATION_SKIP_NON_DASD_IO ——对直接访问卷不调用
回调函数。

接下来两个字段是操作前和操作后回调，其中至少一个不为 NULL（否则，为什么要把它们放这么前面？）。下面是一个初始化 FLT_OPERATION_REGISTRATION 结构数组的例子（对一个想象中叫作"Sample"的驱动程序进行初始化）：

```
const FLT_OPERATION_REGISTRATION Callbacks[] = {
    { IRP_MJ_CREATE, 0, nullptr, SamplePostCreateOperation },
    { IRP_MJ_WRITE, FLTFL_OPERATION_REGISTRATION_SKIP_PAGING_IO,
        SamplePreWriteOperation, nullptr },
    { IRP_MJ_CLOSE, 0, nullptr, SamplePostCloseOperation },
    { IRP_MJ_OPERATION_END }
};
```

有了这个数组之后，那些不需要任何上下文的驱动程序就能用如下代码注册了：

```
const FLT_REGISTRATION FilterRegistration = {
    sizeof(FLT_REGISTRATION),
    FLT_REGISTRATION_VERSION,
    0,                              // Flags
    nullptr,                        // Context
    Callbacks,                      // Operation callbacks
    ProtectorUnload,                // MiniFilterUnload
    SampleInstanceSetup,            // InstanceSetup
    SampleInstanceQueryTeardown,    // InstanceQueryTeardown
    SampleInstanceTeardownStart,    // InstanceTeardownStart
    SampleInstanceTeardownComplete, // InstanceTeardownComplete
};

PFLT_FILTER FilterHandle;

NTSTATUS
DriverEntry(_In_ PDRIVER_OBJECT DriverObject, _In_ PUNICODE_STRING RegistryPath) {
    NTSTATUS status;
    //... some code
    status = FltRegisterFilter(DriverObject, &FilterRegistration, &FilterHandle);
    if(NT_SUCCESS(status)) {
        // actually start I/O filtering
        status = FltStartFiltering(FilterHandle);
        if(!NT_SUCCESS(status))
            FltUnregisterFilter(FilterHandle);
    }
    return status;
}
```

10.3.2　高度

如同我们已经见到的那样，文件系统小过滤驱动必须有一个高度值，以指出它们在文件系统过滤层次中的相对"位置"。与我们已经遇到过的对象和注册表回调的高度相反，小过滤驱动的高度值可能相当关键。

首先，高度值并不作为小过滤驱动注册的一部分提供，而是从注册表中读取。在驱动程序安装时，其高度值被写入到注册表的适当位置。图 10-4 显示了内置的 FileInfo 小过滤驱动的注册表入口，可以很清楚地看到高度（altitude）值，跟前面用 fltmc.exe 工具看到的一样。

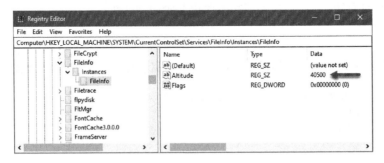

图 10-4　注册表中的高度

下面这个例子应该可以阐明为什么高度很重要。假设在高度 10000 处有一个小过滤驱动，其作用是在写入时加密，在读取时解密。再假设另一个小过滤驱动位于高度 9000，其作用是检查数据是否有恶意行为。这样的布局如图 10-5 所示。

加密驱动程序对要写入的传入数据进行加密，然后传递给反病毒驱动程序。反病毒驱动程序就遇到问题了，因为它看到的是加密的数据，无法解密（即使可以，也是个浪费的行为）。在这种情况下，反病毒驱动程序必须有比解密驱动程序更高的高度。那么驱动程序怎样才能做到这点呢？

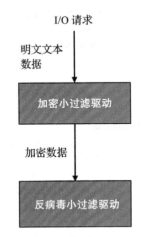

图 10-5　两个小过滤驱动程序的布局

为了纠正以上（和其他类似的）情形，微软基于驱动程序的需要（最终取决于它们的任务）定义了驱动高度的范围。为了得到一个适当的高度，驱动程序发行者必须给微软（fsfcomm@microsoft.com）发送一封 Email，请求其基于这个驱动程序面向的目标分配一个高度值。请查看 https://docs.microsoft.com/en-us/windows-hardware/drivers/ifs/allocated-altitudes 链接以获得完整的高度范围列表。事实上，这个链接中列出了微软已经为之分配了高度的全部驱动程序，其中包含文件名、高度和发布的公司。

ℹ️ 申请高度的邮件需要的详细信息在 https://docs.microsoft.com/en-us/windows-hardware/drivers/ifs/minifilter-altitude-request 上。

🔑 出于测试目的，可以选择任意高度值而不用通过微软，但是要正式作为产品使用，我们需要获得一个官方高度。

表 10-2 显示了分组的列表以及每个分组的高度范围。

表 10-2　高度范围和装入顺序分组

高度范围	分组名称
420000～429999	过滤器
400000～409999	文件系统过滤，顶部
360000～389999	文件系统过滤，活动监视器
340000～349999	文件系统过滤，删除恢复
320000～329998	文件系统过滤，反病毒
300000～309998	文件系统过滤，复制
280000～289998	文件系统过滤，持续备份
260000～269998	文件系统过滤，内容屏蔽
240000～249999	文件系统过滤，配额管理
220000～229999	文件系统过滤，系统恢复
200000～209999	文件系统过滤，集群文件系统
180000～189999	文件系统过滤，层次存储管理
170000～174999	文件系统过滤，映像文件（例如：.ZIP）
160000～169999	文件系统过滤，压缩
140000～149999	文件系统过滤，加密
130000～139999	文件系统过滤，虚拟化
120000～129999	文件系统过滤，物理配额管理
100000～109999	文件系统过滤，打开文件
80000～89999	文件系统过滤，安全增强
60000～69999	文件系统过滤，复制保护
40000～49999	文件系统过滤，底部
20000～29999	文件系统过滤，系统

10.4　安装

到目前为止我们一直使用标准的 CreateService 安装 API（通过 Sc.exe 工具间接使用）进行安装，但是除了它能帮我们做的之外，还有必须设置一些额外的注册表入口。图 10-4 中显示了这些入口。"正确地"安装文件系统小过滤驱动的方式是使用 INF 文件。

10.4.1　INF 文件

INF 文件是用于安装基于硬件的设备驱动程序的传统机制，但它其实可以用来安装任意类型的驱动程序。WDK 所提供的"File System Mini-Filter"项目模板会创建一个 INF 文件，这个文件几乎可以直接用来进行安装。

> 完整地处理 INF 文件超出了本书的范围。我们将只检查与文件系统小驱动程序安装相关的部分。

INF 文件使用旧的 INI 文件格式，这种文件格式由放在方括号里的节组成，在节里面有形如"键＝值"的多个入口。这些入口给解析此文件的安装程序提供指示，基本上是指示安装程序进行两种操作：复制文件到某个特定的位置和对注册表进行修改。

我们检查一下 WDK 项目向导生成的文件系统小过滤驱动 INF 文件。在 Visual Studio 里定位到 Device Drivers 节点，在其下找到 Devices. 用到的模板为 Filter Driver: Filesystem Mini-filter。图 10-6 显示了 Visual Studio 2017 中的界面。

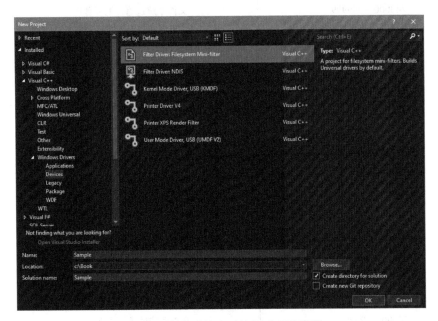

图 10-6　文件系统小过滤驱动项目模板

为此项目输入一个名称（在图 10-6 中是 Sample）并单击 OK。在解决方案管理器的 Driver Files 节点下，可以找到叫作 Sample.inf 的 INF 文件。

Version 节

Version 节在 INF 文件中是必需的。下面是 WDK 项目向导生成的内容（为了易读性稍微改了一下）：

```
[Version]
Signature    = "$Windows NT$"
; TODO - Change the Class and ClassGuid to match the Load Order Group value,
;     see https://msdn.microsoft.com/en-us/windows/hardware/gg462963
; Class        = "ActivityMonitor"
    ;This is determined by the work this filter driver does
; ClassGuid    = {b86dff51-a31e-4bac-b3cf-e8cfe75c9fc2}
    ;This value is determined by the Load Order Group value
Class = "_TODO_Change_Class_appropriately_"
ClassGuid = {_TODO_Change_ClassGuid_appropriately_}
Provider     = %ManufacturerName%
DriverVer    =
CatalogFile = Sample.cat
```

Signature 指令的值必须设置为字符串 "$Windows NT$"。这是历史原因导致的，与这里讨论的内容无关。

Class 和 ClassGuid 指令都是必需的，它们指明了驱动程序所属的类别（驱动程序类型或者分组）。生成的 INF 中包含了一个示例用的分类 ActivityMonitor 以及其 GUID，这些都列在注释中（INF 的注释用一个分号指定，直到本行结束为止）。最简单的办法是把它们从注释变成正常的行并且删除假的 Class 和 ClassGuid，得到如下结果：

```
Class        = "ActivityMonitor"
ClassGuid    = {b86dff51-a31e-4bac-b3cf-e8cfe75c9fc2}
```

ⓘ Sysinternals 的 Process Monitor 用了 ActivityMonitor 分组的高度值（385200）。

"Class" 指令代表什么？它的值是预先定义的设备集合，通常由基于硬件的驱动程序使用，但小过滤驱动也会用到。对小过滤驱动来说，它大致上基于表 10-2 中列出的分组。完整的类别列表保存在注册表中，位于 HKLM\System\CurrentControlSet\Control\Class 键值之下。每个类别都由一个 GUID 唯一标识，字符串名称只是为了方便人们阅读。图 10-7 显示了注册表中 ActivityMonitor 类别的入口。

注意 GUID 是键值的名称。类别名称在 Class 值中提供。该键值下其他的值从实用性来说并不重要。该入口中如果 FSFilterClass 的值是 1，表示这个类别对于文件系统小过滤驱动来说是"合格"的。

可以使用 FSClass.exe 工具查看系统中存在的所有类别，这个工具在我的 Github AllTools 仓库中（https://github.com/zodiacon/AllTools）可以找到。下面是一个运行的示例：

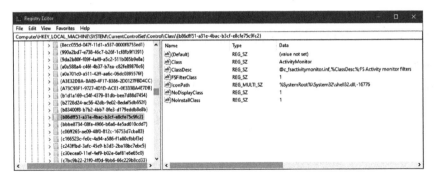

图 10-7　注册表中的 ActivityMonitor 类别

```
c:\Tools> FSClass.exe
File System Filter Classes version 1.0 (C)2019 Pavel Yosifovich

GUID                                     Name               Description
-------------------------------------------------------------------------------
{2db15374-706e-4131-a0c7-d7c78eb0289a}  SystemRecovery     FS System recovery filters
{3e3f0674-c83c-4558-bb26-9820e1eba5c5}  ContentScreener    FS Content screener filters
{48d3ebc4-4cf8-48ff-b869-9c68ad42eb9f}  Replication        FS Replication filters
{5d1b9aaa-01e2-46af-849f-272b3f324c46}  FSFilterSystem     FS System filters
{6a0a8e78-bba6-4fc4-a709-1e33cd09d67e}  PhysicalQuotaManagement  FS Physical quota ma\
nagement filters
{71aa14f8-6fad-4622-ad77-92bb9d7e6947}  ContinuousBackup   FS Continuous backup filters
{8503c911-a6c7-4919-8f79-5028f5866b0c}  QuotaManagement    FS Quota management filters
{89786ff1-9c12-402f-9c9e-17753c7f4375}  CopyProtection     FS Copy protection filters
{a0a701c0-a511-42ff-aa6c-06dc0395576f}  Encryption         FS Encryption filters
{b1d1a169-c54f-4379-81db-bee7d88d7454}  AntiVirus          FS Anti-virus filters
{b86dff51-a31e-4bac-b3cf-e8cfe75c9fc2}  ActivityMonitor    FS Activity monitor filters
{cdcf0939-b75b-4630-bf76-80f7ba655884}  CFSMetadataServer  FS CFS metadata server filt\
ers
{d02bc3da-0c8e-4945-9bd5-f1883c226c8c}  SecurityEnhancer   FS Security enhancer filters
{d546500a-2aeb-45f6-9482-f4b1799c3177}  HSM                FS HSM filters
{e55fa6f9-128c-4d04-abab-630c74b1453a}  Infrastructure     FS Infrastructure filters
{f3586baf-b5aa-49b5-8d6c-0569284c639f}  Compression        FS Compression filters
{f75a86c0-10d8-4c3a-b233-ed60e4cdfaac}  Virtualization     FS Virtualization filters
{f8ecafa6-66d1-41a5-899b-66585d7216b7}  OpenFileBackup     FS Open file backup filters
{fe8f1572-c67a-48c0-bbac-0b5c6d66cafb}  Undelete           FS Undelete filters
```

> 　　从技术上来说，文件系统小过滤驱动可以创建它自身的类别（用一个生成的类别 GUID），将其自身放入它自己的分类中。不过仍然必须根据驱动程序的需要和官方的高度范围选择 / 请求高度值。（Process Monitor 就创建了它自身的类别。）

　　回到 INF 的 Version 节中——Provider 指令是驱动程序发布者的名称。它在实际用途上并没有多大意义，但是它会出现在一些用户界面上，所以还是要设置成有意义的值。WDK

的模板将这个值设置成 %ManufacturerName%。百分号中间是某种形式的宏——会用另外一个叫作 Strings 的节里指定的实际值替换。下面是该节的一部分：

```
[Strings]
; TODO - Add your manufacturer
ManufacturerName        = "Template"
ServiceDescription      = "Sample Mini-Filter Driver"
ServiceName             = "Sample"
```

这里 ManufacturerName 被替换为"Template"。驱动程序的编写者应该把"Template"替换成适当且有意义的公司名或者产品名。

DriverVer 指令指出了驱动程序和版本的日期／时间。留空即代表将其设置为构建的日期和版本，根据构建的时间决定。CatalogFile 指令则指出了一个目录文件，其中保存着驱动程序包的数字签名（驱动程序包包含了驱动程序的输出文件——通常有 SYS、INF 和 CAT 文件）。

DefaultInstall 节

DefaultInstall 节指出了作为"运行"INF 的一部分，哪些操作应该被执行。通过这一节，驱动程序能够在 Windows Explorer 中通过右击 INF 文件并选择安装而进行安装工作。

> 在后台，系统调用了 InstallHInfFile API，使用 INF 文件路径作为第三个参数。同样这个 API 的调用也能被定制的应用程序通过编程来安装驱动程序。

ℹ DefaultInstall 节不能用于基于硬件的设备驱动程序的安装。DefaultInstall 用于别的驱动程序类型，比如文件系统小过滤驱动。

WDK 向导会生成这样的内容：

```
[DefaultInstall]
OptionDesc          = %ServiceDescription%
CopyFiles           = MiniFilter.DriverFiles
```

OptionDesc 指令提供了简单的描述，该描述在用户使用即插即用驱动程序安装向导（对文件系统小过滤驱动是罕见的）安装驱动程序时使用。CopyFile 是重要的指令，它指向另外一节（给出其名称），在那一节里应当指出哪些文件应该被复制以及复制到哪里。

CopyFiles 指令指向了叫作 MiniFilter.DriverFiles 的一节，如下所示：

```
[MiniFilter.DriverFiles]
%DriverName%.sys
```

%DriverName% 指向 Sample.sys，这是驱动程序的输出文件。这个文件需要被复制，但是复制到哪里？DestinationDirs 节给出了这个信息：

```
[DestinationDirs]
DefaultDestDir      = 12
MiniFilter.DriverFiles = 12    ;%windir%\system32\drivers
```

如果没有显式指定目标目录的话，DefaultDestDir 就是默认的复制目标目录。这里的值很奇怪（12），但它事实上是一个魔数，指向系统的 drivers 目录，如第二条指令后的注释所述。System32\Drivers 目录是正式放置驱动程序的地方。在前面的章节中，我们将驱动程序放置在任意位置，但其实驱动程序应该放在 drivers 目录下，起码出于保护的目的也应该这么做，因为这个目录是个系统目录，所以对于标准用户是没有全部访问权限的。

ⓘ 另外一些表示特定目录的 "魔数" 列在下面。完整的列表请查看 https://docs.microsoft.com/en-us/windows-hardware/drivers/install/using-dirids。

❑ 10 —— Windows 目录（%SystemRoot%）
❑ 11 —— System 目录（%SystemRoot%\System32）
❑ 24 —— 系统盘的根目录（例如：C:\）
❑ 01 —— 被读取的 INF 文件所在的目录

如果这些数字作为路径的一部分使用，它们必须用百分号括起来。例如：%10%\Config。

我们看到的第二个指令其实是刚才看过的 MiniFilter.DriverFiles 节的名称，这个指令表示在那个节里列出的文件需要被复制到标记为魔数的目标文件夹中。

> 我们需要习惯一下 INF 文件结构和语义。它不是一个平铺式的文件，而是层次式的。其中的一个值可以指向另外一个节，另外一个节中的另一个指令的值可以指向又一个节，以此类推。我希望微软能够切换到一种自然的层次文件格式（比如 XML 或者 JSON），放弃这种老式的基于 INI 的格式。

Service 节

下一节与在注册表的 services 键中进行安装有关，类似于 CreateService 所做的工作。这一步对任何驱动程序来说都是必需的。首先，我们看看它的定义：

```
[DefaultInstall.Services]
AddService = %ServiceName%,,MiniFilter.Service
```

DefaultInstall 后面加上了 ".Services"，这样的节会被自动搜索到。如果发现了这样的节，其中的 AddService 指令指向另一个节，那个节会指出哪些信息需要写入到注册表名为 %ServiceName% 的键中。多出来的逗号是一组标志的占位符，这个例子中是零（所以只有逗号）。向导所生成的代码如下：

```
[MiniFilter.Service]
DisplayName     = %ServiceName%
```

```
Description           = %ServiceDescription%
ServiceBinary         = %12%\%DriverName%.sys       ;%windir%\system32\drivers\
Dependencies          = "FltMgr"
ServiceType           = 2                           ;SERVICE_FILE_SYSTEM_DRIVER
StartType             = 3                           ;SERVICE_DEMAND_START
ErrorControl          = 1                           ;SERVICE_ERROR_NORMAL
; TODO - Change the Load Order Group value
; LoadOrderGroup = "FSFilter Activity Monitor"
LoadOrderGroup = "_TODO_Change_LoadOrderGroup_appropriately_"
AddReg                = MiniFilter.AddRegistry
```

你应该能看出多数指令都对应于 services 注册表键中的值。ServiceType 对于文件系统相关的驱动程序是 2（相对于"标准"驱动程序的 1）。Dependencies 是我们以前没遇到过的概念——这是一个本服务 / 驱动程序所依赖的服务 / 驱动程序的列表。对文件系统小过滤驱动来说，它应该是过滤管理器本身。

LoadOrderGroup 必须指定为表 10-2 中的小过滤驱动分组名称。最后，AddReg 指令指向另一个节，那个节里有更多的增加注册表入口的指示。下面是修正之后的 MiniFilter.Service 节：

```
[MiniFilter.Service]
DisplayName           = %ServiceName%
Description           = %ServiceDescription%
ServiceBinary         = %12%\%DriverName%.sys       ;%windir%\system32\drivers\
Dependencies          = "FltMgr"
ServiceType           = 2                           ;SERVICE_FILE_SYSTEM_DRIVER
StartType             = 3                           ;SERVICE_DEMAND_START
ErrorControl          = 1                           ;SERVICE_ERROR_NORMAL
LoadOrderGroup = "FSFilter Activity Monitor"
AddReg                = MiniFilter.AddRegistry
```

AddReg 节

这个节（或者多个节，因为节的数目是任意的）用来增加自定义的注册表入口，不管出于什么目的。向导生成的 INF 包含了如下要增加到注册表中的内容：

```
[MiniFilter.AddRegistry]
HKR,,"DebugFlags",0x00010001 ,0x0
HKR,,"SupportedFeatures",0x00010001,0x3
HKR,"Instances","DefaultInstance",0x00000000,%DefaultInstance%
HKR,"Instances\"%Instance1.Name%,"Altitude",0x00000000,%Instance1.Altitude%
HKR,"Instances\"%Instance1.Name%,"Flags",0x00010001,%Instance1.Flags%
```

每个入口的语法依次包含了如下内容：

❑ 根键—— HKLM、HKCU（当前用户）、HKCR（类别的根）、HKU（用户）或者 HKR（相对于调用它的节）。在我们这个例子中，HKR 是本服务所在子键（HKLM\System\CurrentControlSet\Services\Sample）。

❑ 从根键出发的子键（如果未指定，则用根键）

- ❑ 要设置的值名称
- ❑ 标志——许多值已经定义。默认值为零，表示写入的是 REG_SZ。一些其他的标志如下：
  - ○ 0x100000 ——写入 REG_MULTI_SZ
  - ○ 0x100001 ——写入 REG_DWORD
  - ○ 0x000001 ——写入二进制值（REG_BINARY）
  - ○ 0x000002 ——无内容。不覆写已经存在的值
  - ○ 0x000008 ——追加一个值。已经存在的值必须是 REG_MULTI_SZ
- ❑ 实际需要写入或者追加的值

上面的代码片段设置了文件系统小过滤驱动的一些默认值。最重要的值是高度，从 Strings 节的 %Instance1.Altitude% 中获得。

完成 INF

最后我们需要修改的是 Strings 节中的高度值。以下是 sample 驱动程序中的例子：

```
[Strings]
; other entries
;Instances specific information.
DefaultInstance       = "Sample Instance"
Instance1.Name        = "Sample Instance"
Instance1.Altitude    = "360100"
Instance1.Flags       = 0x0                ; Allow all attachments
```

高度值从 Activity Monitor 分组高度范围中选取。在真正的驱动程序中，高度值要基于前面讨论过的请求方式从微软获得。

最后，flags 值指出了这个驱动程序可以附加到任何卷上，不过在实际运行中，系统会通过驱动程序的 Instance Setup 回调对附加操作进行询问，在那里驱动程序可以允许或者拒绝附加操作。

10.4.2　安装驱动程序

在 INF 文件修改好并且驱动程序代码编译通过之后，就要准备安装了。最简单的安装方式是将驱动程序包（SYS、INF 和 CAT 文件）复制到目标系统，在文件管理器中右击 INF 文件并选择"安装"。这会"运行" INF，执行所需的操作。

此时，这个小过滤驱动已经安装完毕，能够用 fltmc 命令行工具装入了（假设驱动程序的名称是 sample）：

```
c:\>fltmc load sample
```

10.5　处理 I/O 操作

文件系统小过滤驱动的主要功能是通过对感兴趣的操作实现操作前和 / 或操作后回调，

从而对 I/O 操作进行处理。操作前回调允许小过滤驱动完全拒绝某个操作，操作后回调则允许查看操作的结果，在某些情况下——还可以对返回的信息进行修改。

10.5.1 操作前回调

所有的操作前回调都有如下原型：

```
FLT_PREOP_CALLBACK_STATUS SomePreOperation (
    _Inout_      PFLT_CALLBACK_DATA Data,
    _In_         PCFLT_RELATED_OBJECTS FltObjects,
    _Outptr_     PVOID *CompletionContext);
```

首先我们看一下操作前回调可能的返回值，返回值的类型是 FLT_PREOP_CALLBACK_STATUS 枚举类型。下列是常用的返回值：

❑ FLT_PREOP_COMPLETE 表示驱动程序完成了操作。过滤管理器将不再调用操作后回调（如果已注册）并且不会将请求转发给下层小过滤驱动。

❑ FLT_PREOP_SUCCESS_NO_CALLBACK 表示操作前回调已经完成当前请求上的工作，允许继续传递到下一个过滤器。对这个操作，驱动程序不希望操作后回调被调用。

❑ FLT_PREOP_SUCCESS_WITH_CALLBACK 表示驱动程序允许过滤管理器将请求传递到下层过滤器，但是希望操作后回调被调用。

❑ FLT_PREOP_PENDING 表示驱动程序挂起了该请求。过滤管理器不会继续处理这个请求，直到驱动程序调用 FltCompletePendedPreOperation 为止。

❑ FLT_PREOP_SYNCHRONIZE 类似于 FLT_PREOP_SUCCESS_WITH_CALLBACK，但是驱动程序请求过滤管理器在同一线程中调用操作后回调，并且在 IRQL≤APC_LEVEL 时调用（通常操作后回调可以在 IRQL≤DISPATCH_LEVEL 时由任意线程调用）。

Data 参数提供了与 I/O 操作相关的所有信息，其 FLT_CALLBACK_DATA 结构定义如下：

```
typedef struct _FLT_CALLBACK_DATA {
    FLT_CALLBACK_DATA_FLAGS Flags;
    PETHREAD CONST Thread;
    PFLT_IO_PARAMETER_BLOCK CONST Iopb;
    IO_STATUS_BLOCK IoStatus;

    struct _FLT_TAG_DATA_BUFFER *TagData;

    union {
        struct {
            LIST_ENTRY QueueLinks;
            PVOID QueueContext[2];
        };
        PVOID FilterContext[4];
```

```
    };
    KPROCESSOR_MODE RequestorMode;
} FLT_CALLBACK_DATA, *PFLT_CALLBACK_DATA;
```

这个结构在操作后回调中也会用到。下面是关于其中重要成员的概述：

❑ Flags 可以为零或者标志的组合，一些标志如下所列：

　　○ FLTFL_CALLBACK_DATA_DIRTY 表示驱动程序修改了此结构并且调用了 Flt-SetCallbackDataDirty。结构中的任何成员都可以修改，除了 Thread 和 RequestMode。

　　○ FLTFL_CALLBACK_DATA_FAST_IO_OPERATION 表示这是一个快速 I/O 操作。

　　○ FLTFL_CALLBACK_DATA_IRP_OPERATION 表示这是一个基于 IRP 的操作。

　　○ FLTFL_CALLBACK_DATA_GENERATED_IO 表示这是由另一个小过滤驱动生成的操作。

　　○ FLTFL_CALLBACK_DATA_POST_OPERATION 表示这是一个操作后回调而不是操作前回调。

❑ Thread 是一个不透明的指针，指向请求该操作的线程。

❑ IoStatus 是该请求的状态。操作前回调可以设置这个值，然后通过返回 FLT_PREOP_COMPLETE 指示操作已完成。操作后回调可以用它查看操作的最终状态。

❑ RequestorMode 指明了该操作的请求者是来自用户模式（UserMode）还是内核模式（KernelMode）。

❑ Iopb 本身就是一个结构，用于存放请求的详细参数，定义如下：

```
    ULONG IrpFlags;
    UCHAR MajorFunction;
    UCHAR MinorFunction;
    UCHAR OperationFlags;
    UCHAR Reserved;
    PFILE_OBJECT TargetFileObject;
    PFLT_INSTANCE TargetInstance;
    FLT_PARAMETERS Parameters;
} FLT_IO_PARAMETER_BLOCK, *PFLT_IO_PARAMETER_BLOCK;
```

这个结构中有用的成员有：

❑ TargetFileObject 是一个文件对象，它是本操作的目标。在调用某些 API 时需要用到它。

❑ Parameters 是一个大型联合体，它提供了特定的数据（概念上类似于 IO_STACK_LOCATION 中的 Parameters 成员）。驱动程序通过检查联合中相应的结构以获得它所需的信息。我们查看特定的操作类型时在本章后面，会见到这种结构。

操作前回调的第二个参数是另一个类型为 FLT_RELATED_OBJECTS 的结构。这个结构包含的大部分是不透明的句柄，指向当前的过滤器、示例和卷，这些句柄在一些 API 中十分有用。下面是这个结构的完整定义：

```
typedef struct _FLT_RELATED_OBJECTS {
    USHORT CONST Size;
    USHORT CONST TransactionContext;
    PFLT_FILTER CONST Filter;
    PFLT_VOLUME CONST Volume;
    PFLT_INSTANCE CONST Instance;
    PFILE_OBJECT CONST FileObject;
    PKTRANSACTION CONST Transaction;
} FLT_RELATED_OBJECTS, *PFLT_RELATED_OBJECTS;
```

FileObject 字段跟通过 I/O 参数块中 TargetFileObject 字段访问到的是同一个东西。

操作前回调的最后一个参数是上下文值，它可以由驱动程序设置。如果设置了，这个值将会传递到同一请求的操作后回调例程（默认值为 NULL）。

10.5.2　操作后回调

所有操作后回调都有一样的原型，如下：

```
FLT_POSTOP_CALLBACK_STATUS SomePostOperation (
    _Inout_ PFLT_CALLBACK_DATA Data,
    _In_ PCFLT_RELATED_OBJECTS FltObjects,
    _In_opt_ PVOID CompletionContext,
    _In_ FLT_POST_OPERATION_FLAGS Flags);
```

操作后回调函数在 IRQL≤DISPATCH_LEVEL 时，在任意线程上下文中被调用，除非操作前回调例程返回了 FLT_PREOP_SYNCHRONIZE，那样的话过滤管理器会保证操作后回调会在 IRQL＜DISPATCH_LEVEL 时以及在执行操作前回调的同一个线程中得到调用。

在前一种情况下，因为 IRQL 过高，驱动程序不能执行某些类型的操作：

❑ 不能访问分页内存。

❑ 不能使用仅在 IRQL < DISPATCH_LEVEL 时才能工作的内核 API。

❑ 不能获取同步原语，诸如互斥量、快速互斥量、执行体资源、信号量、事件等。（不过可以获取旋转锁。）

❑ 不能设置、取得或者删除上下文（参见本章 10.9 节），但可以释放上下文。

如果驱动程序需要完成上述的任何一项，就必须将它推迟到另一个在 IRQL＜DISPATCH_LEVEL 时执行的例程中。这可以通过两种途径达到：

❑ 驱动程序调用 FltDoCompletionProcessingWhenSafe，这个 API 会设置一个回调函数，由系统工作线程在 IRQL＜DISPATCH_LEVEL 时调用（如果操作后回调是在 IRQL = DISPATCH_LEVEL 时被调用的话）。

❑ 驱动程序调用 FltQueueDeferredIoWorkItem 发送一个工作项，这个 API 将工作项进行排队，最终将由系统工作线程在 IRQL = PASSIVE_LEVEL 时执行。在工作项回调中，驱动程序最终将调用 FltCompletePendedPostOperation 以通知过滤管

　　　　理器操作后回调已经完成。

　　虽然使用 FltDoCompletionProcessingWhenSafe 更容易，但是它有一些局限性，导致在某些场景下无法使用：

- ❑ 不能用于 IRP_MJ_READ、IRP_MJ_WRITE 或者 IRP_MJ_FLUSH_BUFFERS，因为如果这些操作在下层被同步完成的话，可能会引起死锁。
- ❑ 只能在基于 IRP 的操作中使用（可以通过 FLT_IS_IRP_OPERATION 宏进行检查）。

> ⚠ 在任何时候，如果 flags 参数被设置为 FLTFL_POST_OPERATION_DRAINING（它的意思是操作后回调是脱离卷操作的一部分），那么这些延迟调用机制就不能用。在这种情况下，操作后回调会在 IRQL<DISPATCH_LEVEL 时被调用。

> 🔑 从操作前回调返回一个 FLT_PREOP_SYNCHRONIZE，让操作后回调在便利的上下文中得到调用，虽然这看上去很简单，但是会带来一些额外的开销，驱动程序可能会希望避免这些开销。

> 🔑 创建后回调（IRP_MJ_CREATE）保证在请求线程和 IRQL_PASSIVE_LEVEL 中被调用。

　　操作后回调的返回值通常是 FLT_POSTOP_FINISHED_PROCESSING，表示驱动程序已经完成了这个操作。但是，如果驱动程序需要在工作项中执行某些工作（比如，因为处于高 IRQL），驱动程序可以返回 FLT_POSTOP_MORE_PROCESSING_REQUIRED，告诉过滤管理器操作还处于等待完成阶段，然后在工作项中调用 FltCompletePendedPostOperation，让过滤管理器知道它可以继续处理请求了。

> 　　这里有很多小细节，请查看 WDK 文档获得更多详情。本章后面我们将用到一些上面提到的机制。

10.6　删除保护驱动程序

　　是时候把迄今为止讨论的内容放进一个实际的驱动程序中了。我们要创建的这个驱动程序能够保护指定的文件不被指定的进程删除。我们会在 WDK 提供的项目模板的基础上构建这个驱动程序（即使我并不喜欢这个模板生成的某些代码）。

　　我们会从创建一个新的文件系统小过滤驱动程序项目开始，项目取名为 DelProtect（或者想选别的名称也行）并让向导生成初始的文件和代码。

　　接下来，我们将处理 INF 文件。这个驱动程序的分类属于"反删除"（看上去很有道理）并且我们会在此类别的范围中选择一个高度值。下面是 INF 文件中修改过的节：

```
[Version]
Signature    = "$Windows NT$"
Class        = "Undelete"
ClassGuid    = {fe8f1572-c67a-48c0-bbac-0b5c6d66cafb}
Provider     = %ManufacturerName%
DriverVer    =
CatalogFile  = DelProtect.cat

[MiniFilter.Service]
DisplayName     = %ServiceName%
Description     = %ServiceDescription%
ServiceBinary   = %12%\%DriverName%.sys        ;%windir%\system32\drivers\
Dependencies    = "FltMgr"
ServiceType     = 2                            ;SERVICE_FILE_SYSTEM_DRIVER
StartType       = 3                            ;SERVICE_DEMAND_START
ErrorControl    = 1                            ;SERVICE_ERROR_NORMAL
LoadOrderGroup  = "FS Undelete filters"
AddReg          = MiniFilter.AddRegistry

[Strings]
ManufacturerName       = "WindowsDriversBook"
ServiceDescription     = "DelProtect Mini-Filter Driver"
ServiceName            = "DelProtect"
DriverName             = "DelProtect"
DiskId1                = "DelProtect Device Installation Disk"

;Instances specific information.
DefaultInstance        = "DelProtect Instance"
Instance1.Name         = "DelProtect Instance"
Instance1.Altitude     = "345101"     ; in the range of the undelete group
Instance1.Flags        = 0x0          ; Allow all attachments
```

现在我们完成了 INF 文件，可以把注意力转到代码上来了。生成的源文件叫作
DelProtect.c，我们要先把它重命名为 DelProtect.cpp，这样就能自由地使用 C++ 特
性了。项目模板给出的 DriverEntry 已经把小过滤驱动的注册代码放在那里了。我们需要
调整一下回调函数，以便指出哪个是我们真正感兴趣的。那么问题来了，在文件删除中用
到了哪个主功能？

有两种方法可以删除文件。第一种是使用 IRP_MJ_SET_INFORMATION 操作，这个
操作提供了一堆操作功能，删除只是其中一种。第二种（事实上是最常用的）是用 FILE_
DELETE_ON_CLOSE 选项标志打开文件，只要所有句柄都被关闭此文件就会被删除。

> 这个标志可以通过在用户模式下，将 FILE_FLAG_DELETE_ON_CLOSE 作为 CreateFile
> 的标志之一（倒数第二个参数）进行设置。高级一点的函数 DeleteFile 在内部使用了同
> 样的标志。

对这个驱动程序来说，我们想要支持两种删除方法以覆盖所有的情形。需要修改 FLT_OPERATION_REGISTRATION 数组以支持两种选择，如下：

```
CONST FLT_OPERATION_REGISTRATION Callbacks[] = {
    { IRP_MJ_CREATE, 0, DelProtectPreCreate, nullptr },
    { IRP_MJ_SET_INFORMATION, 0, DelProtectPreSetInformation, nullptr },
    { IRP_MJ_OPERATION_END }
};
```

当然，我们需要正确地实现 DelProtectPreCreate 和 DelProtectPreSetInformation。这两者都是操作前回调，因为我们要在某些情况下让这些操作失败。

10.6.1　处理创建前回调

让我们从创建前回调函数开始（它比较简单）。这个函数的原型跟任何操作前回调一样（从项目模板提供的 DelProtectPreOperation 的通用原型复制过来就行）：

```
FLT_PREOP_CALLBACK_STATUS DelProtectPreCreate(
    _Inout_ PFLT_CALLBACK_DATA Data,
    _In_ PCFLT_RELATED_OBJECTS FltObjects,
    _Flt_CompletionContext_Outptr_ PVOID *CompletionContext);
```

首先我们要检查操作是否来自内核模式，如果是，就让它继续执行下去：

```
UNREFERENCED_PARAMETER(CompletionContext);
UNREFERENCED_PARAMETER(FltObjects);

if (Data->RequestorMode == KernelMode)
    return FLT_PREOP_SUCCESS_NO_CALLBACK;
```

当然这并非强制性的，但是大多数时候我们不会想要禁止内核模式的重要操作。

下一步我们需要检查 FILE_DELETE_ON_CLOSE 标志是否存在于创建请求中。要检查的结构是 Iopb 中 Parameters 下的 Create 字段，如下：

```
const auto& params = Data->Iopb->Parameters.Create;
if (params.Options & FILE_DELETE_ON_CLOSE) {
    // delete operation
}
// otherwise, just carry on
return FLT_PREOP_SUCCESS_NO_CALLBACK;
```

上面的 params 变量所引用的 Create 结构定义如下：

```
struct {
    PIO_SECURITY_CONTEXT SecurityContext;
    //
    //  The low 24 bits contains CreateOptions flag values.
    //  The high 8 bits contains the CreateDisposition values.
```

```
    //
    ULONG Options;

    USHORT POINTER_ALIGNMENT FileAttributes;
    USHORT ShareAccess;
    ULONG POINTER_ALIGNMENT EaLength;

    PVOID EaBuffer;                     //Not in IO_STACK_LOCATION parameters list
    LARGE_INTEGER AllocationSize;       //Not in IO_STACK_LOCATION parameters list
} Create;
```

通常对于任何 I/O 操作，都必须参考文档以了解有哪些可用的选择以及如何使用它们。在这里，`Options` 字段是标志的组合，这些标志在 `FltCreateFile` 函数的文档中有说明（本章后面，我们会在一个不相关的上下文中用到这个函数）。上面的代码检查这个标志是否存在，如果存在，就意味着它正在初始化一个删除操作。

对这个驱动程序来说，我们会阻止来自 cmd.exe 进程的删除操作。为此，我们需要得到调用进程的映像名称。因为创建操作是被同步调用的，我们可以知道调用者就是那个试图删除一些东西的进程。但是我们怎样得到当前进程的映像名呢？

一种方法是从内核中调用 `NtQueryInformationProcess` 原生 API（或者 Zw 的等价函数—— `ZwQueryInformationProcess`）。这个函数是半文档化的，其原型在用户模式头文件 <wintrnl.h> 中。我们可以直接将声明复制到源代码中并将其改成 Zw 开头：

```
extern "C" NTSTATUS ZwQueryInformationProcess(
    _In_        HANDLE              ProcessHandle,
    _In_        PROCESSINFOCLASS    ProcessInformationClass,
    _Out_       PVOID               ProcessInformation,
    _In_        ULONG               ProcessInformationLength,
    _Out_opt_   PULONG              ReturnLength);
```

`PROCESSINFOCLASS` 枚举类型事实上大部分可以在 <ntddk.h> 中获得。我说"大部分"是因为那里并没有提供全部支持的值。（我们会在第 11 章回到这个问题上。）

对于这个驱动程序，我们可以使用 `PROCESSINFOCLASS` 枚举类型中的 `ProcessImage-FileName` 值。使用这个值我们能取得进程映像文件的全路径，然后就能用它跟 cmd.exe 的路径进行比较了。

`NtQueryInformationProcess` 的文档指出了对于 `ProcessImageFileName`，其返回数据是一个 `UNICODE_STRING` 结构，此结构必须由调用者分配：

```
auto size = 300;        // some arbitrary size enough for cmd.exe image path
auto processName = (UNICODE_STRING*)ExAllocatePool(PagedPool, size);
if (processName == nullptr)
    return FLT_PREOP_SUCCESS_NO_CALLBACK;
RtlZeroMemory(processName, size);   // ensure string will be NULL-terminated
```

注意我们不仅仅分配了 `UNICODE_STRING` 结构本身的内存——那样的话 API 要把实际

的字符串放到哪里？这里用了一个技巧，分配一块连续的缓冲区，API 会把实际的字符放在结构之后的内存里，并从其内部的缓冲区指向它。现在我们可以调用 API 了：

```
auto status = ZwQueryInformationProcess(NtCurrentProcess(), ProcessImageFileName,
    processName, size - sizeof(WCHAR), nullptr);
```

NtCurrentProcess 宏返回代表当前进程的一个伪句柄（实际上跟 GetCurrentProcess 用户模式的 API 是一样的）。

伪句柄意味着此句柄不用（也不能）关闭。

如果调用成功，我们需要把进程的映像文件名跟 cmd.exe 作比较。下面是一种简单的比较方式：

```
if (NT_SUCCESS(status)) {
    if (wcsstr(processName->Buffer, L"\\System32\\cmd.exe") != nullptr ||
        wcsstr(processName->Buffer, L"\\SysWOW64\\cmd.exe") != nullptr) {
        // do something
    }
}
```

这个比较并没有我们所希望的那么简单。从 ZwQueryInformationProcess 调用返回的实际路径是一个原生形式的路径，类似于"\Device\HarddiskVolume3\Windows\System32\cmd.exe"。对这个简单的驱动程序来说，我们只寻找子串"System32\cmd.exe"或者"SysWOW64\cmd.exe"（后者是 32 位的 cmd.exe 被执行时）。顺便说一句，这个比较是大小写敏感的。这个比较并不完美：如果大小写不一样会怎样？如果有人把 cmd.exe 复制到别的目录并从那里运行，又会怎样？这些都取决于驱动程序怎么做。我们也可以只是简单地比较"cmd.exe"。不过就这个基础的驱动程序的目的而言，现在这样已经足够了。

如果确实是 cmd.exe，我们需要阻止其后续操作。标准的做法是修改操作的状态（Data->IoStatus.Status）为一个适当的失败状态，并从回调中返回 FLT_PREOP_COMPLETE 以告诉过滤管理器不用继续执行请求。

下面是整个创建前回调过程，稍微修改了一下：

```
_Use_decl_annotations_
FLT_PREOP_CALLBACK_STATUS DelProtectPreCreate(
    PFLT_CALLBACK_DATA Data, PCFLT_RELATED_OBJECTS FltObjects, PVOID*) {
    UNREFERENCED_PARAMETER(FltObjects);

    if (Data->RequestorMode == KernelMode)
        return FLT_PREOP_SUCCESS_NO_CALLBACK;

    auto& params = Data->Iopb->Parameters.Create;
    auto returnStatus = FLT_PREOP_SUCCESS_NO_CALLBACK;
```

```
if (params.Options & FILE_DELETE_ON_CLOSE) {
    // delete operation
    KdPrint(("Delete on close: %wZ\n", &Data->Iopb->TargetFileObject->FileName));
    auto size = 300;      // some arbitrary size enough for cmd.exe image path
    auto processName = (UNICODE_STRING*)ExAllocatePool(PagedPool, size);
    if (processName == nullptr)
        return FLT_PREOP_SUCCESS_NO_CALLBACK;

    RtlZeroMemory(processName, size);     // ensure string will be NULL-terminated
    auto status = ZwQueryInformationProcess(NtCurrentProcess(),
        ProcessImageFileName, processName, size - sizeof(WCHAR), nullptr);

    if (NT_SUCCESS(status)) {
        KdPrint(("Delete operation from %wZ\n", processName));

        if (wcsstr(processName->Buffer, L"\\System32\\cmd.exe") != nullptr ||
            wcsstr(processName->Buffer, L"\\SysWOW64\\cmd.exe") != nullptr) {
            // fail request
            Data->IoStatus.Status = STATUS_ACCESS_DENIED;
            returnStatus = FLT_PREOP_COMPLETE;
            KdPrint(("Prevent delete from IRP_MJ_CREATE by cmd.exe\n"));
        }
    }
    ExFreePool(processName);
}
return returnStatus;
}
```

> SAL 标注 **_Use_decl_annotations_** 指出真正的 SAL 标注位于函数声明处，而不是在声明和实现内。它的作用只是让实现部分稍微容易查看一些。

要构建驱动，我们得放点什么到 IRP_MJ_SET_INFORMATION 的操作前回调中。下面是一个简单的允许全部的实现：

```
FLT_PREOP_CALLBACK_STATUS DelProtectPreSetInformation(
    _Inout_ PFLT_CALLBACK_DATA Data, _In_ PCFLT_RELATED_OBJECTS FltObjects, PVOID*) {
    UNREFERENCED_PARAMETER(FltObjects);
    UNREFERENCED_PARAMETER(Data);

    return FLT_PREOP_SUCCESS_NO_CALLBACK;
}
```

如果构建并部署这个驱动程序，然后用类似下面的命令进行测试：

```
del somefile.txt
```

我们会看到尽管我们实现了 IRP_MJ_CREATE 的处理程序，并且也让请求失败了——

但文件仍然被成功地删除了。其原因是 cmd.exe 有些狡猾,如果一种方法失败了,它会尝试另一种方法。一旦使用 FILE_DELETE_ON_CLOSE 失败,它会使用 IRP_MJ_SET_INFORMATION,而我们允许 IRP_MJ_SET_INFORMATION 的所有操作通过——所以删除操作就成功了。

10.6.2 处理设置信息前回调

现在可以实现设置信息前的回调,用来把文件系统所实现的第二种文件删除途径也包括在内。先从忽略来自内核的调用开始,与 IRP_MJ_CREATE 一样:

```
_Use_decl_annotations_
FLT_PREOP_CALLBACK_STATUS DelProtectPreSetInformation(
    PFLT_CALLBACK_DATA Data, PCFLT_RELATED_OBJECTS FltObjects, PVOID*) {
    UNREFERENCED_PARAMETER(FltObjects);

    if (Data->RequestorMode == KernelMode)
        return FLT_PREOP_SUCCESS_NO_CALLBACK;
```

因为 IRP_MJ_SET_INFORMATION 用于多种类型的操作,我们需要检查当前的请求是否真的是删除操作。驱动程序要先访问 Parameters 联合体中的正确结构,此结构声明如下:

```
struct {
    ULONG Length;
    FILE_INFORMATION_CLASS POINTER_ALIGNMENT FileInformationClass;
    PFILE_OBJECT ParentOfTarget;
    union {
        struct {
            BOOLEAN ReplaceIfExists;
            BOOLEAN AdvanceOnly;
        };
        ULONG ClusterCount;
        HANDLE DeleteHandle;
    };
    PVOID InfoBuffer;
} SetFileInformation;
```

FileInformationClass 表示本实例代表的操作类型,我们需要检查它是不是删除操作:

```
auto& params = Data->Iopb->Parameters.SetFileInformation;

if (params.FileInformationClass != FileDispositionInformation &&
    params.FileInformationClass != FileDispositionInformationEx) {
    // not a delete operation
    return FLT_PREOP_SUCCESS_NO_CALLBACK;
}
```

FileDispositionInformation 枚举值表示删除操作。FileInformationDispositionEx 与它类似并且未曾公开，但也会被用户模式 DeleteFile 函数内部所使用，因此我们两者都要检查。

如果这是一个删除操作，那么还需要做另外一个检查。查看 InfoBuffer 字段，对于删除操作，它的类型是 FILE_DISPOSITION_INFORMATION，我们要检查其中的布尔值：

```
auto info = (FILE_DISPOSITION_INFORMATION*)params.InfoBuffer;
if (!info->DeleteFile)
    return FLT_PREOP_SUCCESS_NO_CALLBACK;
```

最后，我们到达删除操作了。在 IRP_MJ_CREATE 里，回调是被发出请求的线程调用的（因而是在发出请求的进程里），所以我们只需访问当前进程以找到所使用的映像文件就行。在别的主功能中，这点并不是必然成立的，我们必须检查最初的调用者提供的数据中的 Thread 字段。从这个线程，我们可以找到指向进程的指针：

```
// what process did this originate from?
auto process = PsGetThreadProcess(Data->Thread);
NT_ASSERT(process);     // cannot really fail
```

我们的目标是调用 ZwQueryInformationProcess，这需要一个进程句柄。现在就要用到 ObOpenObjectByPointer 函数了，它允许获得对象的句柄。其定义如下：

```
NTSTATUS ObOpenObjectByPointer(
    _In_ PVOID Object,
    _In_ ULONG HandleAttributes,
    _In_opt_ PACCESS_STATE PassedAccessState,
    _In_ ACCESS_MASK DesiredAccess,
    _In_opt_ POBJECT_TYPE ObjectType,
    _In_ KPROCESSOR_MODE AccessMode,
    _Out_ PHANDLE Handle);
```

ObOpenObjectByPointer 的参数描述如下：

❑ Object 是需要获取句柄的对象。它可以是任意类型的内核对象。
❑ HandleAttributes 是一组可选的标志。最有用的标志是 OBJ_KERNEL_HANDLE（我们会在第 11 章中讨论其他的标志）。这个标志返回一个内核句柄，该句柄在用户模式代码中无法使用，但可以用于任何进程上下文。
❑ PassedAccessState 是一个指向 ACCESS_STATE 结构的可选指针，通常对驱动程序没什么用——设置成 NULL 就好。
❑ DesiredAccess 是打开句柄时所使用的访问掩码。如果 AccessMode 参数是 KernelMode，那么这个参数可以是零且返回的句柄具有全部的功能。
❑ ObjectType 是一个可选的对象类型，函数可以将对象与这个类型进行比较。它的值可以是 *PsProcessType、*PsThreadType 和其他内核输出的类型对象。指定 NULL 则对传入的对象不作任何类型检查。

❑ AccessMode 可以是 UserMode 或者 KernelMode。驱动程序通常会用 KernelMode 以说明此请求不是来自用户模式的某个进程。对 KernelMode 不作任何访问检查。

❑ Handle 是指向作为返回值的句柄的指针。

用上面的函数打开进程句柄的方式如下:

```
HANDLE hProcess;
auto status = ObOpenObjectByPointer(process, OBJ_KERNEL_HANDLE, nullptr, 0,
    nullptr, KernelMode, &hProcess);
if (!NT_SUCCESS(status))
    return FLT_PREOP_SUCCESS_NO_CALLBACK;
```

一旦我们得到了进程的句柄,就能查询进程的映像文件名,并且检查它是不是 cmd.exe:

```
auto returnStatus = FLT_PREOP_SUCCESS_NO_CALLBACK;
auto size = 300;
auto processName = (UNICODE_STRING*)ExAllocatePool(PagedPool, size);
if (processName) {
    RtlZeroMemory(processName, size);    // ensure string will be NULL-terminated
    status = ZwQueryInformationProcess(hProcess, ProcessImageFileName,
        processName, size - sizeof(WCHAR), nullptr);

    if (NT_SUCCESS(status)) {
        KdPrint(("Delete operation from %wZ\n", processName));

        if (wcsstr(processName->Buffer, L"\\System32\\cmd.exe") != nullptr ||
            wcsstr(processName->Buffer, L"\\SysWOW64\\cmd.exe") != nullptr) {
            Data->IoStatus.Status = STATUS_ACCESS_DENIED;
            returnStatus = FLT_PREOP_COMPLETE;
            KdPrint(("Prevent delete from IRP_MJ_SET_INFORMATION by cmd.exe\n"));
        }
    }
    ExFreePool(processName);
}
ZwClose(hProcess);

return returnStatus;
}
```

现在可以测试整个驱动了——我们会发现 cmd.exe 不能删除文件了——会返回一个"访问被禁止"的错误。

10.6.3 重构

我们实现的两个操作前回调有很多代码可以公用,所以根据 DRY 原则("Don't Repeat Yourself"),我们可以把打开进程句柄、获取映像文件和与 cmd.exe 进行比较的代码分别提取出来,作为单独的函数:

```
bool IsDeleteAllowed(const PEPROCESS Process) {
    bool currentProcess = PsGetCurrentProcess() == Process;
    HANDLE hProcess;
    if (currentProcess)
        hProcess = NtCurrentProcess();
    else {
        auto status = ObOpenObjectByPointer(Process, OBJ_KERNEL_HANDLE,
            nullptr, 0, nullptr, KernelMode, &hProcess);
        if (!NT_SUCCESS(status))
            return true;
    }

    auto size = 300;
    bool allowDelete = true;
    auto processName = (UNICODE_STRING*)ExAllocatePool(PagedPool, size);

    if (processName) {
        RtlZeroMemory(processName, size);
        auto status = ZwQueryInformationProcess(hProcess, ProcessImageFileName,
            processName, size - sizeof(WCHAR), nullptr);

        if (NT_SUCCESS(status)) {
            KdPrint(("Delete operation from %wZ\n", processName));

            if (wcsstr(processName->Buffer, L"\\System32\\cmd.exe") != nullptr ||
                    wcsstr(processName->Buffer, L"\\SysWOW64\\cmd.exe") != nullptr) {
                allowDelete = false;
            }
        }
        ExFreePool(processName);
    }
    if (!currentProcess)
        ZwClose(hProcess);

    return allowDelete;
}
```

这个函数接受一个指向进程的不透明指针，此进程试图删除文件。如果进程的地址是当前进程（PsGetCurrentProcess），那么完整地打开就是浪费时间，可以使用 NtCurrentProcess 返回的伪句柄，否则就需要完整地打开这个进程。我们一定要小心不要泄漏资源——要记得释放映像文件的缓冲区和关闭进程句柄（如果确实打开了进程）。

现在我们可以在 IRP_MJ_CREATE 处理程序中插入对这个函数的调用了。下面是修订过的函数：

```
_Use_decl_annotations_
FLT_PREOP_CALLBACK_STATUS DelProtectPreCreate(
    PFLT_CALLBACK_DATA Data, PCFLT_RELATED_OBJECTS FltObjects, PVOID*) {
```

```
    UNREFERENCED_PARAMETER(FltObjects);

    if (Data->RequestorMode == KernelMode)
        return FLT_PREOP_SUCCESS_NO_CALLBACK;

    auto& params = Data->Iopb->Parameters.Create;
    auto returnStatus = FLT_PREOP_SUCCESS_NO_CALLBACK;

    if (params.Options & FILE_DELETE_ON_CLOSE) {
        // delete operation
        KdPrint(("Delete on close: %wZ\n", &Data->Iopb->TargetFileObject->FileName));

        if (!IsDeleteAllowed(PsGetCurrentProcess())) {
            Data->IoStatus.Status = STATUS_ACCESS_DENIED;
            returnStatus = FLT_PREOP_COMPLETE;
            KdPrint(("Prevent delete from IRP_MJ_CREATE by cmd.exe\n"));
        }
    }
    return returnStatus;
}
```

以及修订过的 IRP_MJ_SET_INFORMATION 操作前回调:

```
FLT_PREOP_CALLBACK_STATUS DelProtectPreSetInformation(
    _Inout_ PFLT_CALLBACK_DATA Data, _In_ PCFLT_RELATED_OBJECTS FltObjects, PVOID*) {
    UNREFERENCED_PARAMETER(FltObjects);
    UNREFERENCED_PARAMETER(Data);

    auto& params = Data->Iopb->Parameters.SetFileInformation;

    if (params.FileInformationClass != FileDispositionInformation &&
        params.FileInformationClass != FileDispositionInformationEx) {
        // not a delete operation
        return FLT_PREOP_SUCCESS_NO_CALLBACK;
    }

    auto info = (FILE_DISPOSITION_INFORMATION*)params.InfoBuffer;
    if (!info->DeleteFile)
        return FLT_PREOP_SUCCESS_NO_CALLBACK;
    auto returnStatus = FLT_PREOP_SUCCESS_NO_CALLBACK;

    // what process did this originate from?
    auto process = PsGetThreadProcess(Data->Thread);
    NT_ASSERT(process);

    if (!IsDeleteAllowed(process)) {
        Data->IoStatus.Status = STATUS_ACCESS_DENIED;
        returnStatus = FLT_PREOP_COMPLETE;
```

```
        KdPrint(("Prevent delete from IRP_MJ_SET_INFORMATION by cmd.exe\n"));
    }

    return returnStatus;
}
```

10.6.4　将驱动程序通用化

目前的驱动程序只能检查来自 cmd.exe 的删除操作。让我们把这个驱动程序通用化，以便能够阻止删除任何注册过的可执行文件。

为此我们将创建一个"经典的"设备对象以及相应的符号链接，就像在前面章节里做的那样。这不是个问题，驱动程序能够担负双重职责：作为一个文件系统小过滤驱动，同时显露一个控制设备对象（Control Device Object，CDO）。

为了简化起见，我们把可执行文件名放到一个固定大小的数组里，用一个快速互斥量保护这个数组，就像在上一章中做的那样。我们还把上一章中创建的包装器——FastMutex 和 AutoLock ——拿过来用。下面是新增的全局变量：

```
const int MaxExecutables = 32;

WCHAR* ExeNames[MaxExecutables];
int ExeNamesCount;
FastMutex ExeNamesLock;
```

修订后的 DriverEntry 除了将自身注册为小过滤驱动之外，还增加了创建设备对象和符号链接，以及设置分发例程的职责：

```
PDEVICE_OBJECT DeviceObject = nullptr;
UNICODE_STRING devName = RTL_CONSTANT_STRING(L"\\device\\delprotect");
UNICODE_STRING symLink = RTL_CONSTANT_STRING(L"\\??\\delprotect");
auto symLinkCreated = false;

do {
    status = IoCreateDevice(DriverObject, 0, &devName,
        FILE_DEVICE_UNKNOWN, 0, FALSE, &DeviceObject);
    if (!NT_SUCCESS(status))
        break;

    status = IoCreateSymbolicLink(&symLink, &devName);
    if (!NT_SUCCESS(status))
        break;

    symLinkCreated = true;

    status = FltRegisterFilter(DriverObject, &FilterRegistration, &gFilterHandle);

    FLT_ASSERT(NT_SUCCESS(status));
```

```
        if (!NT_SUCCESS(status))
            break;

        DriverObject->DriverUnload = DelProtectUnloadDriver;
        DriverObject->MajorFunction[IRP_MJ_CREATE] =
            DriverObject->MajorFunction[IRP_MJ_CLOSE] = DelProtectCreateClose;
        DriverObject->MajorFunction[IRP_MJ_DEVICE_CONTROL] = DelProtectDeviceControl;
        ExeNamesLock.Init();

        status = FltStartFiltering(gFilterHandle);
    } while (false);

    if (!NT_SUCCESS(status)) {
        if (gFilterHandle)
            FltUnregisterFilter(gFilterHandle);
        if (symLinkCreated)
            IoDeleteSymbolicLink(&symLink);
        if (DeviceObject)
            IoDeleteDevice(DeviceObject);
    }

    return status;
```

我们会定义一些 I/O 控制代码，包括增加、删除和清除包含可执行文件名的队列的功能（在一个新的文件里叫作 DelProtectCommon.h）：

```
#define IOCTL_DELPROTECT_ADD_EXE      \
    CTL_CODE(0x8000, 0x800, METHOD_BUFFERED, FILE_ANY_ACCESS)
#define IOCTL_DELPROTECT_REMOVE_EXE \
    CTL_CODE(0x8000, 0x801, METHOD_BUFFERED, FILE_ANY_ACCESS)
#define IOCTL_DELPROTECT_CLEAR        \
    CTL_CODE(0x8000, 0x802, METHOD_NEITHER, FILE_ANY_ACCESS)
```

处理这些控制代码的方式跟以前一样——下面是 IRP_MJ_DEVICE_CONTROL 分发例程的完整代码：

```
NTSTATUS DelProtectDeviceControl(PDEVICE_OBJECT, PIRP Irp) {
    auto stack = IoGetCurrentIrpStackLocation(Irp);
    auto status = STATUS_SUCCESS;

    switch (stack->Parameters.DeviceIoControl.IoControlCode) {
        case IOCTL_DELPROTECT_ADD_EXE:
        {
            auto name = (WCHAR*)Irp->AssociatedIrp.SystemBuffer;
            if (!name) {
                status = STATUS_INVALID_PARAMETER;
                break;
            }
        }
```

```
        if (FindExecutable(name)) {
            break;
        }

        AutoLock locker(ExeNamesLock);
        if (ExeNamesCount == MaxExecutables) {
            status = STATUS_TOO_MANY_NAMES;
            break;
        }

        for (int i = 0; i < MaxExecutables; i++) {
            if (ExeNames[i] == nullptr) {
                auto len = (::wcslen(name) + 1) * sizeof(WCHAR);
                auto buffer = (WCHAR*)ExAllocatePoolWithTag(PagedPool, len,
                    DRIVER_TAG);
                if (!buffer) {
                    status = STATUS_INSUFFICIENT_RESOURCES;
                    break;
                }
                ::wcscpy_s(buffer, len / sizeof(WCHAR), name);
                ExeNames[i] = buffer;
                ++ExeNamesCount;
                break;
            }
        }
    }
    break;
}

case IOCTL_DELPROTECT_REMOVE_EXE:
{
    auto name = (WCHAR*)Irp->AssociatedIrp.SystemBuffer;
    if (!name) {
        status = STATUS_INVALID_PARAMETER;
        break;
    }

    AutoLock locker(ExeNamesLock);
    auto found = false;
    for (int i = 0; i < MaxExecutables; i++) {
        if (::_wcsicmp(ExeNames[i], name) == 0) {
            ExFreePool(ExeNames[i]);
            ExeNames[i] = nullptr;
            --ExeNamesCount;
            found = true;
            break;
        }
    }
    if (!found)
```

```
                    status = STATUS_NOT_FOUND;
                break;
            }

        case IOCTL_DELPROTECT_CLEAR:
            ClearAll();
            break;

        default:
            status = STATUS_INVALID_DEVICE_REQUEST;
            break;
    }
    Irp->IoStatus.Status = status;
    Irp->IoStatus.Information = 0;
    IoCompleteRequest(Irp, IO_NO_INCREMENT);
    return status;
}
```

上面的代码中还缺少 FindExecutable 和 ClearAll 辅助函数，它们的定义如下：

```
bool FindExecutable(PCWSTR name) {
    AutoLock locker(ExeNamesLock);
    if (ExeNamesCount == 0)
        return false;

    for (int i = 0; i < MaxExecutables; i++)
        if (ExeNames[i] && ::_wcsicmp(ExeNames[i], name) == 0)
            return true;
    return false;
}

void ClearAll() {
    AutoLock locker(ExeNamesLock);
    for (int i = 0; i < MaxExecutables; i++) {
        if (ExeNames[i]) {
            ExFreePool(ExeNames[i]);
            ExeNames[i] = nullptr;
        }
    }
    ExeNamesCount = 0;
}
```

上述代码就位了之后，我们需要修改创建前回调，使其在我们管理的数组中搜索可执行文件名。下面是修订后的代码：

```
_Use_decl_annotations_
FLT_PREOP_CALLBACK_STATUS DelProtectPreCreate(
    PFLT_CALLBACK_DATA Data, PCFLT_RELATED_OBJECTS FltObjects, PVOID*) {
```

```
        if (Data->RequestorMode == KernelMode)
            return FLT_PREOP_SUCCESS_NO_CALLBACK;

        auto& params = Data->Iopb->Parameters.Create;
        auto returnStatus = FLT_PREOP_SUCCESS_NO_CALLBACK;

        if (params.Options & FILE_DELETE_ON_CLOSE) {
            // delete operation
            KdPrint(("Delete on close: %wZ\n", &FltObjects->FileObject->FileName));

            auto size = 512;    // some arbitrary size
            auto processName = (UNICODE_STRING*)ExAllocatePool(PagedPool, size);
            if (processName == nullptr)
                return FLT_PREOP_SUCCESS_NO_CALLBACK;

            RtlZeroMemory(processName, size);
            auto status = ZwQueryInformationProcess(NtCurrentProcess(), ProcessImageFile\
Name,
                processName, size - sizeof(WCHAR), nullptr);

            if (NT_SUCCESS(status)) {
                KdPrint(("Delete operation from %wZ\n", processName));

                auto exeName = ::wcsrchr(processName->Buffer, L'\\');
                NT_ASSERT(exeName);

                if (exeName && FindExecutable(exeName + 1)) {   // skip backslash
                    Data->IoStatus.Status = STATUS_ACCESS_DENIED;
                    KdPrint(("Prevented delete in IRP_MJ_CREATE\n"));
                    returnStatus = FLT_PREOP_COMPLETE;
                }
            }
            ExFreePool(processName);
        }
        return returnStatus;
    }
```

上述代码的主要修改之处在于调用了 FindExecutable，以找出当前进程的可执行映像名是不是保存在数组中的可执行文件名之一。如果是，则设置“访问被禁止”状态并返回 FLT_PREOP_COMPLETE。

10.6.5　测试修改后的驱动程序

以前我们用 cmd.exe 删除文件以测试驱动程序，但是这样可能不够通用，所以我们最好是创建一个自己的测试应用。使用用户模式 API，有三种方法可以删除文件：

1. 调用 DeleteFile 函数。

2. 用 FILE_FLAG_DELETE_ON_CLOSE 标志调用 CreateFile。

3. 在已经打开的文件上调用 SetFileInformationByHandle。

在驱动程序内部，删除文件只有两种途径——调用带有 FILE_DELETE_ON_CLOSE 标志的 IRP_MJ_CREATE 和带有 FileDispositionInformation 标志的 IRP_MJ_SET_INFORMATION。显然，上述列表中的第二项对应于第一种途径，第三项对应于第二种途径。未知的只剩 DeleteFile ——它是怎样删除文件的？

从驱动程序的角度看其实这无关紧要，因为它终归映射到驱动程序所处理的两种途径之一。如果你出于好奇想知道答案，那么 DeleteFile 使用的是 IRP_MJ_SET_INFORMATION。

我们将创建一个控制台应用项目，叫作 DelTest，它的用法大致如下：

```
c:\book>deltest
Usage: deltest.exe <method> <filename>
    Method: 1=DeleteFile, 2=delete on close, 3=SetFileInformation.
```

来看一下分别对应于这些方法的用户模式代码（假定 filename 是一个指向命令行上给出的文件名的变量）。

DeleteFile 的使用方法很简单：

```
BOOL success = ::DeleteFile(filename);
```

用 delete-on-close 标志打开文件，可以用如下代码完成：

```
HANDLE hFile = ::CreateFile(filename, DELETE, 0, nullptr, OPEN_EXISTING,
    FILE_FLAG_DELETE_ON_CLOSE, nullptr);
::CloseHandle(hFile);
```

句柄关闭之后，文件应该就被删除了（如果驱动程序没有阻止！）

最后，用 SetFileInformationByHandle：

```
FILE_DISPOSITION_INFO info;
info.DeleteFile = TRUE;
HANDLE hFile = ::CreateFile(filename, DELETE, 0, nullptr, OPEN_EXISTING, 0, nullptr);
BOOL success = ::SetFileInformationByHandle(hFile, FileDispositionInfo,
    &info, sizeof(info));
::CloseHandle(hFile);
```

完成这个测试工具之后，我们就能用它来测试我们的驱动程序了。下面是一些运行的示例：

```
C:\book>fltmc load delprotect2

C:\book>DelProtectConfig.exe add deltest.exe
Success.

C:\book>DelTest.exe
```

```
Usage: deltest.exe <method> <filename>
       Method: 1=DeleteFile, 2=delete on close, 3=SetFileInformation.

C:\book>DelTest.exe 1 hello.txt
Using DeleteFile:
Error: 5

C:\book>DelTest.exe 2 hello.txt
Using CreateFile with FILE_FLAG_DELETE_ON_CLOSE:
Error: 5

C:\book>DelTest.exe 3 hello.txt
Using SetFileInformationByHandle:
Error: 5

C:\book>DelProtectConfig.exe remove deltest.exe
Success.

C:\book>DelTest.exe 1 hello.txt
Using DeleteFile:
Success!
```

10.7　文件名

在一些小过滤驱动回调中，大多数时候需要访问文件名称。首先，这看上去很容易找到：FILE_OBJECT 结构有一个 FileName 成员，它应该就是我们所需要的。

不幸的是，事情没那么简单。文件可以用全路径打开，也可以用相对路径打开；对同一文件的多个重命名操作可能同时发生；有些文件名信息可能被缓存了。因为这样那样的内部原因，文件对象中的 FileName 字段是不可靠的。事实上，仅仅在 IRP_MJ_CREATE 的操作前回调中，才能保证它是合法的，而且即使如此，它的格式也不是驱动程序所需要的。

为了解决这个问题，过滤管理器提供了 FltGetFileNameInformation API，它能够在需要时返回正确的文件名。函数的原型如下：

```
NTSTATUS FltGetFileNameInformation (
    _In_ PFLT_CALLBACK_DATA CallbackData,
    _In_ FLT_FILE_NAME_OPTIONS NameOptions,
    _Outptr_ PFLT_FILE_NAME_INFORMATION *FileNameInformation);
```

CallbackData 参数由过滤管理器提供给回调函数。NameOptions 参数是一组标志，指定了（跟别的一起）请求文件的格式。多数驱动程序使用的典型值为 FLT_FILE_NAME_NORMALIZED（全路径名）与 FLT_FILE_NAME_QUERY_DEFAULT（先在缓存中找，没有就从文件系统中查询）运行或操作之后的结果。调用的结果在最后一个参数 FileNameInformation 中返回。调用结果是一个被分配的结构，需要调用 FltReleaseFileNameInformation 正确地释放。

FLT_FILE_NAME_INFORMATION 结构定义如下：

```
typedef struct _FLT_FILE_NAME_INFORMATION {
    USHORT Size;
    FLT_FILE_NAME_PARSED_FLAGS NamesParsed;
    FLT_FILE_NAME_OPTIONS Format;

    UNICODE_STRING Name;
    UNICODE_STRING Volume;
    UNICODE_STRING Share;
    UNICODE_STRING Extension;
    UNICODE_STRING Stream;
    UNICODE_STRING FinalComponent;
    UNICODE_STRING ParentDir;
} FLT_FILE_NAME_INFORMATION, *PFLT_FILE_NAME_INFORMATION;
```

它的主要成员是一些 UNICODE_STRING 结构，用于存放文件名称的各个部分。起初，只有 Name 字段被初始化成完整的文件名（取决于用于查询文件名信息的标志，"完整"也可能是部分名称）。如果调用请求中指定了 FLT_FILE_NAME_NORMALIZATION，Name 字段就指向设备格式的全路径名。设备格式意味着：像 c:\mydir\myfile.txt 这样的文件保存位置是在"C:"所映射的内部设备名称中，比如 \Device\HarddiskVolume3\mydir\myfile.txt。如果驱动程序依赖于用户模式提供的路径，那么它的工作就会更加复杂一点（后面这类情形会更多）。

⚠ 因为过滤管理器会缓存这个结构的内容给别的驱动程序使用，所以驱动程序绝不能修改这个结构。

因为默认只提供全路径名（Name 字段），所以经常会需要把全路径分割成各个组成部分。幸运的是，过滤管理器用 FltParseFileNameInformation API 提供了这个服务。这个 API 接受 FLT_FILE_NAME_INFORMATION 结构并填充其余的 UNICODE_STRING 字段。

> 注意 FltParseFileNameInformation 不会分配任何内存。它只是将每个 UNICODE_STRING 的 Buffer 和 Length 指向完整的 Name 字段的正确部分而已。所以没有"unparse"函数并且也根本不需要这样的函数。

🔑 在全路径是一个简单的 C 字符串的情况下，可以使用更简单（也更弱）的函数 FltParseFileName 以方便地访问文件扩展名、流名和最后部分。

10.7.1 文件名的各个部分

就像从 FLT_FILE_NAME_INFORMATION 的声明中看到的那样，完整的文件名由一些组件所组成。下面是本地文件"c:\mydir1\mydir2\myfile.txt"的例子：

Volume 是符号链接"C:"所映射的实际设备名称。图 10-8 显示了 WinObj 中的 C: 符号链接以及它的目标：本机上的 \Device\HarddiskVolume3。

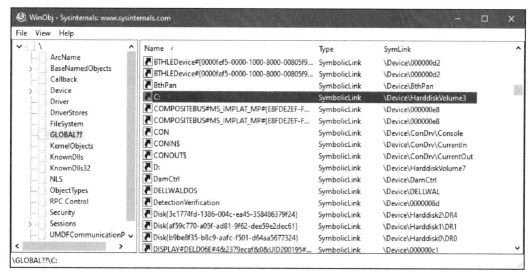

图 10-8　WinObj 里的驱动程序映射

对本地文件来说，share 字符串是空的（Length 为零）。ParentDir 设置为仅包含目录，在我们的例子中是 \mydir1\mydir2\（不是结尾的反斜杠）。Extension 就是文件的扩展名，在我们的例子中是 txt。FinalComponent 字段保存了文件名和流名（如果用的不是默认流），在我们的例子中它是 myfile.txt。

需要解释一下 Stream 组件。有些文件系统（最常见的是 NTFS）提供了使单个文件具有多个数据"流"的能力。本质上这代表多个文件可以保存到单个"物理"文件里。例如，在 NTFS 里，我们通常认为的文件数据其实是一个叫作"$DATA"的流，这个流被认为是默认流。但是我们完全可以创建 / 打开另外一个流，这个流也是保存在同一个文件里的。像 Windows 资源管理器这样的工具不会去查看别的流，其他流的大小也不会显示出来或者从诸如 GetFileSize 这样的标准 API 中返回。通过在文件名后加上一个冒号再加上流名称自身来指定流的名称。例如，文件名"myfile.txt:mystream"指向"myfile.txt"文件中叫作"mystream"的流。额外流可以用命令行解释器创建，如下所示：

```
C:\temp>echo hello > hello.txt:mystream

C:\Temp>dir hello.txt
 Volume in drive C is OS
 Volume Serial Number is 1707-9837

 Directory of C:\Temp

22-May-19  11:33                    0 hello.txt
               1 File(s)             0 bytes
```

请注意文件的大小为零。数据是不是真的在文件里？试试用 type 命令会得到失败的结果：

```
C:\Temp>type hello.txt:mystream
The filename, directory name, or volume label syntax is incorrect.
```

type 命令解释器不认识流名。我们可以用 SysInternals 的工具 Streams.exe 来列出文件中额外流的名称和大小。下面是针对 hello.txt 文件的命令：

```
C:\Temp>streams -nobanner hello.txt
C:\Temp\hello.txt:
        :mystream:$DATA 8
```

这里没有显示额外流中的内容。要显示（以及可选是否输出到其他文件）此流的数据，我们可以用一个叫作 NtfsStreams 的工具，此工具在我的 Github AllTools 仓库中。图 10-9 显示了用 NtfsStreams 打开前一个例子中 hello.txt 文件的内容。我们能清楚地看到流的数据和大小。

> 显示的 $DATA 是流的类型，在这里 $DATA 是正常的数据流（还有别的预定义的流类型）。自定义的流类型被特殊地用在重解析点（reparse point）上（超出了本书的范围）。

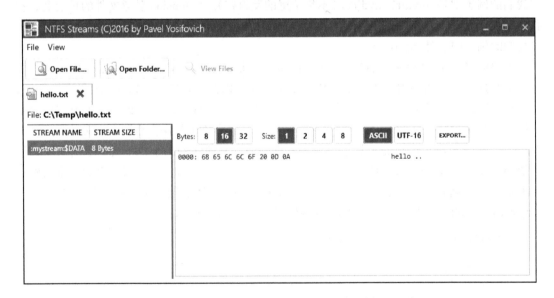

图 10-9　NtfsStreams 显示的额外流

当然，额外流可以通过将流名称跟在文件名和冒号之后来将其传递给 CreateFile API，从而达到用程序创建的目的。以下是一个例子（省略了错误处理部分）：

```
HANDLE hFile = ::CreateFile(L"c:\\temp\\myfile.txt:stream1",
    GENERIC_WRITE, 0, nullptr, OPEN_ALWAYS, 0, nullptr);

char data[] = "Hello, from a stream";
DWORD bytes;
::WriteFile(hFile, data, sizeof(data), &bytes, nullptr);
::CloseHandle(hFile);
```

> 流也可以用 DeleteFile API 正常删除，还可以用 FindFirstStream 和 FindNextStream
> 进行枚举（streams.exe 和 ntfsstreams.exe 就是这么做的）。

10.7.2　RAII FLT_FILE_NAME_INFORMATION 包装器

如同前一节中讨论过的那样，调用 FltGetFileNameInformation 需要调用跟它相对
的函数 FltReleaseFileNameInformation。这就会很自然地想到用一个 RAII 包装器来
帮助处理，能让代码变得简单和不容易出错。这个包装器可以如下声明：

```
enum class FileNameOptions {
    Normalized = FLT_FILE_NAME_NORMALIZED,
    Opened     = FLT_FILE_NAME_OPENED,
    Short      = FLT_FILE_NAME_SHORT,

    QueryDefault        = FLT_FILE_NAME_QUERY_DEFAULT,
    QueryCacheOnly      = FLT_FILE_NAME_QUERY_CACHE_ONLY,
    QueryFileSystemOnly = FLT_FILE_NAME_QUERY_FILESYSTEM_ONLY,

    RequestFromCurrentProvider = FLT_FILE_NAME_REQUEST_FROM_CURRENT_PROVIDER,
    DoNotCache                 = FLT_FILE_NAME_DO_NOT_CACHE,
    AllowQueryOnReparse        = FLT_FILE_NAME_ALLOW_QUERY_ON_REPARSE
};
DEFINE_ENUM_FLAG_OPERATORS(FileNameOptions);

struct FilterFileNameInformation {
    FilterFileNameInformation(PFLT_CALLBACK_DATA data, FileNameOptions options =
        FileNameOptions::QueryDefault | FileNameOptions::Normalized);

    ~FilterFileNameInformation();

    operator bool() const {
        return _info != nullptr;
    }

    operator PFLT_FILE_NAME_INFORMATION() const {
        return Get();
    }
```

```
    PFLT_FILE_NAME_INFORMATION operator->() {
        return _info;
    }

    NTSTATUS Parse();

private:
    PFLT_FILE_NAME_INFORMATION _info;
};
```

非内联函数定义如下:

```
FilterFileNameInformation::FilterFileNameInformation(
    PFLT_CALLBACK_DATA data, FileNameOptions options) {
    auto status = FltGetFileNameInformation(data,
        (FLT_FILE_NAME_OPTIONS)options, &_info);
    if (!NT_SUCCESS(status))
        _info = nullptr;
}

FilterFileNameInformation::~FilterFileNameInformation() {
    if (_info)
        FltReleaseFileNameInformation(_info);
}

NTSTATUS FilterFileNameInformation::Parse() {
    return FltParseFileNameInformation(_info);
}
```

如下使用包装器:

```
FilterFileNameInformation nameInfo(Data);
if(nameInfo) {  // operator bool()
    if(NT_SUCCESS(nameInfo.Parse())) {
        KdPrint(("Final component: %wZ\n", &nameInfo->FinalComponent));
    }
}
```

10.8　另一个删除保护驱动程序

我们接着要创建另一个删除保护驱动程序,它将保护特定目录中的文件不被删除(不管是哪个进程调用的),而不是基于执行操作的进程或者映像文件来做决定。

 当然,这两种途径可以合并。要么放到同一个驱动程序中,要么用多个不同高度的驱动程序。

本节中的驱动程序在第 10 章的样书中称为 **DelProtect3**。

首先，我们要管理需要保护的目录（而不是前面那个驱动程序中的进程映像文件名）。这里就会有些复杂，因为用户模式客户程序用的是" c:\somedir"形式的目录，这是基于符号链接的路径。而我们已经看到了，驱动程序得到的是真正的设备名称而不是符号链接。这意味着我们需要以某种方式把 DOS 形式的名字（有时候这么指称）转换为 NT 形式的名字（内部设备名称的另一种常见的叫法）。

为此，受保护目录列表中的每一个目录都有两种形式，到时候哪种合适就用哪种。下面是结构的定义：

```
struct DirectoryEntry {
    UNICODE_STRING DosName;
    UNICODE_STRING NtName;

    void Free() {
        if (DosName.Buffer) {
            ExFreePool(DosName.Buffer);
            DosName.Buffer = nullptr;
        }
        if (NtName.Buffer) {
            ExFreePool(NtName.Buffer);
            NtName.Buffer = nullptr;
        }
    }
};
```

既然我们会动态分配这些字符串，那就需要在最后释放它们。上面的代码中加上了一个 Free 方法，用来释放内部的字符串缓冲区。采用 UNICODE_STRING 还是原始的 C 字符串还是固定长度的字符串，这从某种程度上来说可以任意选择，只要对驱动程序的请求来说是合适的就行。在本例中我决定使用 UNICODE_STRING 是因为字符串本身是动态分配的，而且有些 API 直接使用 UNICODE_STRING。

现在我们可以保存一个上述结构的数组，并且用前一个驱动程序中的类似方法管理它：

```
const int MaxDirectories = 32;

DirectoryEntry DirNames[MaxDirectories];
int DirNamesCount;
FastMutex DirNamesLock;
```

需要改变前一个驱动程序中的 I/O 控制代码的含义——它们需要增加和删除目录的能力，当然目录也是字符串。下面是更新之后的定义：

```
#define IOCTL_DELPROTECT_ADD_DIR            \
```

```
    CTL_CODE(0x8000, 0x800, METHOD_BUFFERED, FILE_ANY_ACCESS)
#define IOCTL_DELPROTECT_REMOVE_DIR \
    CTL_CODE(0x8000, 0x801, METHOD_BUFFERED, FILE_ANY_ACCESS)
#define IOCTL_DELPROTECT_CLEAR              \
    CTL_CODE(0x8000, 0x802, METHOD_NEITHER, FILE_ANY_ACCESS)
```

下一步，我们需要实现这些增加 / 删除 / 清除操作，先从增加开始。第一部分是对输入字符串做一些完整性检测：

```
case IOCTL_DELPROTECT_ADD_DIR:
{
    auto name = (WCHAR*)Irp->AssociatedIrp.SystemBuffer;
    if (!name) {
        status = STATUS_INVALID_PARAMETER;
        break;
    }

    auto bufferLen = stack->Parameters.DeviceIoControl.InputBufferLength;
    if (bufferLen > 1024) {
        // just too long for a directory
        status = STATUS_INVALID_PARAMETER;
        break;
    }

    // make sure there is a NULL terminator somewhere
    name[bufferLen / sizeof(WCHAR) - 1] = L'\0';

    auto dosNameLen = ::wcslen(name);
    if (dosNameLen < 3) {
        status = STATUS_BUFFER_TOO_SMALL;
        break;
    }
}
```

现在我们有了一个正确的缓冲区，需要检查它是不是已经在我们的数组里，如果在，就不需要再次把它加入。我们创建一个辅助函数执行此查询：

```
int FindDirectory(PCUNICODE_STRING name, bool dosName) {
    if (DirNamesCount == 0)
        return -1;

    for (int i = 0; i < MaxDirectories; i++) {
        const auto& dir = dosName ? DirNames[i].DosName : DirNames[i].NtName;
        if (dir.Buffer && RtlEqualUnicodeString(name, &dir, TRUE))
            return i;
    }
    return -1;
}
```

这个函数遍历整个数组，寻找跟输入字符串匹配的内容。布尔参数指明了例程是比较 DOS 名称还是比较 NT 名称。我们用 RtlEqualUnicodeString 检查字符串的相等性，采用忽略大小写的方式（最后一个参数为 TRUE）。这个函数会返回找到的字符串在数组中的索引值，在没有找到时返回 –1。注意这个函数并不获取任何锁，因此调用者有责任在调用函数时使用适当的同步。

增加目录的处理程序现在能够搜索输入的目录字符串，如果找到了就继续：

```
AutoLock locker(DirNamesLock);

UNICODE_STRING strName;
RtlInitUnicodeString(&strName, name);
if (FindDirectory(&strName, true) >= 0) {
    // found it, just continue and return success
    break;
}
```

获取了快速互斥量之后，我们就能安全地访问目录数组了。如果没有找到字符串，我们需要向数组中加入一个新的目录。首先，我们应该确认数组没有用完：

```
if (DirNamesCount == MaxDirectories) {
    status = STATUS_TOO_MANY_NAMES;
    break;
}
```

此时我们需要遍历数组去寻找一个空位（其 DOS 字符串的缓冲区指针是 NULL）。一旦找到，就加入 DOS 名字并将其转换成 NT 名字，在后面我们会需要它。

```
for (int i = 0; i < MaxDirectories; i++) {
    if (DirNames[i].DosName.Buffer == nullptr) {
        // allow space for trailing backslash and NULL terminator
        auto len = (dosNameLen + 2) * sizeof(WCHAR);
        auto buffer = (WCHAR*)ExAllocatePoolWithTag(PagedPool, len, DRIVER_TAG);
        if (!buffer) {
            status = STATUS_INSUFFICIENT_RESOURCES;
            break;
        }
        ::wcscpy_s(buffer, len / sizeof(WCHAR), name);

        // append a backslash if it's missing
        if (name[dosNameLen - 1] != L'\\')
            ::wcscat_s(buffer, dosNameLen + 2, L"\\");

        status = ConvertDosNameToNtName(buffer, &DirNames[i].NtName);
        if (!NT_SUCCESS(status)) {
            ExFreePool(buffer);
```

```
            break;
        }

        RtlInitUnicodeString(&DirNames[i].DosName, buffer);
        KdPrint(("Add: %wZ <=> %wZ\n", &DirNames[i].DosName, &DirNames[i].NtName));
        ++DirNamesCount;
        break;
    }
}
```

除了对 ConvertDosNameToNtName 的调用之外，代码都相当直接。这不是一个内置的函数，而是需要我们自己实现的函数。下面是它的声明：

```
NTSTATUS ConvertDosNameToNtName(_In_ PCWSTR dosName, _Out_ PUNICODE_STRING ntName);
```

怎样把 DOS 名字转换成 NT 名字？既然"C:"以及类似的都是符号链接，那么一种方式就是查看符号链接并找到其指向的目标，即 NT 名字。我们将从一些简单的检查开始：

```
ntName->Buffer = nullptr;   // in case of failure
auto dosNameLen = ::wcslen(dosName);

if (dosNameLen < 3)
    return STATUS_BUFFER_TOO_SMALL;

// make sure we have a driver letter
if (dosName[2] != L'\\' || dosName[1] != L':')
    return STATUS_INVALID_PARAMETER;
```

我们期望的目录形式是"X:\..."这样的，有一个驱动器字母、冒号、反斜杠以及路径的其余部分。在这个驱动程序里，我们并不接受路径的共享形式（类似于"\myserver\myshare\mydir"这种）。这将作为一个练习留给读者去实现。

现在我们需要构建符号链接，放到 \??\ 对象管理器的目录之下。可以使用字符串操作函数来创建完整的字符串。在下面的代码中我们会用到一个叫作 kstring 的类型，它是一个字符串的包装器，类似于标准 C++ 的 std::wstring。它的 API 不一样，但是可读性很好。在第 11 章我们会详述其实现细节。

> 可以修改下面的代码，以使用各种字符串函数得到同样的结果。这个也留给读者作为练习。

我们将从基础的符号链接目录开始，加上所提供的驱动器字母：

```
kstring symLink(L"\\??\\");
symLink.Append(dosName, 2);  // driver letter and colon
```

现在需要用 ZwOpenSymbolicLinkObject 打开符号链接。为此我们需要准备一个

OBJECT_ATTRIBUTES 结构，此结构被很多开放式 API 所共用，这些 API 都需要某种形式的名称：

```
UNICODE_STRING symLinkFull;
symLink.GetUnicodeString(&symLinkFull);

OBJECT_ATTRIBUTES symLinkAttr;
InitializeObjectAttributes(&symLinkAttr, &symLinkFull,
    OBJ_KERNEL_HANDLE | OBJ_CASE_INSENSITIVE, nullptr, nullptr);
```

GetUnicodeString 是一个 kstring 的辅助函数，基于 kstring 初始化 UNICODE_STRING。这是必需的，因为 OBJECT_ATTRIBUTE 需要一个 UNICODE_STRING 形式的名称。初始化 OBJECT_ATTRIBUTE 的工作由 InitializeObjectAttributes 宏完成，它需要如下参数（按顺序）：

- ❏ 指向要初始化的 OBJECT_ATTRIBUTES 结构的指针
- ❏ 对象的名称
- ❏ 一组标志。在本例中，返回的句柄是内核句柄，并且以忽略大小写的方式查找名称
- ❏ 可选的句柄，在名称为相对路径而不是绝对路径时指明根目录。本例中为 NULL
- ❏ 可选的安全描述符，将被应用于此对象（如果是创建而不是打开对象）。本例中为 NULL

一旦此结构初始化完成，就可以调用 ZwQuerySymbolicLinkObject 了：

```
HANDLE hSymLink = nullptr;
auto status = STATUS_SUCCESS;

do {
    // open symbolic link
    status = ZwOpenSymbolicLinkObject(&hSymLink, GENERIC_READ, &symLinkAttr);
    if (!NT_SUCCESS(status))
        break;
```

我们将使用众所周知的 do/while（false）模式来清理合法句柄。ZwOpenSymbolic-LinkObject 的参数有：一个用于输出结果的句柄、一个访问掩码（这里是 GENERIC_READ，意即我们只需要读信息），以及一个我们前面准备好的 OBJECT_ATTRIBUTES。这个调用可能会失败，比如当传入的驱动器字母并不存在时。

如果调用成功了，我们需要读取符号链接对象指向的目标，用于获取此信息的函数是 ZwQuerySymbolicLinkObject。我们要准备一个足够大的 UNICODE_STRING 来存放结果（这也是我们的转换函数用于输出结果的参数）：

```
USHORT maxLen = 1024;        // arbitrary
ntName->Buffer = (WCHAR*)ExAllocatePool(PagedPool, maxLen);
if (!ntName->Buffer) {
```

```
        status = STATUS_INSUFFICIENT_RESOURCES;
        break;
    }
    ntName->MaximumLength = maxLen;

    // read target of symbolic link
    status = ZwQuerySymbolicLinkObject(hSymLink, ntName, nullptr);
    if (!NT_SUCCESS(status))
        break;
} while (false);
```

从 do/while 块中退出之后, 如果有失败的情形, 我们需要释放分配的缓冲区。否则, 我们就把输入目录的剩余部分添加到获取到的目标 NT 名字之后:

```
if (!NT_SUCCESS(status)) {
    if (ntName->Buffer) {
        ExFreePool(ntName->Buffer);
        ntName->Buffer = nullptr;
    }
}
else {
    RtlAppendUnicodeToString(ntName, dosName + 2);        // directory part
}
```

最后, 如果符号链接句柄成功打开了, 我们需要关闭它:

```
    if (hSymLink)
        ZwClose(hSymLink);

    return status;
}
```

对于删除受保护目录的情形, 我们对所提供的路径进行类似的检查, 然后查找其 DOS 名字。如果找到了, 就从数组中删除它:

```
AutoLock locker(DirNamesLock);
UNICODE_STRING strName;
RtlInitUnicodeString(&strName, name);

int found = FindDirectory(&strName, true);
if (found >= 0) {
    DirNames[found].Free();
    DirNamesCount--;
}
else {
    status = STATUS_NOT_FOUND;
}
break;
```

清除操作就相当简单了。把它留给读者作为一个练习吧（项目的源代码包含这一部分）。

10.8.1　处理创建前回调和设置信息前回调

完成上述架构之后，我们可以把注意力转向操作前回调的实现，使得任何位于受保护目录中的文件都不能被删除，不管是由哪个进程进行的删除操作。在这两个回调中，我们都需要获取被删除的文件名并且在受保护目录数组中寻找其目录。为此我们创建一个辅助函数，声明如下：

```
bool IsDeleteAllowed(_In_ PFLT_CALLBACK_DATA Data);
```

由于文件被藏在 FLT_CALLBACK_DATA 结构中，所以这就是我们所需要的参数。首先要做的是获取文件名（在此代码中，我们将不会使用前面介绍的包装器，这样 API 调用看上去会更明显）：

```
PFLT_FILE_NAME_INFORMATION nameInfo = nullptr;
auto allow = true;
do {
    auto status = FltGetFileNameInformation(Data,
        FLT_FILE_NAME_QUERY_DEFAULT | FLT_FILE_NAME_NORMALIZED, &nameInfo);
    if (!NT_SUCCESS(status))
        break;

    status = FltParseFileNameInformation(nameInfo);
    if (!NT_SUCCESS(status))
        break;
```

获取到文件名，然后对其进行解析，因为我们只需要文件名中的卷和父目录（以及共享部分，如果需要支持共享的话）。我们需要构造一个 UNICODE_STRING 把这三部分连接起来：

```
// concatenate volume+share+directory
UNICODE_STRING path;
path.Length = path.MaximumLength =
    nameInfo->Volume.Length + nameInfo->Share.Length + nameInfo->ParentDir.Length;
path.Buffer = nameInfo->Volume.Buffer;
```

完整的文件路径在内存中是连续的，因此 buffer 指针从第一部分（卷）开始，length 值则必须进行正确的计算。现在剩下要做的就是调用 FindDirectory 以找到（或者找不到）目录：

```
    AutoLock locker(DirNamesLock);
    if (FindDirectory(&path, false) >= 0) {
        allow = false;
        KdPrint(("File not allowed to delete: %wZ\n", &nameInfo->Name));
    }
} while (false);
```

最后释放文件名信息，操作就完成了：

```
if (nameInfo)
    FltReleaseFileNameInformation(nameInfo);
return allow;
}
```

回到操作前回调。首先处理创建前回调：

```
_Use_decl_annotations_
FLT_PREOP_CALLBACK_STATUS DelProtectPreCreate(PFLT_CALLBACK_DATA Data,
    PCFLT_RELATED_OBJECTS, PVOID*) {
    if (Data->RequestorMode == KernelMode)
        return FLT_PREOP_SUCCESS_NO_CALLBACK;

    auto& params = Data->Iopb->Parameters.Create;

    if (params.Options & FILE_DELETE_ON_CLOSE) {
        // delete operation
        KdPrint(("Delete on close: %wZ\n", &FltObjects->FileObject->FileName));

        if (!IsDeleteAllowed(Data)) {
            Data->IoStatus.Status = STATUS_ACCESS_DENIED;
            return FLT_PREOP_COMPLETE;
        }
    }
    return FLT_PREOP_SUCCESS_NO_CALLBACK;
}
```

设置信息前回调与它非常类似：

```
_Use_decl_annotations_
FLT_PREOP_CALLBACK_STATUS DelProtectPreSetInformation(PFLT_CALLBACK_DATA Data,
    PCFLT_RELATED_OBJECTS, PVOID*) {

    if (Data->RequestorMode == KernelMode)
        return FLT_PREOP_SUCCESS_NO_CALLBACK;

    auto& params = Data->Iopb->Parameters.SetFileInformation;

    if (params.FileInformationClass != FileDispositionInformation &&
        params.FileInformationClass != FileDispositionInformationEx) {
        // not a delete operation
        return FLT_PREOP_SUCCESS_NO_CALLBACK;
    }

    auto info = (FILE_DISPOSITION_INFORMATION*)params.InfoBuffer;
    if (!info->DeleteFile)
        return FLT_PREOP_SUCCESS_NO_CALLBACK;
```

```
if (IsDeleteAllowed(Data))
    return FLT_PREOP_SUCCESS_NO_CALLBACK;

Data->IoStatus.Status = STATUS_ACCESS_DENIED;
return FLT_PREOP_COMPLETE;
}
```

10.8.2　测试驱动程序

虽然配置受保护目录的客户程序跟前一节的客户程序非常类似，都是通过发送字符串到驱动程序以实现增加 / 删除，但是此客户程序已经被更新，将会发送更新后的控制代码（这个项目在源代码中被命名为 DelProtectConfig3）。下面是一些测试：

```
c:\book>fltmc load delprotect3

c:\book>delprotectconfig3 add c:\users\pavel\pictures
Success!

c:\book>del c:\users\pavel\pictures\pic1.jpg
c:\users\pavel\pictures\pic1.jpg
Access is denied.
```

10.9　上下文

在某些情形下，我们会希望将一些数据附加到文件系统实体上，比如卷和文件。过滤管理器通过上下文提供了这种能力。上下文是由小过滤驱动提供的数据结构，能够被任何文件系统对象设置和取得。这些上下文与它们所设置的对象连接，只要这些对象依然是活跃的就行。

要使用上下文，驱动程序必须事先声明它需要什么样的上下文以及将用于哪种类型的对象。这是作为 FLT_REGISTRATION 注册结构的一部分进行填写的。ContextRegistration 字段可以指向一个 FLT_CONTEXT_REGISTRATION 结构数组，每个结构定义一个上下文的信息。FLT_CONTEXT_REGISTRATION 的声明如下：

```
typedef struct _FLT_CONTEXT_REGISTRATION {
    FLT_CONTEXT_TYPE ContextType;
    FLT_CONTEXT_REGISTRATION_FLAGS Flags;
    PFLT_CONTEXT_CLEANUP_CALLBACK ContextCleanupCallback;
    SIZE_T Size;
    ULONG PoolTag;
    PFLT_CONTEXT_ALLOCATE_CALLBACK ContextAllocateCallback;
    PFLT_CONTEXT_FREE_CALLBACK ContextFreeCallback;
    PVOID Reserved1;
} FLT_CONTEXT_REGISTRATION, *PFLT_CONTEXT_REGISTRATION;
```

下面是对于结构中字段的描述：

❑ ContextType 用于标识上下文附加到什么类型的对象上。FLT_CONTEXT_TYPE 被定义为 USHORT 类型，可以取下面这些值：

```
    #define FLT_VOLUME_CONTEXT          0x0001
    #define FLT_INSTANCE_CONTEXT        0x0002
    #define FLT_FILE_CONTEXT            0x0004
    #define FLT_STREAM_CONTEXT          0x0008
    #define FLT_STREAMHANDLE_CONTEXT    0x0010
    #define FLT_TRANSACTION_CONTEXT     0x0020
#if FLT_MGR_WIN8
    #define FLT_SECTION_CONTEXT         0x0040
#endif // FLT_MGR_WIN8
    #define FLT_CONTEXT_END             0xffff
```

从上面的定义中可以看到，上下文可以附加到卷、过滤器实例、文件、流、流句柄、事务和节上（Windows 8 及以后版本）。最后一个值作为哨兵，用于指示上下文定义列表的结尾。"上下文类型"一段中包含了关于各种上下文类型的更多信息。

上下文类型

过滤管理器支持如下上下文类型：
❑ 卷上下文附加在卷上，比如磁盘分区（C:、D: 等）。
❑ 实例上下文附加在过滤器实例上。小过滤驱动可以运行多个实例，每个实例附加在不同的卷上。
❑ 文件上下文可以附加在一般意义的文件上（并非特殊的文件流）。
❑ 流上下文可以附加在文件流上，文件流被某些文件系统所支持，比如 NTFS。对每个文件只支持单一流数据的文件系统（例如 FAT）把流上下文视作文件上下文。
❑ 流句柄上下文可以附加在每个 FILE_OBJECT 的流上。
❑ 事务上下文可以附加在正在进行的文件系统事务上。具体来说，NTFS 文件系统支持事务，因此可以把上下文附加到正在进行的事务上。
❑ 节上下文可以附加到由 FltCreateSectionForDataScan 创建的节（文件映射）对象上（此函数超出了本书范围）。
并非所有上下文都会在所有文件系统上得到支持。过滤管理器提供 API，可以在需要时对此进行查询（仅对某些上下文类型）。这些 API 有 FltSupportsFileContexts、FltSupportsFileContextsEx 和 FltSupportsStreamContexts 等。

上下文的大小可以是固定的，也可以是可变的。如果希望用固定大小，就在 FLT_CONTEXT_REGISTRATION 的 Size 字段中指定。对于可变大小的上下文，驱动程序要将这个字段设置为 FLT_VARIABLE_SIZED_CONTEXTS(-1)。使用固定大小的上下文会更高效，因为过滤管理器可以用后备列表（lookaside list）来管理分配和释放（参见 WDK 文档以获得关于后备列表的更多信息）。

FLT_CONTEXT_REGISTRATION 中的 PoolTag 字段用于指定分配内存池标记。过滤管理器在实际分配上下文时会用到这个标记。随后的两个字段是可选的回调，驱动程序可以在此提供分配和释放函数。如果它们不是 NULL，那么 PoolTag 和 Size 字段就没有意义并且不被使用。

下面是构建上下文注册结构数组的一个例子：

```
struct FileContext {
    //...
};

const FLT_CONTEXT_REGISTRATION ContextRegistration[] = {
    { FLT_FILE_CONTEXT, 0, nullptr, sizeof(FileContext), 'torP',
        nullptr, nullptr, nullptr },
    { FLT_CONTEXT_END }
};
```

管理上下文

要实际使用上下文，驱动程序首先需要调用 FltAllocateContext 进行分配，其定义如下：

```
NTSTATUS FltAllocateContext (
    _In_ PFLT_FILTER Filter,
    _In_ FLT_CONTEXT_TYPE ContextType,
    _In_ SIZE_T ContextSize,
    _In_ POOL_TYPE PoolType,
    _Outptr_ PFLT_CONTEXT *ReturnedContext);
```

Filter 参数是指向过滤器的不透明指针，由 FltRegisterFilter 返回，不过在所有的回调都会提供的 FLT_RELATED_OBJECTS 结构里也有这个指针。ContextType 是前面列举过的系统支持的上下文类型宏中的一个，比如 FLT_FILE_CONTEXT。ContextSize 是所请求的上下文的大小，以字节数计（必须大于零）。PoolType 可以是 PagedPool 或者 NonPagedPool，取决于驱动程序计划在什么 IRQL 下访问上下文（对于卷上下文，必须使用 NonPagedPool）。最后，ReturnedContext 字段保存了返回的已分配的上下文；PFLT_CONTEXT 被定义为 PVOID 类型。

一旦上下文分配完成，驱动程序就可以在其中保存任何想要保存的数据。然后驱动程序必须将上下文附加到一个对象上（这就是一开始就要创建上下文的原因），这需要调用名为 FltSetXxxContext 的几个函数之一，这里的“Xxx”为 File、Instance、Volume、Stream、StreamHandle 或者 Transaction 中的一个。唯一的例外是节上下文需要用 FltCreateSectionForDataScan 函数进行设置。每个 FltSetXxxContext 函数都有相同的构造形式，File 的形式如下：

```
NTSTATUS FltSetFileContext (
    _In_ PFLT_INSTANCE Instance,
```

```
        _In_ PFILE_OBJECT FileObject,
        _In_ FLT_SET_CONTEXT_OPERATION Operation,
        _In_ PFLT_CONTEXT NewContext,
        _Outptr_ PFLT_CONTEXT *OldContext);
```

这个函数的参数是上下文所需要的。在这个文件上下文的例子里，包含了 Instance 参数（实际上所有上下文的设置函数都需要这个参数）和代表携带此上下文的文件的 FileObject 参数。Operation 参数可以是 FLT_SET_CONTEXT_REPLACE_IF_EXISTS 或者 FLT_ SET_CONTEXT_KEEP_IF_EXISTS，其名称很好地解释了其含义。

NewContext 是要设置的上下文，OldContext 是可选的参数，用于在将 Operation 设置成 FLT_SET_CONTEXT_REPLACE_IF_EXISTS 时接受前一个上下文。

上下文是引用计数的。分配上下文（FltAllocateContext）和设置上下文都会增加其引用计数。起减少引用计数作用的函数是 FltReleaseContext，它必须被调用相同的次数，以保证上下文不会泄漏。虽然有一个删除上下文的函数（FltDeleteContext），但我们通常并不会使用它，因为过滤管理器会在持有上下文的文件系统对象被销毁时自动将上下文删除。

 必须注意上下文的管理，否则可能会发现由于引用计数为正的上下文依然存活，并且上下文附着的文件系统对象还没有被删除（例如一个文件或者一个卷），导致驱动程序无法卸载。很显然，这表明一个 RAII 的上下文处理类可能会有用。

典型的情形是分配上下文并填充，将其设置到相关的对象，然后调用一次 FltReleaseContext，保持上下文的引用计数为 1。我们将会在本章的 10.11 节中看到实际使用上下文的例子。

一旦上下文被设置在一个对象上，别的回调可能会希望获取这个上下文。一组 "get" 函数提供了对相关上下文的访问，它们都以 FltGetXxxContext 的方式命名，这里的 "Xxx" 是 File、Instance、Volume、Stream、StreamHandle、Transaction 或者 Section 之一。"get" 函数会将上下文的引用计数加一，因此在用完上下文之后必须调用一次 FltReleaseContext。

10.10　初始化 I/O 请求

文件系统小过滤驱动有时候需要初始化它自己的 I/O 操作。正常情况下，内核代码会使用诸如 ZwCreateFile 这样的函数打开文件句柄，用诸如 ZwReadFile、ZwWriteFile、ZwDeviceIoControlFile 和其他一些函数进行 I/O 操作。但如果小过滤驱动需要在某个过滤管理器的回调中进行 I/O 操作，那么一般不使用 ZwCreateFile。其原因基于这么一个事实：I/O 操作会从最顶部的过滤驱动往下朝着文件系统本身的方向进行，半路上会遇到当前的小过滤驱动自身！这是一种重入情形，如果驱动程序不小心，就会产生问题。并且因为这将经过整个文件系统过滤栈，所以它也会有性能上的问题。

取而代之的是，小过滤驱动使用过滤管理器例程进行 I/O 操作，操作将朝文件系统的方向发送到下一层过滤驱动，从而防止了重入和可能存在的性能损失。这些 API 以"Flt"开头并跟相应的"Zw"函数在概念上类似。所用到的主要函数是 FltCreateFile（以及它的扩展版本 FltCreateFileEx 和 FltCreateFileEx2）。下面是 FltCreateFile 的原型：

```
NTSTATUS FltCreateFile (
    _In_ PFLT_FILTER Filter,
    _In_opt_ PFLT_INSTANCE Instance,
    _Out_ PHANDLE FileHandle,
    _In_ ACCESS_MASK DesiredAccess,
    _In_ POBJECT_ATTRIBUTES ObjectAttributes,
    _Out_ PIO_STATUS_BLOCK IoStatusBlock,
    _In_opt_ PLARGE_INTEGER AllocationSize,
    _In_ ULONG FileAttributes,
    _In_ ULONG ShareAccess,
    _In_ ULONG CreateDisposition,
    _In_ ULONG CreateOptions,
    _In_reads_bytes_opt_(EaLength) PVOID EaBuffer,
    _In_ ULONG EaLength,
    _In_ ULONG Flags);
```

这个函数有很多参数。幸运的是，它们不难理解，但是必须被正确设置，否则调用会以某种异常的状态失败。

可以从声明中看到，第一个参数是过滤的不透明地址，经过返回文件句柄的 I/O 操作以它为基础层。主要的返回值为 FileHandle 参数，它在调用成功时指向打开的文件。我们就不逐个细数每个参数了（请参考 WDK 文档），不过我们会在下节中用到这个函数。

> 扩展函数 FltCreateFileEx 多一个输出参数，它是由函数创建的 FILE_OBJECT 指针。FltCreateFileEx2 多一个输入参数，其类型为 IO_DRIVER_CREATE_CONTEXT，用于指定文件系统的附加信息（更多细节请参见 WDK 文档）。

驱动程序能够使用返回的句柄去调用标准的 I/O API，诸如 ZwReadFile、Zw-WriteFile 等。这些操作仍然只针对下面的驱动层次。另一种方式是，驱动程序使用从 FltCreateFileEx 或者 FltCreateFileEx2 返回的 FILE_OBJECT 调用 FltReadFile 和 FltWriteFile 函数（后面这些函数要求文件对象而不是文件句柄）。

一旦操作完成，必须用返回的句柄调用 FltClose。如果文件对象也随之返回了，则必须调用 ObDeferenceObject 减少其引用计数以防泄漏。

ℹ FltClose 实际上只调用了 ZwClose，把它放在这里是为了一致性。

10.11 文件备份驱动程序

是时候把我们所学的知识付诸实践了，特别是在小过滤驱动程序中应用上下文和 I/O 操作的知识。我们将要构建的驱动程序提供了文件的自动备份功能，无论何时只要文件以写访问方式打开，就会在写入之前自动对文件进行备份。这样，如果需要的话可以把文件恢复到前一个状态。从效果来说，在任何时候我们都拥有文件的单一备份。

主要的问题在于，备份放到哪里？可以在文件所在的目录下创建某种"备份"目录，也可以为所有的备份创建一个根目录，并且在跟原始文件一样的、只是以备份目录为根的目录结构中重新创建备份文件（驱动程序甚至都可以把这个目录对普通访问隐藏起来）。这些选择都不错，但是作为演示，我们将采用另外一种选择：把备份跟文件本身放在一起，作为 NTFS 的另外一个流。所以本质上文件包含了它自身的备份。然后如果需要，我们就把另外的流内容与默认的流交换，相当于把文件恢复到了前一个状态。

先从上一个驱动程序用过的文件系统小过滤驱动项目模板开始。将这个驱动程序的名字取作 FileBackup。下一步，我们需要同往常一样修订 INF 文件。下面是变化的部分：

```
[Version]
Signature   = "$Windows NT$"
Class       = "OpenFileBackup"
ClassGuid   = {f8ecafa6-66d1-41a5-899b-66585d7216b7}
Provider    = %ManufacturerName%
DriverVer   =
CatalogFile = FileBackup.cat


[MiniFilter.Service]
; truncated
LoadOrderGroup = "FS Open file backup filters"


[Strings]
; truncated
Instance1.Altitude    = "100200"
Instance1.Flags       = 0x0
```

我们把 FileBackup.c 文件重命名为 FileBackup.cpp 以便能支持 C++ 代码。

因为我们要使用额外流，所以只能用 NTFS，它是 Windows 中唯一支持额外流的"标准"的文件系统。这意味着驱动程序不应附加到非 NTFS 的卷上。驱动程序需要修改项目模板已经生成好的"实例设置"回调中的默认实现。下面是完整的函数代码，包含对 NTFS 的检查并避开非 NTFS 的文件系统：

```
NTSTATUS FileBackupInstanceSetup(
    _In_ PCFLT_RELATED_OBJECTS FltObjects,
    _In_ FLT_INSTANCE_SETUP_FLAGS Flags,
    _In_ DEVICE_TYPE VolumeDeviceType,
```

```
    _In_ FLT_FILESYSTEM_TYPE VolumeFilesystemType) {
    UNREFERENCED_PARAMETER(FltObjects);
    UNREFERENCED_PARAMETER(Flags);
    UNREFERENCED_PARAMETER(VolumeDeviceType);

    if (VolumeFilesystemType != FLT_FSTYPE_NTFS) {
        KdPrint(("Not attaching to non-NTFS volume\n"));
        return STATUS_FLT_DO_NOT_ATTACH;
    }

    return STATUS_SUCCESS;
}
```

返回 STATUS_FLT_DO_NOT_ATTACH 拒绝附加到给定的卷。

下一步，我们需要注册正确的请求。驱动程序需要截取写操作，因此需要一个 IRP_MJ_WRITE 的操作前回调。除此之外，我们还需要使用文件上下文跟踪一些状态。驱动程序可能需要处理创建后回调和清除操作（IRP_MJ_CLEANUP）。我们在后面会看到为什么需要。现在给定这些限制，我们能够设置如下的回调注册结构：

```
#define DRIVER_CONTEXT_TAG 'xcbF'
#define DRIVER_TAG 'bF'

const FLT_OPERATION_REGISTRATION Callbacks[] = {
    { IRP_MJ_CREATE, 0, nullptr, FileBackupPostCreate },
    { IRP_MJ_WRITE, FLTFL_OPERATION_REGISTRATION_SKIP_PAGING_IO,
        FileBackupPreWrite, nullptr },
    { IRP_MJ_CLEANUP, 0, nullptr, FileBackupPostCleanup },

    { IRP_MJ_OPERATION_END }
};
```

下一步，我们需要用上下文来跟踪写操作是否已经在特定的打开文件上进行过。让我们定义一个要用到的上下文结构，如下所示：

```
struct FileContext {
    Mutex Lock;
    UNICODE_STRING FileName;
    BOOLEAN Written;
};
```

我们要保存文件名本身（以便在进行备份时更容易获得）、一个用于同步的互斥量以及一个指示文件是否已经备份过的布尔量。再说一次，这个上下文的实际用途在我们开始实现回调之后会越来越清晰。

因为我们有了一个上下文，所以就需要在上下文数组之中进行注册：

```
const FLT_CONTEXT_REGISTRATION Contexts[] = {
    { FLT_FILE_CONTEXT, 0, nullptr, sizeof(FileContext), DRIVER_CONTEXT_TAG },
    { FLT_CONTEXT_END }
};
```

完整的注册结构指向这个数组，如下所示：

```
CONST FLT_REGISTRATION FilterRegistration = {
    sizeof(FLT_REGISTRATION),           // Size
    FLT_REGISTRATION_VERSION,           // Version
    0,                                  // Flags

    Contexts,                           // Context
    Callbacks,                          // Operation callbacks

    FileBackupUnload,                   // MiniFilterUnload
    FileBackupInstanceSetup,
    FileBackupInstanceQueryTeardown,
    FileBackupInstanceTeardownStart,
    FileBackupInstanceTeardownComplete,
};
```

现在我们设置好了所有的结构，可以开始实现回调了。

10.11.1　创建后回调

我们为什么会需要创建后回调？事实上，不用它也是可以的，但是它能帮助演示一些我们此前未曾接触过的特性。对于创建后回调，我们的目的是用它为我们感兴趣的文件分配文件上下文。例如，对于不是为了写操作打开的文件，驱动程序就不加理会。

为什么我们用操作后回调而不是操作前回调？这是因为我们可以不用考虑打开文件操作会不会由于别的驱动程序的操作前回调而失败。只有当文件成功打开了，我们的驱动程序才会去检查文件。实现以如下代码开始：

```
FLT_POSTOP_CALLBACK_STATUS FileBackupPostCreate(
    PFLT_CALLBACK_DATA Data, PCFLT_RELATED_OBJECTS FltObjects,
    PVOID CompletionContext, FLT_POST_OPERATION_FLAGS Flags) {
```

下一步要提取出创建操作的参数：

```
const auto& params = Data->Iopb->Parameters.Create;
```

我们只关心那些以写访问方式打开的文件，它们不是来自内核模式的，也不是新创建的（因为新文件不需要备份）。下面是进行这些检查的代码：

```
if (Data->RequestorMode == KernelMode
    || (params.SecurityContext->DesiredAccess & FILE_WRITE_DATA) == 0
    || Data->IoStatus.Information == FILE_DOES_NOT_EXIST) {
```

```
    // kernel caller, not write access or a new file - skip
    return FLT_POSTOP_FINISHED_PROCESSING;
}
```

> 请查看FLT_PARAMETERS 和 IRP_MJ_CREATE 的文档，以获得更多关于上面代码细节的相关信息。

这种检查很重要，能够为驱动程序减少大量的开销。驱动程序必须一直都尽可能少做事以减少对性能的影响。

有了需要关心的文件之后，我们要准备一个上下文对象用来附加到文件上。这个上下文在随后我们处理写前回调时要用到。首先，我们要通过调用标准的FltGetFileName-Information 来获得文件名。为了让这个操作更简单且不易出错，我们会使用本章前面给出的 RAII 包装器：

```
FilterFileNameInformation fileNameInfo(Data);
if (!fileNameInfo) {
    return FLT_POSTOP_FINISHED_PROCESSING;
}

if (!NT_SUCCESS(fileNameInfo.Parse()))  // FltParseFileNameInformation
    return FLT_POSTOP_FINISHED_PROCESSING;
```

下一步是决定我们是备份所有文件还是备份在指定目录中的文件。从灵活性考虑，我们会选择后者。先创建一个辅助函数，叫作 IsBackDirectory，此函数对于我们关心的目录返回 true。下面是一个简单的实现，对任何名为"\pictures\"或者"\documents\"的目录返回 true：

```
bool IsBackupDirectory(_In_ PCUNICODE_STRING directory) {
    // no counted version of wcsstr :(

    ULONG maxSize = 1024;
    if (directory->Length > maxSize)
        return false;

    auto copy = (WCHAR*)ExAllocatePoolWithTag(PagedPool, maxSize + sizeof(WCHAR),
        DRIVER_TAG);
    if (!copy)
        return false;

    RtlZeroMemory(copy, maxSize + sizeof(WCHAR));
    wcsncpy_s(copy, 1 + maxSize / sizeof(WCHAR), directory->Buffer,
        directory->Length / sizeof(WCHAR));
    _wcslwr(copy);

    bool doBackup = wcsstr(copy, L"\\pictures\\") || wcsstr(copy, L"\\documents\\");
```

```
        ExFreePool(copy);

        return doBackup;
}
```

这个函数只有一个参数，即目录名称（用 FltParseFileNameInformation 获取），然后我们要从中寻找上面所说的子串。不幸的是，这并没有看起来那么容易。普遍的做法是调用 wcsstr，它将在一个字符串中扫描指定的子串，但它有两个问题：

❑ 它是区分大小写的，在涉及文件或者目录时不够方便。

❑ 它需要被搜索的字符串以 NULL 结尾，但是 UNICODE_STRING 并不这么要求。

由于上述问题，所以代码分配了自己的字符串缓冲区，将目录名称复制过来，并且在调用 wcsstr 搜索"\pictures"和"\documents\"之前将其转换成小写（_wcslwr）。

> 当然，在产品级别的驱动程序中，这些硬编码的字符串应该来自某些配置工具、注册表或者两者的结合。这一点留给读者作为练习。

回到创建后回调中，我们调用 IsBackupDirectory，如果它返回 false，我们就退出：

```
if (!IsBackupDirectory(&fileNameInfo->ParentDir))
    return FLT_POSTOP_FINISHED_PROCESSING;
```

接着，我们再进行一次检查。如果文件打开的不是默认的流，我们就不应该尝试备份什么。我们只备份默认的数据流：

```
if (fileNameInfo->Stream.Length > 0)
    return FLT_POSTOP_FINISHED_PROCESSING;
```

最后，分配文件上下文并对其进行初始化：

```
FileContext* context;
auto status = FltAllocateContext(FltObjects->Filter, FLT_FILE_CONTEXT,
    sizeof(FileContext), PagedPool, (PFLT_CONTEXT*)&context);
if (!NT_SUCCESS(status)) {
    KdPrint(("Failed to allocate file context (0x%08X)\n", status));
    return FLT_POSTOP_FINISHED_PROCESSING;
}

context->Written = FALSE;
context->FileName.MaximumLength = fileNameInfo->Name.Length;
context->FileName.Buffer = (WCHAR*)ExAllocatePoolWithTag(PagedPool,
    fileNameInfo->Name.Length, DRIVER_TAG);
if (!context->FileName.Buffer) {
    FltReleaseContext(context);
    return FLT_POSTOP_FINISHED_PROCESSING;
```

```
}
RtlCopyUnicodeString(&context->FileName, &fileNameInfo->Name);

// initialize mutex
context->Lock.Init();
```

这段代码需要一些解释。FltAllocateContext 分配了一个指定大小的上下文并返回指向分配的内存的指针。PFLT_CONTEXT 就是一个 void* ——可以把它强制转换成任何我们需要的类型。返回的上下文内存并没有清零，因此所有字段都必须正确地初始化。

为什么我们一开始就需要上下文？一个典型的客户程序会以写访问打开文件，然后可能会多次调用 WriteFile。在首次写文件之前，驱动程序应该先备份文件的现有内容。这就是为什么我们需要布尔型的 Written 字段——用于确认只在第一次写操作之前备份一次。这个标志的初始值为 FALSE，在第一次写操作之后变为 TRUE。这个事件的流程如图 10-10 所示。

图 10-10　常见的写文件序列的客户程序和驱动程序操作

接下来我们进行内存分配，用于保存完整的文件名，我们在后面真正进行文件备份时会需要它。从技术上来说，我们可以在备份时调用 FltGetFileNameInformation，但是这个函数在某些情形下会失败，所以最好现在就获取文件名留给后面使用，这样驱动程序会更健壮。

上下文中最后一个字段是互斥量。在一种不常见但是可能出现的情形下我们会需要进行同步，这种情形是客户程序有多个线程同时写同一文件。在这种情形下，我们需要保证只进行一次备份，否则备份会损坏。在迄今为止所有需要同步的例子中，我们都使用了快速互斥量，但是在这里我们用了标准的互斥量。为什么？因为驱动程序在备份文件时需要调用的 API ——像 ZwWriteFile 和 ZwReadFile 这样的 I/O API 只能在 IRQL PASSIVE_ LEVEL（0）时调用。获取快速互斥量会把 IRQL 提高到 IRQL APC_LEVEL（1），如果这时调用 I/O API 就会造成死锁。

Mutex 类跟第 6 章中的一样，它会通过 RAII AutoLock 类被使用，我们在前面章节里已经多次使用过 RAII AutoLock 类了。

上下文已经初始化完成，需要通过 FltSetFileContext 将其附加到文件上，然后释放上下文并最终从创建后回调中返回：

```
status = FltSetFileContext(FltObjects->Instance, FltObjects->FileObject,
    FLT_SET_CONTEXT_KEEP_IF_EXISTS, context, nullptr);
```

```
    if (!NT_SUCCESS(status)) {
        KdPrint(("Failed to set file context (0x%08X)\n", status));
        ExFreePool(context->FileName.Buffer);
    }
    FltReleaseContext(context);

    return FLT_POSTOP_FINISHED_PROCESSING;
}
```

设置上下文的 API 允许保留已经存在的上下文（如果有）或者代替它（如果存在）。在这个例子中我们选择保留，一种非常少见的情形是有两个不同的调用者打开了同一个文件进行写访问，其中一个比另一个更快地进行了上下文设置。如果已经有上下文存在，其 API 的返回值是 STATUS_FLT_CONTEXT_ALREADY_DEFINED，这是一个错误的状态值，如果返回错误的状态值，驱动程序就要小心地释放早先分配的字符串缓冲区。

最终，FltReleaseContext 必须得到调用，如果一切顺利，就把上下文的内部引用计数设置为 1（分配会 +1，设置会 +1，释放会 −1）。如果设置上下文失败，就会彻底将其释放。

10.11.2　写前回调

写前回调的任务是：在进行真正的写操作之前，先复制一份文件数据；这就是需要操作前回调的原因，否则在操作后回调中写操作已经完成了。

我们从获取文件的上下文开始。如果上下文不存在，说明我们的创建后回调对此文件不感兴趣，我们就简单地继续：

```
FLT_PREOP_CALLBACK_STATUS FileBackupPreWrite(
    PFLT_CALLBACK_DATA Data, PCFLT_RELATED_OBJECTS FltObjects,
        PVOID* CompletionContext) {
    UNREFERENCED_PARAMETER(CompletionContext);
    UNREFERENCED_PARAMETER(Data);

    // get the file context if exists
    FileContext* context;

    auto status = FltGetFileContext(FltObjects->Instance,
        FltObjects->FileObject, (PFLT_CONTEXT*)&context);
    if (!NT_SUCCESS(status) || context == nullptr) {
        // no context, continue normally
        return FLT_PREOP_SUCCESS_NO_CALLBACK;
    }
```

有了上下文之后，我们需要在首次写之前仅进行一次文件数据的复制。首先，获取互斥量，检查上下文中的已写标志，如果是 false，那么备份尚未创建，我们就调用辅助函数进行备份：

```
    {
        AutoLock<Mutex> locker(context->Lock);

        if (!context->Written) {
            status = BackupFile(&context->FileName, FltObjects);
            if (!NT_SUCCESS(status)) {
                KdPrint(("Failed to backup file! (0x%X)\n", status));
            }
            context->Written = TRUE;
        }
    }
    FltReleaseContext(context);

    return FLT_PREOP_SUCCESS_NO_CALLBACK;
}
```

BackupFile 辅助函数是完成所有工作的关键。可能读者会以为复制文件只是一个 API 的事，但并不是这样。内核中没有 “CopyFile” 函数。用户模式下的 CopyFile API 并不是一个简单的函数，它做了很多工作来完成文件的复制。其中一部分是从源文件读取字节并写到目标文件，但是在通常情况下这并不够。首先，可能有多个流需要复制（使用 NTFS 时）。其次，还有安全描述符的问题，在某些情况下，原始文件的安全描述符也需要被复制（参考 CopyFile 的文档以了解所有细节）。

最差的情况是我们需要创建自己的文件复制操作。幸运的是我们只需要复制单个文件流——把默认流复制到同一文件的另外一个流中，这个流作为我们的备份流。下面是 BackupFile 函数的开头部分：

```
NTSTATUS
BackupFile(_In_ PUNICODE_STRING FileName, _In_ PCFLT_RELATED_OBJECTS FltObjects) {
    HANDLE hTargetFile = nullptr;
    HANDLE hSourceFile = nullptr;
    IO_STATUS_BLOCK ioStatus;
    auto status = STATUS_SUCCESS;
    void* buffer = nullptr;
```

我们采用的途径是打开两个句柄——一个（源）句柄指向原始文件（需要备份默认流），另一个（目标）句柄指向备份流。然后，我们从源文件读并写到目标。这在概念上很简单，但是像内核编程中常见的那样，细节是最麻烦的。

我们从获取文件大小开始。文件大小可以为零，此时没什么可以备份的：

```
LARGE_INTEGER fileSize;
status = FsRtlGetFileSize(FltObjects->FileObject, &fileSize);
if (!NT_SUCCESS(status) || fileSize.QuadPart == 0)
    return status;
```

无论何时，只要 FILE_OBJECT 指针需要文件大小，我们就推荐使用 FsRtlGetFileSize API。另一个方法是用 ZwQueryInformationFile 获得文件大小（这个函数可以获取多种类型的信息），但是它需要一个文件句柄，并且在某些情况下会引起死锁。

现在我们已经准备好用 FltCreateFile 打开源文件了。重要的是不要用 ZwCreateFile，这样 I/O 请求才能够送到下面的驱动程序而不是送到文件系统驱动栈的顶部。FltCreate-File 有许多参数，所以调用看起来并不好玩：

```
do {
    // open source file
    OBJECT_ATTRIBUTES sourceFileAttr;
    InitializeObjectAttributes(&sourceFileAttr, FileName,
        OBJ_KERNEL_HANDLE | OBJ_CASE_INSENSITIVE, nullptr, nullptr);

    status = FltCreateFile(
        FltObjects->Filter,                // filter object
        FltObjects->Instance,           // filter instance
        &hSourceFile,                    // resulting handle
        FILE_READ_DATA | SYNCHRONIZE, // access mask
        &sourceFileAttr,                 // object attributes
        &ioStatus,                         // resulting status
        nullptr, FILE_ATTRIBUTE_NORMAL,    // allocation size, file attributes
        FILE_SHARE_READ | FILE_SHARE_WRITE, // share flags (unimportant here)
        FILE_OPEN,                 // create disposition
        FILE_SYNCHRONOUS_IO_NONALERT, // create options (sync I/O)
        nullptr, 0,                           // extended attributes, EA length
        IO_IGNORE_SHARE_ACCESS_CHECK);        // flags

    if (!NT_SUCCESS(status))
        break;
```

调用 FltCreateFile 像调用别的 API 一样需要一个名称，需要用提供给 BackupFile 的文件名初始化一个 OBJECT_ATTRIBUTES 结构。这是默认的文件流，将会被写操作所改变，这就是我们要备份的原因。调用这个函数的重要参数是：

❑ 过滤器对象和实例对象，它们提供了必要的信息让调用传递到下层过滤（或者文件系统），而不是到达文件系统栈的顶部。

❑ 在 hSourceFile 中返回句柄。

❑ 访问掩码设置成 FILE_READ_DATA 和 SYNCHRONIZE。

❑ 创建配置，在此情形下表示文件必须存在（FILE-OPEN）。

❑ 创建选项设置为 FILE_SYNCHRONOUS_IO_NONALERT，表示经过结果文件句柄进行同步操作。SYNCHRONIZE 访问掩码标志对于同步操作是必需的。

❑ IO_IGNORE_SHARED_ACCESS_CHECK 标志很重要，因为这里处理的文件已经被客户程序打开了，并且多半没有允许共享。因此我们要请求文件系统对这个调用忽略共享访问检查。

> 请阅读 **FltCreateFile** 的文档以更好地理解此函数提供的各种选项。

下一步需要在同一文件中打开或者创建备份流。我们把备份流命名为"**:backup**"并用另外一个 **FltCreateFile** 调用获得目标文件的句柄：

```cpp
UNICODE_STRING targetFileName;
const WCHAR backupStream[] = L":backup";
targetFileName.MaximumLength = FileName->Length + sizeof(backupStream);
targetFileName.Buffer = (WCHAR*)ExAllocatePoolWithTag(PagedPool,
    targetFileName.MaximumLength, DRIVER_TAG);
if (targetFileName.Buffer == nullptr)
    return STATUS_INSUFFICIENT_RESOURCES;

RtlCopyUnicodeString(&targetFileName, FileName);
RtlAppendUnicodeToString(&targetFileName, backupStream);

OBJECT_ATTRIBUTES targetFileAttr;
InitializeObjectAttributes(&targetFileAttr, &targetFileName,
    OBJ_KERNEL_HANDLE | OBJ_CASE_INSENSITIVE, nullptr, nullptr);

status = FltCreateFile(
    FltObjects->Filter,              // filter object
    FltObjects->Instance,           // filter instance
    &hTargetFile,                   // resulting handle
    GENERIC_WRITE | SYNCHRONIZE,    // access mask
    &targetFileAttr,                // object attributes
    &ioStatus,                      // resulting status
    nullptr, FILE_ATTRIBUTE_NORMAL, // allocation size, file attributes
    0,              // share flags
    FILE_OVERWRITE_IF,              // create disposition
    FILE_SYNCHRONOUS_IO_NONALERT,   // create options (sync I/O)
    nullptr, 0, 0);         // extended attributes, EA length, flags

ExFreePool(targetFileName.Buffer);

if (!NT_SUCCESS(status))
    break;
```

把基础的文件名和备份流名连在一起构成要打开的文件名。用写访问方式（GENERIC_WRITE）打开并且覆盖任何可能存在的数据（FILE_OVERWRITE_IF）。

有了这两个句柄之后，我们可以把源数据写到目标中了。一个简单的办法是分配一个跟文件大小一样的缓冲区，用单个读取和单个写完成任务。但是这可能会有问题，如果文件非常大，内存分配可能会失败。

⚠ 为非常大的文件创建备份也有风险，可能会消耗大量的磁盘空间。对此类驱动程序，
当文件过大（比如可以在注册表中配置）或者在剩余磁盘空间小于某个阈值时（也可以
配置），需要避免进行备份。这些作为练习留给读者。

解决方案是分配一个相对小的缓冲区，并进行循环读写直到所有文件块都被复制。这
是我们要用的方法。首先，分配一个缓冲区：

```
ULONG size = 1 << 21;          // 2 MB
buffer = ExAllocatePoolWithTag(PagedPool, size, DRIVER_TAG);
if (!buffer) {
    status = STATUS_INSUFFICIENT_RESOURCES;
    break;
}
```

然后是循环——我们用了偏移量，但其实可以不用，因为在文件上的操作是同步的，
每个文件对象会跟踪自己的文件位置并在每个操作之后更新。

```
LARGE_INTEGER offset = { 0 };                    // read
LARGE_INTEGER writeOffset = { 0 };               // write

ULONG bytes;
auto saveSize = fileSize;
while (fileSize.QuadPart > 0) {
    status = ZwReadFile(
        hSourceFile,
        nullptr,       // optional KEVENT
        nullptr, nullptr,       // no APC
        &ioStatus,
        buffer,
        (ULONG)min((LONGLONG)size, fileSize.QuadPart),        // # of bytes
        &offset,       // offset
        nullptr);      // optional key
    if (!NT_SUCCESS(status))
        break;

    bytes = (ULONG)ioStatus.Information;

    // write to target file
    status = ZwWriteFile(
        hTargetFile,        // target handle
        nullptr,                // optional KEVENT
        nullptr, nullptr, // APC routine, APC context
        &ioStatus,              // I/O status result
        buffer,                     // data to write
        bytes,          // # bytes to write
        &writeOffset,       // offset
```

```
        nullptr);                    // optional key

    if (!NT_SUCCESS(status))
        break;

    // update byte count and offsets
    offset.QuadPart += bytes;
    writeOffset.QuadPart += bytes;
    fileSize.QuadPart -= bytes;
}
```

只要还有数据需要传输，这个循环就会持续运行。从文件的大小开始计数，每传输完成一块之后就减少相应的数值。实际的读写函数是 ZwReadFile 和 ZwWriteFile。读操作在 IO_STATUS_BLOCK 的 Information 字段中返回实际读取的字节数，这个数值用来初始化 bytes 局部变量，它将用在写操作中。

所有数据都传输完毕之后，还剩下一件事情。因为我们可能是在覆盖前一个备份（可能比现在这个大），所以必须将文件的结束指针设置成当前的偏移：

```
    FILE_END_OF_FILE_INFORMATION info;
    info.EndOfFile = saveSize;
    NT_VERIFY(NT_SUCCESS(ZwSetInformationFile(hTargetFile, &ioStatus,
        &info, sizeof(info), FileEndOfFileInformation)));
} while (false);
```

NT_VERIFY 宏在调试构建中类似于 NT_ASSERT，但是在发布构建中不起作用。
最后需要把一切清理干净：

```
    if (buffer)
        ExFreePool(buffer);
    if (hSourceFile)
        FltClose(hSourceFile);
    if (hTargetFile)
        FltClose(hTargetFile);

    return status;
}
```

10.11.3 清理后回调

为什么需要另外一个回调？我们的上下文是附加到文件的，这意味着仅在文件被删除时它才会被删除，而这可能永远都不会发生。我们需要在客户程序关闭文件时释放上下文。

有两个操作看上去与此有关，IRP_MJ_CLOSE 和 IRP_MJ_CLEANUP。关闭操作看上去更直观，因为它在文件的最后一个句柄关闭时被调用。但是，由于缓存，它可能不能总是被及时调用。更好的方式是处理 IRP_MJ_CLEANUP，这个功能本质上表示文件对象不再被需要了，即使最后一个句柄尚未关闭。这是释放上下文的好时机（如果存在上下文）。

清理后回调跟别的操作后回调类似：

```
FLT_POSTOP_CALLBACK_STATUS FileBackupPostCleanup(
    PFLT_CALLBACK_DATA Data, PCFLT_RELATED_OBJECTS FltObjects,
    PVOID CompletionContext, FLT_POST_OPERATION_FLAGS Flags) {
    UNREFERENCED_PARAMETER(Flags);
    UNREFERENCED_PARAMETER(CompletionContext);
    UNREFERENCED_PARAMETER(Data);
```

我们需要获得文件上下文，并且如果上下文存在的话——在删除它之前释放一切动态分配的东西：

```
    FileContext* context;

    auto status = FltGetFileContext(FltObjects->Instance,
        FltObjects->FileObject, (PFLT_CONTEXT*)&context);
    if (!NT_SUCCESS(status) || context == nullptr) {
        // no context, continue normally
        return FLT_POSTOP_FINISHED_PROCESSING;
    }

    if (context->FileName.Buffer)
        ExFreePool(context->FileName.Buffer);
    FltReleaseContext(context);
    FltDeleteContext(context);

    return FLT_POSTOP_FINISHED_PROCESSING;
}
```

10.11.4 测试驱动程序

可以这样对驱动程序进行测试：把驱动程序像往常一样部署到目标系统中，然后用"文档"或者"图片"目录中的文件进行操作。

在下面的例子中，我在文档目录中创建了一个 hello.txt 文件，内容为"Hello, World!"，保存文件，然后将文件内容修改为"Goodbye, world!"并再次保存。图 10-11 显示了用文件打开的 NtfsStreams。下面的命令窗口显示了文件的当前内容：

```
c:\users\pavel\documents>type hello.txt
Goodbye, world!
```

10.11.5 恢复备份

如何恢复备份？我们需要将":backup"流的内容复制到"正常的"文件内容之上。不幸的是，CopyFile API 不接受额外流，所以无法完成这个工作。我们写一个工具来做这项工作。

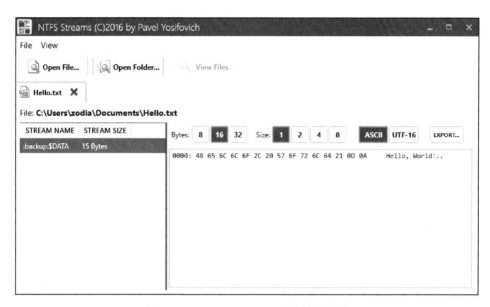

图 10-11　NtfsStreams 显示文件的备份

创建一个新的控制台应用项目，取名为 FileRestore。将下面的 #include 语句加入到 pch.h 文件中：

```
#include <Windows.h>
#include <stdio.h>
#include <string>
```

main 函数接受文件名作为命令行参数：

```
int wmain(int argc, const wchar_t* argv[]) {
    if (argc < 2) {
        printf("Usage: FileRestore <filename>\n");
        return 0;
    }
```

下一步，打开两个文件，一个指向":backup"流，另一个指向"正常的"文件。然后逐块进行复制，跟驱动程序的 BackupFile 代码类似——不过是在用户模式下（为了简洁起见忽略了所有错误处理代码）：

```
    // generate full stream name
    std::wstring stream(argv[1]);
    stream += L":backup";
```

```
HANDLE hSource = ::CreateFile(stream.c_str(), GENERIC_READ, FILE_SHARE_READ,
    nullptr, OPEN_EXISTING, 0, nullptr);

HANDLE hTarget = ::CreateFile(argv[1], GENERIC_WRITE, 0,
    nullptr, OPEN_EXISTING, 0, nullptr);

LARGE_INTEGER size;
::GetFileSizeEx(hSource, &size);

ULONG bufferSize = (ULONG)min((LONGLONG)1 << 21, size.QuadPart);
void* buffer = VirtualAlloc(nullptr, bufferSize,
    MEM_COMMIT | MEM_RESERVE, PAGE_READWRITE);

DWORD bytes;
while (size.QuadPart > 0) {
    ::ReadFile(hSource, buffer,
        (DWORD)(min((LONGLONG)bufferSize, size.QuadPart)),
        &bytes, nullptr);
    ::WriteFile(hTarget, buffer, bytes, &bytes, nullptr);

    size.QuadPart -= bytes;
}

printf("Restore successful!\n");

::CloseHandle(hSource);
::CloseHandle(hTarget);
::VirtualFree(buffer, 0, MEM_DECOMMIT | MEM_RELEASE);

return 0;
}
```

> 这个工具的完整源代码里有正确的错误处理代码。

 扩展这个驱动程序，在文件中保存一个附加流，内容是备份的时间和日期。

10.12　用户模式通信

在前面的章节中，我们看到了驱动程序和用户模式客户程序之间的一种通信方式：使用 DeviceIoControl。这当然是一种好方式，在许多场景下都工作得很好。但是它有一个缺点，就是必须由用户模式客户程序初始化通信。如果驱动程序有什么想要发送给用户模式客户程序的话，它无法直接做到，只能先存下来等客户程序向它询问数据。

过滤管理器提供了另外一种机制，在文件系统小过滤驱动和用户模式客户程序之间进行双向通信，任何一方都可以发送信息给另一方并等待回应。

小过滤驱动通过调用 FltCreateCommunicationPort 创建一个过滤器通信端口，并为来自客户程序的连接和消息注册回调。用户模式客户程序通过调用 FilterConnect-CommunicationPort 连接到这个端口，得到端口的一个句柄。

小过滤驱动用 FltSendMessage 向用户模式客户程序发送一条消息。另一边，用户模式客户程序调用 FilterGetMessage 等待消息到达，或者调用 FilterSendMessage 给驱动程序发送消息。如果驱动程序期望等到一个回应，用户模式客户程序则调用 FilterReplyMessage 发送回应。

10.12.1　创建通信端口

FltCreateCommunicationPort 函数声明如下：

```
NTSTATUS FltCreateCommunicationPort (
    _In_ PFLT_FILTER Filter,
    _Outptr_ PFLT_PORT *ServerPort,
    _In_ POBJECT_ATTRIBUTES ObjectAttributes,
    _In_opt_ PVOID ServerPortCookie,
    _In_ PFLT_CONNECT_NOTIFY ConnectNotifyCallback,
    _In_ PFLT_DISCONNECT_NOTIFY DisconnectNotifyCallback,
    _In_opt_ PFLT_MESSAGE_NOTIFY MessageNotifyCallback,
    _In_ LONG MaxConnections);
```

FltCreateCommunicationPort 的参数描述如下：

❑ Filter 是从 FilterRegisterFilter 返回的不透明指针。

❑ ServerPort 是用于输出的不透明的句柄，在内部用于倾听来自用户模式的消息。

❑ ObjectAttributes 是标准的属性结构，必须包含服务器端口名称和允许用户模式客户程序连接的安全描述符（随后详述）。

❑ ServerPortCookie 是一个可选的驱动程序自定义指针，可以在消息回调中用来区分多个打开的端口。

❑ ConnectNotifyCallback 是驱动程序必须提供的回调，在有新的客户程序连接到端口时调用。

❑ DisconnectNotifyCallback 是用户模式客户程序从端口断开连接时被调用的回调。

❑ MessageNotifyCallback 是有消息到达端口时被调用的回调。

❑ MaxConnections 指明了能够连接到端口的最大客户程序数量。数量必须大于零。

要成功调用 FltCreateCommunicationPort，驱动程序需要准备一个对象属性和一个安全描述符。最简单的安全描述符可以通过调用 FltBuildDefaultSecurityDescriptor 创建，如下所示：

```
PSECURITY_DESCRIPTOR sd;
status = FltBuildDefaultSecurityDescriptor(&sd, FLT_PORT_ALL_ACCESS);
```

用如下代码初始化对象属性：

```
UNICODE_STRING portName = RTL_CONSTANT_STRING(L"\\MyPort");
OBJECT_ATTRIBUTES portAttr;
InitializeObjectAttributes(&portAttr, &name,
    OBJ_KERNEL_HANDLE | OBJ_CASE_INSENSITIVE, nullptr, sd);
```

端口的名称位于对象管理器的名字空间中，在创建之后可以用 WinObj 看到。标志字段必须设置为 OBJ_KERNEL_HANDLE，否则调用会失败。注意最后一个参数是之前定义的安全描述符。现在驱动程序可以调用 FltCreateCommunicationPort 了，通常是在调用 FltRegisterFilter 之后（因为需要它返回的不透明的过滤器对象），但在调用 FltStartFiltering 之前，以便在开始过滤时准备好端口：

```
PFLT_PORT ServerPort;

status = FltCreateCommunicationPort(FilterHandle, &ServerPort, &portAttr, nullptr,
    PortConnectNotify, PortDisconnectNotify, PortMessageNotify, 1);

// free security descriptor
FltFreeSecurityDescriptor(sd);
```

10.12.2　用户模式连接

用户模式客户程序调用 FilterConnectCommunicationPort 以连接到一个打开了的端口，该函数声明如下：

```
HRESULT FilterConnectCommunicationPort (
    _In_ LPCWSTR lpPortName,
    _In_ DWORD dwOptions,
    _In_reads_bytes_opt_(wSizeOfContext) LPCVOID lpContext,
    _In_ WORD wSizeOfContext,
    _In_opt_ LPSECURITY_ATTRIBUTES lpSecurityAttributes,
    _Outptr_ HANDLE *hPort);
```

下面是参数的简要说明：

❑ lpPortName 是端口名称（比如 "\MyPort"）。注意如果端口使用了驱动程序创建的默认安全描述符，那么只有管理员级别的进程才能连接它。

❑ dwOptions 通常是零，但是在 Windows 8.1 及以后版本中，FLT_PORT_FLAG_SYNC_HANDLE 指定句柄只能同步使用。还不清楚为什么需要这个选项值，因为默认用法就是同步的。

❑ lpContext 和 wSizeOfContext 支持在连接时发送一个缓冲区到驱动程序。这种方法可以用于身份验证，例如，用来把口令或者令牌发送到驱动程序，驱动程序将使得那些不符合预先定义的身份验证机制的连接请求失败。在生产环境的驱动程序中，这样做通常是个好主意，未知的客户程序就不能从合法客户程序那里"劫持"通信端口了。

❑ lpSecurityAttributes 即常见的用户模式 SECURITY_ATTRIBUTES，一般设置成 NULL。
❑ hPort 用于输出句柄，客户程序随后会使用它发送和接收数据。

这个调用会引起驱动程序的客户连接通知回调，回调声明如下：

```
NTSTATUS PortConnectNotify(
    _In_ PFLT_PORT ClientPort,
    _In_opt_ PVOID ServerPortCookie,
    _In_reads_bytes_opt_(SizeOfContext) PVOID ConnectionContext,
    _In_ ULONG SizeOfContext,
    _Outptr_result_maybenull_ PVOID *ConnectionPortCookie);
```

ClientPort 是指向客户端口的唯一句柄，驱动程序必须保存它，并且无论何时需要与客户程序通信都会用到它。ServerPortCookie 就是驱动程序在 FltCreateCommunicationPort 中指定的那个。ConnectionContext 和 SizeOfContext 参数包含了客户程序发送过来的可选的缓冲区。最后，ConnectionPortCookie 是一个可选的参数，驱动程序可以用它返回代表此客户程序的内容；它会被传递到客户程序断开连接以及消息通知例程中。

如果驱动程序同意接受客户程序的连接，它会返回 STATUS_SUCCESS。否则，客户程序会在 FilterConnectCommunicationPort 的返回值中得到一个表示失败的 HRESULT。

一旦 FilterConnectCommunicationPort 调用成功，客户程序就能开始与驱动程序通信了，反之亦然。

10.12.3　发送和接收消息

小过滤驱动程序可以用 FltSendMessage 给客户程序发送消息，此函数声明如下：

```
NTSTATUS
FLTAPI
FltSendMessage (
    _In_ PFLT_FILTER Filter,
    _In_ PFLT_PORT *ClientPort,
    _In_ PVOID SenderBuffer,
    _In_ ULONG SenderBufferLength,
    _Out_ PVOID ReplyBuffer,
    _Inout_opt_ PULONG ReplyLength,
    _In_opt_ PLARGE_INTEGER Timeout);
```

前两个参数的意思大家应该已经知道了。驱动程序能够发送任何由 SendBufferLength 指定长度和 SenderBuffer 指定地址的缓冲区。通常驱动程序会在某个公共的头文件中定义某些结构，客户程序也可以包含它以正确解释接收到的缓冲区。有时候驱动程序会期望得到回应，如果这样的话，ReplyBuffer 参数必须不是 NULL，且最大允许的回应长度要放在 ReplyLength 中。最后，Timeout 参数指明了驱动程序会在消息到达客户程序之前（加上等待回应，如果指定了要回应）等待多长时间。这个超时值使用常见格式，为方便起见描述如下：

- 如果指针是 NULL，驱动程序会永远等待。
- 如果值是正的，那它是从 1601 年 1 月 1 日午夜算起的绝对时间值，以 100ns 为单位。
- 如果值是负的，那它是相对时间——最常见的情形——单位也是 100ns。例如，要表示一秒钟，就用 –100000000。另一个例子，要表示 x 毫秒，就把 x 乘以 –10000。

驱动程序应该小心不要在回调中指定 NULL 值，因为如果客户程序当前没在倾听，本线程就会阻塞住，直到客户程序开始倾听，而这可能永远都不会发生。指定一些有限的值比较好。更好的办法是，如果不需要立即回复，用一个工作项目发送消息并在需要时等待得更久些（参见第 6 章中关于工作项目的更多信息，虽然过滤管理器有它自己的工作项目 API）。

从客户程序的角度来看，它可以指定在连接时获得的端口句柄、缓冲区、准备接收消息的长度，以及用于异步（非阻塞）调用的 OVERLAPPED 结构，然后调用 FilterGetMessage 等待来自驱动程序的消息。接收到的缓冲区有一个 FILTER_MESSAGE_HEADER 类型的头部，后面跟着驱动程序发送的实际数据，FILTER_MESSAGE_HEADER 定义如下：

```
typedef struct _FILTER_MESSAGE_HEADER {
    ULONG ReplyLength;
    ULONGLONG MessageId;
} FILTER_MESSAGE_HEADER, *PFILTER_MESSAGE_HEADER;
```

如果期望得到回应，ReplyLength 指明了最多期望的字节数。MessageId 字段允许区别不同的消息，客户程序需要在调用 FilterReplyMessage 时使用它。

客户程序能够调用 FilterSendMessage 发送它自己的消息，最终会导致驱动程序在 FltCreateCommunicationPort 时注册回调。FilterSendMessage 可以指定容纳要发送的消息的缓冲区，以及一个可选的、用于接收来自驱动程序的回应的缓冲区。

> 参看 FilterSendMessage 和 FilterReplyMessage 的文档以获得完整的细节。

10.12.4　增强文件备份驱动程序

我们来增强一下文件备份驱动，在文件完成备份时给用户模式客户程序发送一个通知。首先，我们要定义一些全局变量，用来保存跟通信端口有关的状态：

```
PFLT_PORT FilterPort;
PFLT_PORT SendClientPort;
```

FilterPort 是驱动程序的服务器端口，SendClientPort 是客户程序连接的端口（我们只允许单个连接）。

需要修改 DriverEntry，像前一节描述的那样创建通信端口。下面是 FltRegisterFilter 调用成功之后的代码，忽略了错误处理：

```
UNICODE_STRING name = RTL_CONSTANT_STRING(L"\\FileBackupPort");
PSECURITY_DESCRIPTOR sd;

status = FltBuildDefaultSecurityDescriptor(&sd, FLT_PORT_ALL_ACCESS);

OBJECT_ATTRIBUTES attr;
InitializeObjectAttributes(&attr, &name,
    OBJ_KERNEL_HANDLE | OBJ_CASE_INSENSITIVE, nullptr, sd);

status = FltCreateCommunicationPort(gFilterHandle, &FilterPort, &attr,
    nullptr, PortConnectNotify, PortDisconnectNotify, PortMessageNotify, 1);

FltFreeSecurityDescriptor(sd);

// Start filtering i/o

status = FltStartFiltering(gFilterHandle);
```

驱动程序只允许一个客户程序连接到端口（FltCreateCommunicationPort 的最后一个参数为 1），这在小过滤驱动与用户模式服务协同工作时相当常见。

PortConnectNotify 回调在客户程序试图进行连接时被调用。我们的驱动程序简单地保存客户的端口并返回成功：

```
_Use_decl_annotations_
NTSTATUS PortConnectNotify(
    PFLT_PORT ClientPort, PVOID ServerPortCookie, PVOID ConnectionContext,
    ULONG SizeOfContext, PVOID* ConnectionPortCookie) {
    UNREFERENCED_PARAMETER(ServerPortCookie);
    UNREFERENCED_PARAMETER(ConnectionContext);
    UNREFERENCED_PARAMETER(SizeOfContext);
    UNREFERENCED_PARAMETER(ConnectionPortCookie);

    SendClientPort = ClientPort;
    return STATUS_SUCCESS;
}
```

客户程序断开连接时，PortDisconnectNotify 回调会被调用。此时关闭客户端口很重要，否则小过滤驱动无法卸载：

```
void PortDisconnectNotify(PVOID ConnectionCookie) {
    UNREFERENCED_PARAMETER(ConnectionCookie);

    FltCloseClientPort(gFilterHandle, &SendClientPort);
    SendClientPort = nullptr;
}
```

在这个驱动程序中，我们不期望来自客户程序的任何消息——只有驱动程序才发送消息——因此 PostMessageNotify 回调的实现为空。

当文件成功备份之后，我们就需要发送一条消息了。为了这个目的，我们定义一个消息结构，由驱动程序和客户程序公用。该结构定义在它自己的头文件 FileBackupCommon.h 中：

```
struct FileBackupPortMessage {
    USHORT FileNameLength;
    WCHAR FileName[1];
};
```

消息包含了文件名长度和文件名本身。它的大小不固定，而是取决于文件名的长度。在文件成功备份之后的写前回调中，我们需要分配并初始化要发送的缓冲区：

```
if (SendClientPort) {
    USHORT nameLen = context->FileName.Length;
    USHORT len = sizeof(FileBackupPortMessage) + nameLen;
    auto msg = (FileBackupPortMessage*)ExAllocatePoolWithTag(PagedPool, len,
        DRIVER_TAG);
    if (msg) {
        msg->FileNameLength = nameLen / sizeof(WCHAR);
        RtlCopyMemory(msg->FileName, context->FileName.Buffer, nameLen);
```

首先我们检查是否已经有客户程序连接，如果是，则用包含文件名的长度分配一个缓冲区。然后将文件名复制到这个缓冲区中（RtlCopyMemory，与 memcpy 相同）。

现在可以用一个有限的超时值发送消息了：

```
LARGE_INTEGER timeout;
timeout.QuadPart = -10000 * 100;          // 100msec
FltSendMessage(gFilterHandle, &SendClientPort, msg, len,
    nullptr, nullptr, &timeout);
ExFreePool(msg);
}
```

最后，在过滤器的卸载例程中，我们必须关闭过滤器的通信端口（在 FltUnregister-Filter 之前）：

```
FltCloseCommunicationPort(FilterPort);
```

10.12.5 用户模式客户程序

现在我们来构建一个简单的客户程序，用来打开端口并倾听文件已备份的消息。我们将创建一个新的控制台应用，叫作 FileBackupMon。在 pch.h 中加入下列 #includes：

```
#include <Windows.h>
#include <fltUser.h>
#include <stdio.h>
#include <string>
```

fltuser.h 是用户模式的头，**FilterXxx** 函数在其中声明（这些函数不是 windows.h 的一部分）。在 cpp 文件中还必须加入包含着函数的实现的输入库：

```
#pragma comment(lib, "fltlib")
```

作为另一种选择，这个输入库也可以加入到项目的属性中，项目属性位于链接节点的输入项中。把库写在源代码里更容易和可靠，因为对项目属性的修改不会影响设置。如果没有这个库，"无法解析的外部符号"这样的链接错误就会出现。

需要在 main 函数中先打开通信端口：

```
HANDLE hPort;
auto hr = ::FilterConnectCommunicationPort(L"\\FileBackupPort",
    0, nullptr, 0, nullptr, &hPort);
if (FAILED(hr)) {
    printf("Error connecting to port (HR=0x%08X)\n", hr);
    return 1;
}
```

现在为到来的消息分配一个缓冲区并无限循环等待消息。一旦接收到了消息，就将它送去处理：

```
BYTE buffer[1 << 12];        // 4 KB
auto message = (FILTER_MESSAGE_HEADER*)buffer;

for (;;) {
    hr = ::FilterGetMessage(hPort, message, sizeof(buffer), nullptr);
    if (FAILED(hr)) {
        printf("Error receiving message (0x%08X)\n", hr);
        break;
    }
    HandleMessage(buffer + sizeof(FILTER_MESSAGE_HEADER));
}
```

这里的缓冲区是静态分配的，因为消息只包含一个文件名，4KB 的缓冲区完全足够。一旦接收到消息，就将消息体传递给辅助函数 HandleMessage，小心地跳过永远存在的消息头。

接下来就要使用这些数据了：

```
void HandleMessage(const BYTE* buffer) {
    auto msg = (FileBackupPortMessage*)buffer;
    std::wstring filename(msg->FileName, msg->FileNameLength);

    printf("file backed up: %ws\n", filename.c_str());
}
```

我们用指针和长度构建了字符串（幸运的是 C++ 标准的 wstring 类有如此便利的构造函数）。这很重要，因为传进来的字符串并不是以 NULL 结尾的（虽然我们也可以在每次接收消息之前把缓冲区清零，确保字符串结尾处为零）。

 客户应用程序必须以权限提升的方式运行，这样才能成功打开端口。

10.13　调试

调试文件系统小过滤驱动跟调试别的内核驱动没什么两样。不过 Debugging Tools for Windows 软件包有一个特殊的扩展 DLL，叫作 fltkd.dll，它有特定的命令用于帮助调试小过滤驱动。这个 DLL 不是默认装载的，因此使用它的命令时必须使用"全名"，即 fltkd 前缀加上命令。另一种方式是用 .load 命令显式加载此 DLL，然后就可以直接用其中的命令了。

表 10-3 显示了 fltkd 的一些命令和它们的简要描述。

表 10-3　fltkd.dll 调试器命令

命　令	描　述
!help	显示命令列表，带有简单描述
!filters	显示所有已装入的小过滤驱动的信息
!filter	显示指定地址的小过滤驱动的信息
!instance	显示指定地址的实例信息
!volumes	显示所有卷对象
!volume	显示指定地址的卷的详细信息
!portlist	显示指定过滤的服务器端口列表
!port	显示指定的客户端口信息

下面是一个调试会话的示例，用到了上述的一些命令：

```
2: kd> .load fltkd
2: kd> !filters

Filter List: ffff8b8f55bf60c0 "Frame 0"
   FLT_FILTER: ffff8b8f579d9010 "bindflt" "409800"
      FLT_INSTANCE: ffff8b8f62ea8010 "bindflt Instance" "409800"
   FLT_FILTER: ffff8b8f5ba06010 "CldFlt" "409500"
      FLT_INSTANCE: ffff8b8f550aaa20 "CldFlt" "180451"
   FLT_FILTER: ffff8b8f55ceca20 "WdFilter" "328010"
      FLT_INSTANCE: ffff8b8f572d6b30 "WdFilter Instance" "328010"
```

```
          FLT_INSTANCE: ffff8b8f575d5b30 "WdFilter Instance" "328010"
          FLT_INSTANCE: ffff8b8f585d2050 "WdFilter Instance" "328010"
          FLT_INSTANCE: ffff8b8f58bde010 "WdFilter Instance" "328010"
     FLT_FILTER: ffff8b8f5cdc6320 "storqosflt" "244000"
     FLT_FILTER: ffff8b8f550aca20 "wcifs" "189900"
          FLT_INSTANCE: ffff8b8f551a6720 "wcifs Instance" "189900"
     FLT_FILTER: ffff8b8f576cab30 "FileCrypt" "141100"
     FLT_FILTER: ffff8b8f550b2010 "luafv" "135000"
          FLT_INSTANCE: ffff8b8f550ae010 "luafv" "135000"

     FLT_FILTER: ffff8b8f633e8c80 "FileBackup" "100200"
          FLT_INSTANCE: ffff8b8f645df290 "FileBackup Instance" "100200"
          FLT_INSTANCE: ffff8b8f5d1a7880 "FileBackup Instance" "100200"
     FLT_FILTER: ffff8b8f58ce2be0 "npsvctrig" "46000"
          FLT_INSTANCE: ffff8b8f55113a60 "npsvctrig" "46000"
     FLT_FILTER: ffff8b8f55ce9010 "Wof" "40700"
          FLT_INSTANCE: ffff8b8f572e2b30 "Wof Instance" "40700"
          FLT_INSTANCE: ffff8b8f5bae7010 "Wof Instance" "40700"
     FLT_FILTER: ffff8b8f55ce8520 "FileInfo" "40500"
          FLT_INSTANCE: ffff8b8f579cea20 "FileInfo" "40500"
          FLT_INSTANCE: ffff8b8f577ee8a0 "FileInfo" "40500"
          FLT_INSTANCE: ffff8b8f58cc6730 "FileInfo" "40500"
          FLT_INSTANCE: ffff8b8f5bae2010 "FileInfo" "40500"
2: kd> !portlist ffff8b8f633e8c80

FLT_FILTER: ffff8b8f633e8c80
     Client Port List        : Mutex (ffff8b8f633e8ed8) List [ffff8b8f5949b7a0-ffff8b\
8f5949b7a0] mCount=1
          FLT_PORT_OBJECT: ffff8b8f5949b7a0
               FilterLink          : [ffff8b8f633e8f10-ffff8b8f633e8f10]
               ServerPort          : ffff8b8f5b195200
               Cookie              : 0000000000000000
               Lock                : (ffff8b8f5949b7c8)
               MsgQ                : (ffff8b8f5949b800)   NumEntries=1 Enabled
               MessageId           : 0x0000000000000000
               DisconnectEvent     : (ffff8b8f5949b8d8)
               Disconnected        : FALSE


2: kd> !volumes

Volume List: ffff8b8f55bf6140 "Frame 0"
   FLT_VOLUME: ffff8b8f579cb6b0 "\Device\Mup"
          FLT_INSTANCE: ffff8b8f572d6b30 "WdFilter Instance" "328010"
          FLT_INSTANCE: ffff8b8f579cea20 "FileInfo" "40500"
   FLT_VOLUME: ffff8b8f57af8530 "\Device\HarddiskVolume4"
          FLT_INSTANCE: ffff8b8f62ea8010 "bindflt Instance" "409800"
          FLT_INSTANCE: ffff8b8f575d5b30 "WdFilter Instance" "328010"
          FLT_INSTANCE: ffff8b8f551a6720 "wcifs Instance" "189900"
          FLT_INSTANCE: ffff8b8f550aaa20 "CldFlt" "180451"
```

```
        FLT_INSTANCE: ffff8b8f550ae010 "luafv" "135000"
        FLT_INSTANCE: ffff8b8f645df290 "FileBackup Instance" "100200"
        FLT_INSTANCE: ffff8b8f572e2b30 "Wof Instance" "40700"
        FLT_INSTANCE: ffff8b8f577ee8a0 "FileInfo" "40500"
    FLT_VOLUME: ffff8b8f58cc4010 "\Device\NamedPipe"
        FLT_INSTANCE: ffff8b8f55113a60 "npsvctrig" "46000"
    FLT_VOLUME: ffff8b8f58ce8060 "\Device\Mailslot"
    FLT_VOLUME: ffff8b8f58ce1370 "\Device\HarddiskVolume2"
        FLT_INSTANCE: ffff8b8f585d2050 "WdFilter Instance" "328010"
        FLT_INSTANCE: ffff8b8f58cc6730 "FileInfo" "40500"
    FLT_VOLUME: ffff8b8f5b227010 "\Device\HarddiskVolume1"
        FLT_INSTANCE: ffff8b8f58bde010 "WdFilter Instance" "328010"
        FLT_INSTANCE: ffff8b8f5d1a7880 "FileBackup Instance" "100200"
        FLT_INSTANCE: ffff8b8f5bae7010 "Wof Instance" "40700"
        FLT_INSTANCE: ffff8b8f5bae2010 "FileInfo" "40500"


2: kd> !volume ffff8b8f57af8530

FLT_VOLUME: ffff8b8f57af8530 "\Device\HarddiskVolume4"
    FLT_OBJECT: ffff8b8f57af8530  [04000000] Volume
        RundownRef                : 0x00000000000008b2 (1113)
        PointerCount              : 0x00000001
        PrimaryLink               : [ffff8b8f58cc4020-ffff8b8f579cb6c0]
    Frame                     : ffff8b8f55bf6010 "Frame 0"
    Flags                     : [00000164] SetupNotifyCalled EnableNameCaching FilterA\
ttached +100!!
    FileSystemType            : [00000002] FLT_FSTYPE_NTFS
    VolumeLink                : [ffff8b8f58cc4020-ffff8b8f579cb6c0]
    DeviceObject              : ffff8b8f573cab60
    DiskDeviceObject          : ffff8b8f572e7b80
    FrameZeroVolume           : ffff8b8f57af8530
    VolumeInNextFrame         : 0000000000000000
    Guid                      : "\??\Volume{5379a5de-f305-4243-a3ec-311938a2df19}"
    CDODeviceName             : "\Ntfs"
    CDODriverName             : "\FileSystem\Ntfs"
    TargetedOpenCount         : 1104
    Callbacks                 : (ffff8b8f57af8650)
    ContextLock               : (ffff8b8f57af8a38)
    VolumeContexts            : (ffff8b8f57af8a40)  Count=0
    StreamListCtrls           : (ffff8b8f57af8a48)  rCount=29613
    FileListCtrls             : (ffff8b8f57af8ac8)  rCount=22668
    NameCacheCtrl             : (ffff8b8f57af8b48)
    InstanceList              : (ffff8b8f57af85d0)
        FLT_INSTANCE: ffff8b8f62ea8010 "bindflt Instance" "409800"
        FLT_INSTANCE: ffff8b8f575d5b30 "WdFilter Instance" "328010"
        FLT_INSTANCE: ffff8b8f551a6720 "wcifs Instance" "189900"
        FLT_INSTANCE: ffff8b8f550aaa20 "CldFlt" "180451"
```

```
      FLT_INSTANCE: ffff8b8f550ae010 "luafv" "135000"
      FLT_INSTANCE: ffff8b8f645df290 "FileBackup Instance" "100200"
      FLT_INSTANCE: ffff8b8f572e2b30 "Wof Instance" "40700"
      FLT_INSTANCE: ffff8b8f577ee8a0 "FileInfo" "40500"

2: kd> !instance ffff8b8f5d1a7880

FLT_INSTANCE: ffff8b8f5d1a7880 "FileBackup Instance" "100200"
   FLT_OBJECT: ffff8b8f5d1a7880  [01000000] Instance
      RundownRef                 : 0x0000000000000000 (0)
      PointerCount               : 0x00000001
      PrimaryLink                : [ffff8b8f5bae7020-ffff8b8f58bde020]
   OperationRundownRef           : ffff8b8f639c61b0
      Number                     : 3
      PoolToFree                 : ffff8b8f65aad590
      OperationsRefs             : ffff8b8f65aad5c0  (0)
         PerProcessor Ref[0]     : 0x0000000000000000 (0)
         PerProcessor Ref[1]     : 0x0000000000000000 (0)
         PerProcessor Ref[2]     : 0x0000000000000000 (0)
   Flags                         : [00000000]
   Volume                        : ffff8b8f5b227010 "\Device\HarddiskVolume1"
   Filter                        : ffff8b8f633e8c80 "FileBackup"
   TrackCompletionNodes          : ffff8b8f5f3f3cc0
   ContextLock                   : (ffff8b8f5d1a7900)
   Context                       : 0000000000000000
   CallbackNodes                 : (ffff8b8f5d1a7920)
   VolumeLink                    : [ffff8b8f5bae7020-ffff8b8f58bde020]
   FilterLink                    : [ffff8b8f633e8d50-ffff8b8f645df300]
```

10.14　练习

　　1. 写一个文件系统小过滤驱动程序，捕捉来自 cmd.exe 的删除操作，将文件移到回收站而不是删除它们。

　　2. 对文件备份驱动程序进行扩展，使其可以选择创建备份的目录。

　　3. 对文件备份驱动程序进行扩展，使其能够进行多个备份，并通过一些规则进行备份限制，例如文件大小、日期或者备份的最大数量。

　　4. 修改文件备份驱动程序，使其只备份修改过的数据而不是整个文件。

　　5. 给出你自己关于文件系统小过滤驱动的点子。

10.15　总结

　　本章全都是关于文件系统小过滤驱动的内容——它有强大的能力，可以截取任意文件系统的活动。小过滤驱动是一个很大的话题，本章的内容应该能够让读者在这个有趣并强大的旅程上有个起步。读者可以从 WDK 文档、Github 上的 WDK 示例程序以及一些博客中找到更多的信息。

在下一章（也是最后一章）中，我们将学习各种驱动程序开发技术，以及其他与到目前为止的章节不太符合的杂论。

第 11 章 *Chapter 11*

其他主题

在本书最后一章中，我们来了解各种不适合放在前面章节中的内容。

11.1 驱动程序签名

内核驱动程序是让代码在 Windows 内核中运行的唯一官方机制。因此，内核驱动程序可能会引起系统崩溃或者其他形式的系统不稳定状态。Windows 内核并不会区分哪些是"更加重要的"驱动程序，哪些是"不那么重要的"驱动程序。微软自然是希望 Windows 能稳定，没有系统崩溃或者不稳定的现象。从 Windows Vista 开始，在 64 位系统中，微软需要驱动程序用合适的证书进行签名，证书需要从证书颁发机构（Certificate Authority，CA）获得。没有签名的驱动程序不能加载。

有签名的驱动程序能保证其质量吗？能保证系统不会崩溃吗？不，签名只能保证驱动程序在离开发布者之后没有被更改过，以及发布者本身是可信的。签名并不是针对驱动程序错误的万能药，但是它能给予驱动程序一些可信任感。

对于基于硬件的驱动程序，微软要求它们通过 Windows 硬件质量实验室（Windows Hardware Quality Lab，WHQL）的测试，其中包括对驱动程序稳定性和功能性的严格测试。如果驱动程序通过了这些测试，它会获得微软的质量标记，驱动程序发布者就能用它作为质量和可信任的标志进行宣传。通过 WHQL 的另外一个作用是能让驱动程序加入 Windows 更新中，这对一些发布者来说很重要。

从 Windows 10 版本 1607（"每年更新"）开始，对于新安装（而不是从老版本升级上去的）并且打开了安全启动的系统，微软要求驱动程序同时被微软和发布者签名。这条规则对于所有类型的驱动程序都适用，而不仅仅适用于硬件相关的驱动。微软提供了一个网页入口，驱动程序可以在那里上传（必须是已经由发布者签名的），微软会进行一些测试并最终由微软签名之后返回给发布者。在驱动程序第一次上传时，微软可能需要一些时间才将签名之后的驱动返还，但是以后这个过程会相对较快（几小时）。

> 只需要上传二进制即可，源代码无须上传。

图 11-1 显 示 了 在 Windows 10 19H1 系 统中，来自 Nvidia 的一个驱动程序映像文件，它由 Nvidia 和微软共同签名。

驱动程序签名的第一步是从证书颁发机构（例如 Verisign、Globalsign、Digicert、Symantec 等）获得合适的证书，至少是内核代码签名的证书。证书颁发机构会验证请求证书的公司的身份，如果一切正常，就签发一个证书。下载得到的证书能够被安装到机器上的证书存储中。由于证书本身必须保密且不能外泄，通常它会被安装到一台专用的构建用机上，驱动程序签名就作为构建过程的一部分完成。

真正的签名操作是由 Windows SDK 中的 SignTool.exe 工具完成的。如果证书已经安装到本地的证书存储中了，就可以用 Visual Studio 对驱动程序进行签名。图 11-2 显 示 了 Visual Studio 中的签名属性。

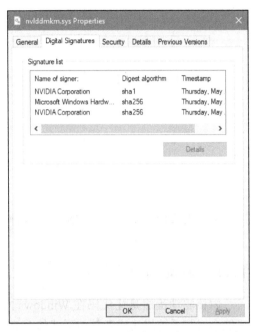

图 11-1　由厂商和微软共同签名的驱动程序

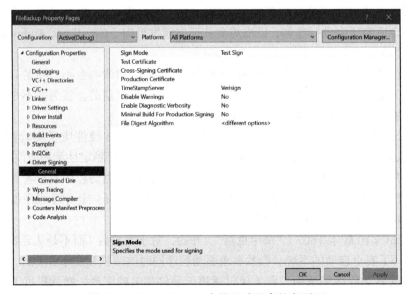

图 11-2　Visual Studio 中的驱动程序签名页面

Visual Studio 提供了两类签名：测试签名和生产签名。在测试签名中通常会使用测试证书（本地生成的证书，不是全局可信的）。这样，在允许测试签名的系统上，就可以进行驱动程序的测试，我们在本书中一直都是用这种方法。生产签名使用真正的证书进行签名，用于生产阶段。

测试签名能够在 Visual Studio 中选择证书时生成，如图 11-3 所示。

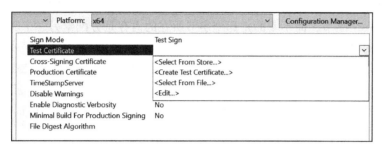

图 11-3 在 Visual Studio 中选择证书类型

图 11-4 显示了在 Visual Studio 中对一个驱动程序的发布构建进行生产签名的例子。注意摘要算法应该使用 SHA256 而不是旧的、安全性较弱的 SHA1。

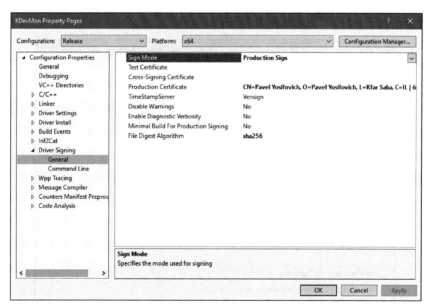

图 11-4 Visual Studio 中对驱动程序进行生产签名

对于注册和驱动程序签名的各种过程的处理，已经超出了本书的范围。由于微软的新规则和新过程，这些事情在近年来变得越来越复杂了。详情请参阅官方文档⊖。

⊖ https://docs.microsoft.com/en-us/windows-hardware/drivers/install/kernel-mode-code-signing-policy--windows-vista-and-later-

11.2　驱动程序验证器

驱动程序验证器（Driver Verifier）是 Windows 的内置工具，从 Windows 2000 以来一直都存在于 Windows 中。其目的是帮助识别驱动程序的错误和不好的编码行为。举个例子，假设驱动程序以某种方式造成了 BSOD，但是在崩溃转储文件的任一调用栈中都没有驱动程序代码。这通常意味着驱动程序做了某些在当时并不是致命错误的事，比如在分配的缓冲区中多写了一个字节，而不幸的是那个字节所在的内存是分配给另一个驱动程序或者内核的。这在写的时候不会造成崩溃，可是在一段时间后，另外的驱动程序或者内核会用到这个溢出的数据，就非常有可能造成系统崩溃。没有什么简单的办法能把崩溃与造成崩溃的驱动程序联系起来。驱动程序验证器提供了选项，使得驱动程序能够在它专有的"特殊"内存池中分配内存，在这个内存池中，低于和高于分配的内存地址的页面都是不可访问的，所以在缓冲区向上或者向下溢出时，就会马上造成崩溃，这样就能使辨别有问题的驱动程序变得容易。

驱动程序验证器有一个 GUI 和一个命令行界面，并且能与任何驱动程序一起工作——它不需要任何源代码。开始使用验证器的最简单办法是在运行对话框里输入 verifier 打开它，或者点击开始按钮搜索 verifier。不管使用哪种方法，验证器都会显示图 11-5 中的初始用户界面。

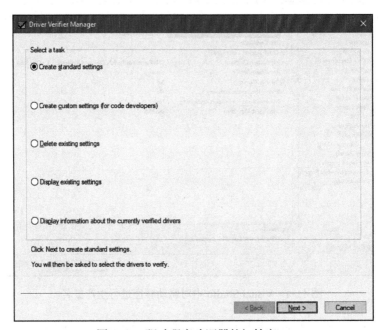

图 11-5　驱动程序验证器的初始窗口

有两个地方需要选择：验证器进行检查的类型和需要被检查的驱动程序。向导的第一个页面是关于检查本身的。此页上列出的选项有：

❏ Create standard settings 用于选择一组预先定义的检查项。我们会在第二页看到可用
检查的完整列表，每个都会带一个标准还是额外的标志。这个选项会自动选择所有
标记为标准的检查项。

❏ Create custom settings 允许对检查的选择进行精细的控制，它会列出全部可用的检
查，如图 11-6 所示。

❏ Delete existing settings 将删除所有现存的验证器设置。

❏ Display existing settings 显示当前所配置的检查项和应用这些检查项的驱动程序。

❏ Display information about the currently verified drivers 显示所收集的在先前的会话中
运行在验证器之下的驱动程序的信息。

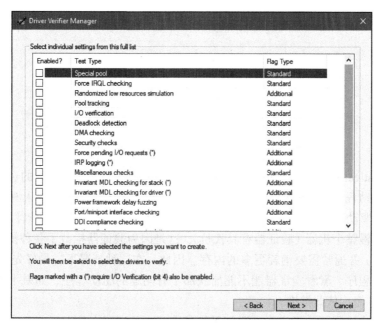

图 11-6　驱动程序验证器设置的选择

选择 Create custom settings 显示可用的验证器设置列表，从驱动程序验证器的早期版本
开始这个列表一直在增长。Standard 标志表明该项设置是标准设置的一部分，能在向导的
第一页上通过选择标准设置而选中它。这里的设置都选好之后，验证器显示下一步，选择
用这些设置执行的驱动程序，如图 11-7 所示。

下列是可能的选项：

❏ Automatically select unsigned drivers 主要与 32 位系统相关，因为 64 位系统的驱动
程序必须签名（除非是测试签名）。单击下一步将列出此类驱动程序。多数系统一个
都没有。

❏ Automatically select drivers built for older versions of Windows 是为 NT 4 硬件驱动
程序保留下来的设置。现代系统基本上不会对此项感兴趣。

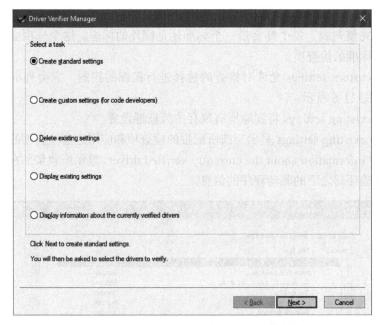

图 11-7   驱动程序验证器初始驱动程序选择

❑ Automatically select all drivers installed on this computer 包括所有的选项，它会选择所有驱动程序。从理论上来说，在面对一个崩溃的系统，但是没人有任何关于导致崩溃的驱动程序的线索时，这个选项是有用的。不过，我们并不推荐使用这个选项，它会拖慢整个机器（验证器有其代价），这是因为验证器拦截了各种操作（基于前面的设置）并通常需要消耗更多的内存。因此，在这种情况下，最好先选择比如前 15 个驱动程序，看看验证器能不能捕获那个有问题的驱动程序，如果不能，就选择接下来 15 个，依此类推。

❑ 从列表中选择驱动程序的名称是最好的选项，验证器会显示当前正在系统中运行的驱动程序的列表，如图 11-8 所示。如果要找的驱动程序没在运行，则单击 Add currently not loaded driver（s）to the list···按钮以导航到相关的 SYS 文件。

最后，单击 Finish 使设置固定生效，直到被取消为止，通常这时系统需要重启，以便验证器初始化自身并对驱动程序进行挂钩，特别是对那些正在执行的驱动程序。

驱动程序验证器会话示例

我们从一个简单的例子开始，这个例子用到了 Sysinternals 的 NotMyFault 工具。在第 6 章中我们提到，这个工具能以多种方式让系统崩溃。图 11-9 显示了 NotMyFault 的主界面。其中一些选项能立即造成系统崩溃，此时 MyFault.sys 驱动程序会出现在崩溃的线程调用栈中，这是容易诊断的崩溃。不过，缓冲区溢出这个选项可能会也可能不会马上让系统崩溃。如果系统在后来才崩溃，那在调用栈里很可能找不到 MyFault.sys。

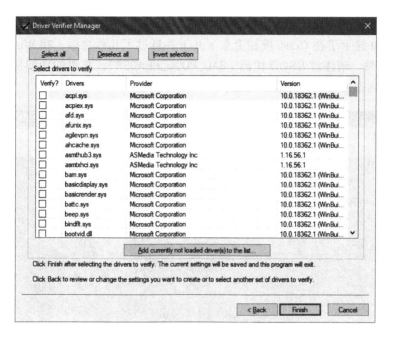

图 11-8 用驱动程序验证器选择特定的驱动程序

 请在 64 位系统里运行 NotMyFault64.exe。

图 11-9 NotMyFault 的主界面

我们来试试这个工具（在虚拟机中）。可能需要在 Crash 按钮上点多下才会真正让系统崩溃。图 11-10 显示了在 Crash 按钮上点了几下并且过了几秒之后，在 Windows 7 的虚拟机上出现的结果。请注意 BSOD 代码（BAD_POOL_HEADER）。靠谱的猜测是写操作导致缓冲区溢出，把内存池的一些元数据覆盖了。

图 11-10　NotMyFault 用缓冲区溢出在 Windows 7 上造成的 BSOD

装入崩溃生成的转储文件，观察调用栈，显示的内容如下：

```
1: kd> k
 # Child-SP          RetAddr           Call Site
00 fffff880`054be828 fffff800`029e4263 nt!KeBugCheckEx
01 fffff880`054be830 fffff800`02bd969f nt!ExFreePoolWithTag+0x1023
02 fffff880`054be920 fffff800`02b0669b nt!ObpAllocateObject+0x12f
03 fffff880`054be990 fffff800`02c2f012 nt!ObCreateObject+0xdb
04 fffff880`054bea00 fffff800`02b1a7b2 nt!PspAllocateThread+0x1b2
05 fffff880`054bec20 fffff800`02b20d95 nt!PspCreateThread+0x1d2
06 fffff880`054beea0 fffff800`028aaad3 nt!NtCreateThreadEx+0x25d
07 fffff880`054bf5f0 fffff800`028a02b0 nt!KiSystemServiceCopyEnd+0x13
08 fffff880`054bf7f8 fffff800`02b29a60 nt!KiServiceLinkage
09 fffff880`054bf800 fffff800`0286ac1a nt!RtlpCreateUserThreadEx+0x138
0a fffff880`054bf920 fffff800`0285c1c0 nt!ExpWorkerFactoryCreateThread+0x92
0b fffff880`054bf9e0 fffff800`02857dd0 nt!ExpWorkerFactoryCheckCreate+0x180
0c fffff880`054bfa60 fffff800`028aaad3 nt!NtReleaseWorkerFactoryWorker+0x1a0
0d fffff880`054bfae0 00000000`76e1ac3a nt!KiSystemServiceCopyEnd+0x13
```

　　显然，MyFault.sys 不在任何地方。analyze –v 命令也并不聪明，它认为 nt 模块是罪魁祸首。

　　现在我们试试用驱动程序验证器来进行相同的实验。选择标准设置并导航至 System32\
Drivers 目录，然后定位到 MyFault.sys（如果当前它没有运行）。重启系统，再次运行
NotMyFault，选择 Buffer overflow 并点击 Crash。我们会注意到系统立即崩溃了，显示一个
类似于图 11-11 的 BSOD。

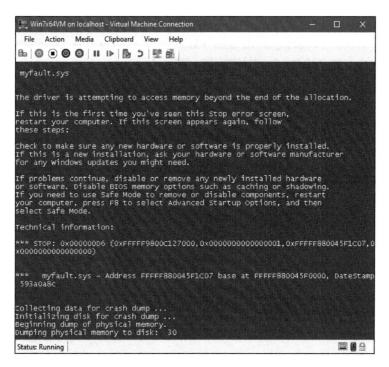

图 11-11　NotMyFault 在验证器激活时用 Buffer overflow 在 Windows 7 上造成的 BSOD

BSOD 马上给出了答案。转储文件用调用栈证实了这一点，如下：

```
0: kd> k
 # Child-SP          RetAddr           Call Site
00 fffff880`0651c378 fffff800`029ba462 nt!KeBugCheckEx
01 fffff880`0651c380 fffff800`028ecb96 nt!MmAccessFault+0x2322
02 fffff880`0651c4d0 fffff880`045f1c07 nt!KiPageFault+0x356
03 fffff880`0651c660 fffff880`045f1f88 myfault+0x1c07
04 fffff880`0651c7b0 fffff800`02d63d56 myfault+0x1f88
05 fffff880`0651c7f0 fffff800`02b43c7a nt!IovCallDriver+0x566
06 fffff880`0651c850 fffff800`02d06eb1 nt!IopSynchronousServiceTail+0xfa
07 fffff880`0651c8c0 fffff800`02b98296 nt!IopXxxControlFile+0xc51
08 fffff880`0651ca00 fffff800`028eead3 nt!NtDeviceIoControlFile+0x56
09 fffff880`0651ca70 00000000`777e98fa nt!KiSystemServiceCopyEnd+0x13
```

我们没有 MyFault.sys 的符号，但是很显然它就是元凶。

作为另外一个例子，我们将标准验证器设置到第 10 章的 DelProtect3 驱动程序上。在驱动程序安装好之后，我们试着加入一个防止删除操作的文件夹，如下：

```
delprotectconfig3 add c:\temp
```

我们会得到一个由验证器所产生的系统崩溃，代码为 BAD_POOL_CALLER（0xc2）。打开转储文件，执行 !analyze -v 命令进行分析，下面是部分结果：

```
BAD_POOL_CALLER (c2)
The current thread is making a bad pool request.  Typically this is at a bad IRQL le\
vel or double freeing the same allocation, etc.
Arguments:
Arg1: 000000000000009b, Attempt to allocate pool with a tag of zero.  This would mak\
e the pool untrackable and worse, corrupt the existing tag tables.
Arg2: 0000000000000001, Pool type
Arg3: 000000000000000c, Size of allocation in bytes
Arg4: fffff8012dcd1297, Caller's address.

FAULTING_SOURCE_CODE:
    113:    return pUnicodeString;
    114: }
    115:
    116: wchar_t* kstring::Allocate(size_t chars, const wchar_t* src) {
>   117:    auto str = static_cast<wchar_t*>(ExAllocatePoolWithTag(m_Pool,
                sizeof(WCHAR) * (chars + 1), m_Tag));
    118:    if (!str) {
    119:        KdPrint(("Failed to allocate kstring of length %d chars\n", chars));
    120:        return nullptr;
    121:    }
    122:    if (src) {
```

事实上代码中用到的 kstring 对象在分配内存时并没有指明一个非零的标记。造成问题的代码是 ConvertDosNameToNtName 函数的一部分：

```
kstring symLink(L"\\??\\");
```

修正此问题非常简单：

```
kstring symLink(L"\\??\\", PagedPool, DRIVER_TAG);
```

kstring 类可能应该修改一下，使其需要标记，而不是默认使用零。

11.3　使用原生 API

如同我们在第 1 章和第 10 章中见到的那样，Windows 原生 API 通过 NtDll.dll 暴露给用户模式，它是通往内核功能的通道。原生 API 间接调用了执行体中的实际功能，它通过在 CPU 寄存器（在 Intel/AMD 上是 EAX）中放置系统服务号，并使用特殊的机器指令（在 Intel/AMD 平台上是 syscall 或者 sysenter），完成从用户模式到内核模式的转换，并通过让系统服务分发器使用寄存器的值调用真正的系统服务。

内核驱动程序也受益于同样的 API，这已经用各种 Zw 函数演示过了。但是，这些函数中只有一小部分是有文档的，其中有一些只能勉强算有文档——那些名字里包含了“information”的—— NtQuerySystemInformation、NtQueryInformationProcess、NtQueryInformationThread 等函数。我们已经碰到过这里列出的 NtQueryInfomationProcess 了，为了方便起见，下面列出它的 Zw 版本：

```
NTSTATUS ZwQueryInformationProcess(
    _In_      HANDLE           ProcessHandle,
    _In_      PROCESSINFOCLASS ProcessInformationClass,
    _Out_     PVOID            ProcessInformation,
    _In_      ULONG            ProcessInformationLength,
    _Out_opt_ PULONG           ReturnLength);
```

PROCESSINFOCLASS 枚举类型的范围很大，在 18362 版本的 WDK 中包含 70 个左右的值。如果仔细地检查这个列表，就会发现缺了某些值。在官方文档中，只有 6 个值被文档化了（在写作本书时），令人惋惜。更进一步，此类型实际支持的列表远远长于微软正式提供的。再说一次，这其中有大量令人感兴趣的信息能被驱动程序在需要时使用。

幸运的是，Github 上一个叫作 Process Hacker 的开源项目提供了许多缺失的信息，包括原生 API 的定义、所用到的枚举值和结构类型。

> 🛈 Process Hacker 是一个类似于 Process Explorer 的开源工具。事实上，它还有某些 Process Explorer 所没有的能力（在写作本书时）。它的仓库 URL 是 https://github.com/processhacker/processhacker。

Process Hacker 在一个单独的项目中包含所有的原生 API 定义，以方便别的项目使用。其 URL 是 https://github.com/processhacker/phnt。仅仅作为一个快速的比较，这个仓库中的 PROCESSINFOCLASS 当前有 99 项，没有任何缺失，并且具有与这些枚举值相匹配的数据结构。

使用这些定义的唯一风险在于，理论上微软可以在未警告的情况下改变几乎所有内容，因为它们大多数都是未公开的。但是，这几乎不可能发生，因为这么做会使得不少应用程序无法工作，其中包括微软自己的应用程序。例如，Process Explorer 就使用了这些“未公开”的函数。换个说法就是，最好在所有需要运行的 Windows 版本上对应用程序和驱动程序进行测试。

11.4　过滤驱动程序

就像我们在第 7 章中所看到的，Windows 的驱动程序模型是以设备为中心的。设备可以层叠在别的设备之上，结果就是位于最高层次的设备最先得到进入的 IRP。同样的模型也被用在文件系统驱动程序上，第 10 章中我们在过滤管理器的帮助下已经这么用过了，注意过滤管理器是特定于文件系统过滤驱动程序的。不过，过滤器的模型是通用的，能被用在其他类型的设备上。在这一节里我们将近距离地观察设备过滤的通用模型，这个模型能被用在很大范围的设备上，有些是硬件相关的，也有些不是。

内核 API 提供了若干函数，允许一个设备层叠到另一个设备上。最简单的可能是 IoAttachDevice，它接受一个要附加的设备对象和一个被附加的命名的设备对象。下面是它的原型：

```
NTSTATUS IoAttachDevice (
    PDEVICE_OBJECT SourceDevice,
    _In_  PUNICODE_STRING TargetDevice,
    _Out_ PDEVICE_OBJECT *AttachedDevice);
```

这个函数的返回值（除了状态之外）是另一个设备对象，它是 SourceDevice 实际附加的那个设备。这个返回值是必需的，因为附加到一个不在设备栈顶部的命名设备也是会成功的，但实际上源设备是附加到了最顶上的设备，这个设备可能是另一个过滤器。得到源设备实际附加到的真正设备非常重要，因为如果驱动程序希望将请求向设备栈的下方传递，那个设备将是请求发送的目标。如图 11-12 所示。

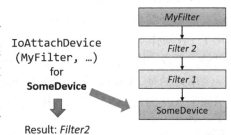

图 11-12　附加到一个命名设备

不幸的是，附加到设备对象需要更多的工作。如同在第 7 章中讨论的那样，通过在 DEVICE_ OBJECT 的 Flags 字段设置适当的标志，设备可以请求 I/O 管理器用缓冲 I/O 或者直接 I/O（IRP_MJ_READ 和 IRP_MJ_WRITE 请求）帮助访问用户缓冲区。在分层的情况下有多个设备存在，那么到底哪一个才是决定 I/O 管理器处理 I/O 缓冲区方式的设备呢？答案是始终由顶层的设备决定。这就意味着新过滤设备必须从它层叠上去的那个顶部设备复制 DO_BUFFERED_IO 和 DO_DIRECT_IO 标志值。用 IoCreateDevice 创建的设备默认不设置任何一个标志，所以如果新设备没能正确复制这些标志，很可能就会造成目标设备工作不正常乃至崩溃，因为它不会期望所选择的缓冲方法不被认可。

还需要从被附加的设备中复制一些别的设置，以保证新的过滤器对 I/O 系统来说看上去跟原先一样。我们在后面构建一个过滤器的完整示例时，会看到这些设置。

IoAttachDevice 所需要的设备名称是什么？这是一个在对象管理器的名字空间中的命名设备，可以用我们前面用过的 WinObj 工具查看。大多数命名设备位于 \Device\ 目录下，也有一些在别的地方。例如，如果要把一个过滤设备对象附加到 Process Explorer 的设备对象上，它的名称应该是 \Device\ProcExp152（名称是忽略大小写的）。

其他用于附加到另一个设备的函数有 IoAttachDeviceToDeviceStack 和 IoAttachDevice-

ToDeviceStackSafe，这两个函数都接受被附加的设备对象而不是设备的名称作为参数。这些函数在构建硬件设备驱动程序的过滤器时非常有用，在那里目标设备对象会作为设备节点构建过程的一部分被提供（也在第 7 章中有部分描述）。这两个函数都返回实际层叠的设备对象，就跟 IoAttachDevice 一样。在失败时，Safe 函数返回适当的 NTSTATUS 值，而前者返回 NULL。除此之外，这两个函数是一样的。

　　一般来说，内核代码能够通过调用 IoGetDeviceObjectPointer 得到一个命名设备对象的指针，这个函数基于设备的名称，返回一个设备对象和一个为此设备打开的文件对象。下面是其原型：

```
NTSTATUS IoGetDeviceObjectPointer (
    _In_  PUNICODE_STRING ObjectName,
    _In_  ACCESS_MASK DesiredAccess,
    _Out_ PFILE_OBJECT *FileObject,
    _Out_ PDEVICE_OBJECT *DeviceObject);
```

　　DesiredAccess 参数一般为 FILE_READ_DATA 或者对文件对象来说其他合法的值。返回的文件对象的引用计数会增加，所以驱动程序要记得最终减少这个引用计数（通过 ObDereferenceObject）以防文件对象泄漏。返回的设备对象能作为 IoAttachDevice-ToDeviceStack（Safe）的参数使用。

11.4.1　过滤驱动程序的实现

　　过滤驱动程序需要将一个设备对象附加在需要过滤的目标设备上。后面我们会讨论何时进行附加操作，现在先假定在某处已经调用了某个"附加"函数。由于新的设备对象现在成了设备栈的顶部，任何驱动程序不支持的请求将会被以"不支持的操作"这一错误返回给客户程序。这就使得过滤器的 DriverEntry 函数必须注册全部的主功能，如果它想让下层的设备对象继续正常工作的话。下面是一种设置方式：

```
for (int i = 0; i < ARRAYSIZE(DriverObject->MajorFunction); i++)
    DriverObject->MajorFunction[i] = HandleFilterFunction;
```

　　上面的代码片段将所有的主功能代码指向同一个函数。这个 HandleFilterFunction 函数至少必须使用在"附加"函数中获得的设备对象调用下层驱动程序。当然，作为一个过滤器，驱动程序会对它所感兴趣的请求做一些额外的事或者不同的事，但它必须将所有它不关心的请求转发给下层设备，否则设备将不能正常工作。

　　这种"转发并忘记"的操作在过滤器中非常常见。让我们来看看如何实现这种功能。用于将 IRP 转给另一个设备的函数是 IoCallDriver。但是，在调用这个函数之前，当前的驱动程序必须先准备好下一个 I/O 栈位置以供下一层的驱动程序使用。记住在初始化时，I/O 管理器仅仅初始化第一个 I/O 栈位置。在调用 IoCallDriver 将 IRP 沿着设备栈向下传递之前，初始化下一个 I/O 栈位置是由每一层来完成的。

　　驱动程序可以调用 IoGetNextIrpStackLocation 以获得指向下一层的 IO_STACK_

LOCATION 的指针，然后对它进行初始化。大多数时候，驱动程序只想把自己接收到的信息原封不动地展现给下层。函数 IoCopyCurrentIrpStackLocationToNext 可以帮助做到这一点。不过这个函数并不是像下面这样盲目地复制 I/O 栈位置：

```
auto current = IoGetCurrentIrpStackLocation(Irp);
auto next = IoCopyCurrentIrpStackLocationToNext(Irp);
*next = *current;
```

为什么呢？理由很微妙，并且跟完成例程有关。回忆一下第 7 章，驱动程序可以设置一个完成例程，在下层驱动程序完成 IRP 时得到通知（IoSetCompletionRoutine/Ex）。完成例程的指针（和驱动程序定义的上下文参数）保存在下一个 I/O 栈位置，所以盲目的复制会把上层的完成例程（如果有）也复制过去，这显然不是我们想要的。这也就是 IoCopy-CurrentIrpStackLocationToNext 要避免的。

不过，如果驱动程序并不需要完成例程，只想"转发并忘记"，不想付出复制 I/O 栈位置的代价，那么还有一个更好的办法。那就是以某种方式跳过 I/O 栈位置而让下一层驱动程序看到同一个 I/O 栈位置：

```
IoSkipCurrentIrpStackLocation(Irp);
status = IoCallDriver(LowerDeviceObject, Irp);
```

IoSkipCurrentIrpStackLocation 只是简单地减小内部 IRP 的 I/O 栈位置指针，而 IoCallDriver 将会增加这个指针，这就让下一层驱动看到跟这层同样的 I/O 栈位置，而不需要进行任何复制。在驱动程序不对请求进行修改并且不需要完成例程时，这是将 IRP 向下传递的优选方式。

11.4.2　附加过滤器

驱动程序应该在什么时候调用附加函数？最理想的时间是设备（附加的目标）被创建时，也就是设备节点正在被创建时。对于基于硬件的设备驱动程序的过滤器而言，这是很常见的。对这些驱动程序，可以用我们在第 7 章见过的 UpperFilters 和 LowerFilters 值注册过滤器。对这些过滤器来说，用于实际创建新设备对象以及将过滤器附加到已存在的设备栈的代码的正确位置在一组回调中，其 AddDevice 成员函数可以从驱动程序对象访问，如下：

```
DriverObject->DriverExtension->AddDevice = FilterAddDevice;
```

这个 AddDevice 回调函数会在一个新的、属于本驱动程序的硬件设备被即插即用系统标识出来时被调用。这个例程有下列原型：

```
NTSTATUS AddDeviceRoutine (
    _In_ PDRIVER_OBJECT DriverObject,
    _In_ PDEVICE_OBJECT PhysicalDeviceObject);
```

I/O 系统为驱动程序提供了设备栈底部的设备对象（物理设备对象，PDO），可以在调用

IoAttachDeviceToDeviceStack（Safe）时使用。这个 PDO 也是 DriverEntry 不适合
进行附加调用的一个原因——此时 PDO 尚未提供。更进一步，同样类型的第二个设备可能
会被加入系统中（比如第二个 USB 摄像头），在这种情况下 DriverEntry 根本不会被第二
次调用，只有 AddDevice 例程会。

下面是为过滤驱动程序实现 AddDevice 例程的例子（错误处理已忽略）：

```
struct DeviceExtension {
    PDEVICE_OBJECT LowerDeviceObject;
};

NTSTATUS FilterAddDevice(PDRIVER_OBJECT DriverObject, PDEVICE_OBJECT PDO) {
    PDEVICE_OBJECT DeviceObject;
    auto status = IoCreateDevice(DriverObject, sizeof(DeviceExtension), nullptr,
        FILE_DEVICE_UNKNOWN, 0, FALSE, &DeviceObject);

    auto ext = (DeviceExtension*)DeviceObject->DeviceExtension;
    status = IoAttachDeviceToDeviceStackSafe(
        DeviceObject,                // device to attach
        PDO,                         // target device
        &ext->LowerDeviceObject);    // actual device object

    // copy some info from the attached device

    DeviceObject->DeviceType = ext->LowerDeviceObject->DeviceType;

    DeviceObject->Flags |= ext->LowerDeviceObject->Flags &
        (DO_BUFFERED_IO | DO_DIRECT_IO);

    // important for hardware-based devices

    DeviceObject->Flags &= ~DO_DEVICE_INITIALIZING;
    DeviceObject->Flags |= DO_POWER_PAGABLE;

    return status;
}
```

上述代码中有几个重要的地方：

❏ 创建的设备对象是没有名字的。并不一定需要名称，因为目标设备是有名字的，并
且它才是 IRP 的真正目标，因此没必要再自己取个名字了。不管有没有名字过滤器
都会被调用。

❏ 在调用 IoCreateDevice 时我们为第二个参数指定了非零的大小，请求 I/O 管理器
与 DEVICE_OBJECT 一起分配一个额外的缓冲区（DeviceExtension）。迄今为止我
们一直使用全局变量来管理设备状态，因为我们只有一个设备。但是，过滤驱动程
序可能会创建多个设备对象并将它们附加到多个设备栈上，这使将设备对象与其状
态对应起来变得困难。设备扩展机制使从设备对象得到它自身特定的状态变得容易。

在上述代码中，我们把下层设备对象作为我们的状态，然而这个结构完全可以根据需要包括更多的信息。

❑ 我们从下层设备对象复制了一些信息，因此我们的过滤器对 I/O 系统来说就像是目标设备自身一样。特别是，我们还复制了设备类型和缓冲方法标志。

❑ 最终我们移除了 DO_DEVICE_INITIALIZING 标志（由 I/O 系统初始设置）以向即插即用管理器表明设备已经准备好了。DO_POWER_PAGABLE 标志指出了电源 IRP 必须在 IRQL<DISPATCH_LEVEL 时到达，事实上这是强制性的。

给定了上述代码，下面是"转发并忘记"的实现，像前一节描述的那样使用了下层的设备：

```
NTSTATUS FilterGenericDispatch(PDEVICE_OBJECT DeviceObject, PIRP Irp) {
    auto ext = (DeviceExtension*)DeviceObject->DeviceExtension;

    IoSkipCurrentIrpStackLocation(Irp);
    return IoCallDriver(ext->LowerDeviceObject, Irp);
}
```

11.4.3　在任意时刻附加过滤器

在前一节中，我们看到了如何在 AddDevice 回调中附加一个过滤设备，AddDevice 由即插即用管理器在构建设备节点时调用。对于不基于硬件的驱动程序，没有为过滤器准备的注册表设置，因此 AddDevice 回调是不会被调用的。

对更加一般化的情况而言，理论上过滤驱动程序可以在任何时间进行附加过滤设备的操作，这是通过创建一个设备对象（IoCreateDevice）并调用某个"附加"函数完成的。这代表了目标设备已经存在且已经正常工作，并在某个时间点获得了过滤器。驱动程序必须确保这种轻微的"中断"不会对目标设备产生有害的影响。前一节中显示的多数操作在这里依然适用，例如从下层驱动程序复制一些标志等。不过，还需要多加小心以确保目标设备的操作没有被破坏。

下面的代码创建了一个设备对象，并调用 IoAttachDevice 将它附加到另一个命名设备对象上（错误处理已忽略）：

```
// use hard-coded name for illustration purposes
UNICODE_STRING targetName = RTL_CONSTANT_STRING(L"\\Device\\SomeDeviceName");

PDEVICE_OBJECT DeviceObject;
auto status = IoCreateDevice(DriverObject, 0, nullptr,
    FILE_DEVICE_UNKNOWN, 0, FALSE, &DeviceObject);

PDEVICE_OBJECT LowerDeviceObject;
status = IoAttachDevice(DeviceObject, &targetName, &LowerDeviceObject);

// copy information
```

```
DeviceObject->Flags |= LowerDeviceObject->Flags & (DO_BUFFERED_IO | DO_DIRECT_IO);

DeviceObject->Flags &= ~DO_DEVICE_INITIALIZING;
DeviceObject->Flags |= DO_POWER_PAGABLE;
DeviceObject->DeviceType = LowerDeviceObject->DeviceType;
```

聪明的读者可能注意到了，上面的代码中有一个内在的竞争条件。大家能指出来吗？

这里的代码基本上跟前一节在 AddDevice 回调中的一样。但是在那里是没有竞争条件的，这是因为目标设备还没有激活——设备节点还在自底向上逐个设备地构建。设备还没处在接受请求的位置上。

而上面的代码则相反——当过滤器突然出现时，目标设备已经在工作了并且可能很忙碌。I/O 系统确保了在执行实际的附加操作时不会出现问题，但是一旦 IoAttachDevice 的调用返回之后，请求就会相继到达。假设读操作在返回 IoAttachDevice 之后，在设置缓冲区方法标志之前到达——由于 I/O 管理器只会去看顶层的设备，它现在是我们的过滤器了，所以它会将这个标志视为零（无 I/O）。如果目标设备使用直接 I/O（举例），I/O 管理器不会锁住用户缓冲区，也不会创建 MDL，等等。如果目标驱动程序总是假设 Irp->MdlAddress（举例）为非零的话，就会导致系统崩溃。

> 导致失败的机会窗口很小，但最好还是能安全运行。

怎样才能解决这个竞争条件？我们必须在进行实际附加操作之前完全准备好新的设备。可以调用 IoGetDeviceObjectPointer 获得目标设备对象，把需要的信息复制到我们自己的设备中（这时还没有附加），之后才能调用 IoAttachDeviceToDeviceStack(Safe)。在本章后面我们能看到完整的示例。

 像上面所描述的那样，使用 IoGetDeviceObjectPointer 写出对应的代码。

11.4.4　过滤器的清理

一旦附加了过滤器，在某个时刻就需要将它移除。用下层设备对象指针调用 IoDetachDevice 可以完成这个任务。注意参数是下层设备对象，而不是过滤器自己的设备对象。最后，需要针对过滤器设备对象调用 IoDeleteDevice，就如我们在所有驱动程序里做的那样。

问题是，应该在什么时候调用清理代码？如果驱动程序是显式卸载的，那么正常的卸载例程就应该执行这些清理操作。但是，对硬件驱动程序的过滤器而言，会出现一些复杂的问题。这些驱动程序可能由于即插即用事件而需要卸载，例如用户从系统中拔掉了一个设备。基于硬件的驱动程序会收到一个 IRP_MJ_PNP 请求，带有 IRP_MN_REMOVE_DEVICE 次功能代码，表示硬件本身已经不存在了，因此整个设备节点都不再需要，且将要被销毁。

适当地处理这个 PnP 请求是驱动程序的责任，它需要从设备节点脱离并删除设备。

这意味着对基于硬件的过滤器来说，对 IRP_MJ_PNP 进行简单的"转发并忘记"是不够的，而是需要对 IRP_MN_REMOVE_DEVICE 进行特殊的处理。下面是示例代码：

```
NTSTATUS FilterDispatchPnp(PDEVICE_OBJECT fido, PIRP Irp) {
    auto ext = (DeviceExtension*)fido->DeviceExtension;
    auto stack = IoGetCurrentIrpStackLocation(Irp);

    UCHAR minor = stack->MinorFunction;
    IoSkipCurrentIrpStackLocation(Irp);
    auto status = IoCallDriver(ext->LowerDeviceObject, Irp);
    if (minor == IRP_MN_REMOVE_DEVICE) {
        IoDetachDevice(LowerDeviceObject);
        IoDeleteDevice(fido);
    }
    return status;
}
```

11.4.5　基于硬件的过滤驱动程序的更多内容

基于硬件的过滤驱动程序更加复杂。上一节的 FilterDispatchPnp 中有一个竞争条件。那么问题是在某 IRP 正在被处理时，可能会有一个设备移除的请求到达（比如，被另一个 CPU 所处理）。这就会导致当过滤器正准备将其他的请求沿着设备栈向下传递时，设备节点的驱动程序调用了 IoDeleteDevice。对这个竞争条件的更详细解释超出了本书的范围，但是无论如何，我们都需要一个没有漏洞的解决方案。

解决方式是 I/O 系统提供的一种被称为移除锁的对象，它用 IO_REMOVE_LOCK 结构表示。本质上，这个结构管理着一个当前正在处理的 IRP 的引用计数，以及一个在 I/O 计数到达零和有一个移除操作正在进行时发送信号的事件。IO_REMOVE_LOCK 的用法总结如下：

1. 驱动程序作为设备扩展的一部分或者全局变量分配此结构并调用 IoInitialize-RemoveLock 对其进行一次初始化。

2. 对每个 IRP，驱动程序都在将其传递到下层设备之前调用 IoAcquireRemoveLock 获取移除锁。如果调用失败（STATUS_DELETE_PENDING），则代表有一个移除操作正在进行，驱动程序应该立即返回。

3. 一旦下层驱动完成了 IRP，则释放移除锁（IoReleaseRemoveLock）。

4. 处理 IRP_MN_REMOVE_DEVICE 时，在脱离并删除设备之前先调用 IoReleaseRemove-LockAndWait。此函数在所有其他的 IRP 均不再处理时会成功返回。

考虑这些步骤，向下传递请求的通用分发例程必须按照如下方式修改（假定移除锁已经初始化了）：

```
struct DeviceExtension {
    IO_REMOVE_LOCK RemoveLock;
```

```
        PDEVICE_OBJECT LowerDeviceObject;
};

NTSTATUS FilterGenericDispatch(PDEVICE_OBJECT DeviceObject, PIRP Irp) {
    auto ext = (DeviceExtension*)DeviceObject->DeviceExtension;

    // second argument is unused in release builds
    auto status = IoAcquireRemoveLock(&ext->RemoveLock, Irp);
    if(!NT_SUCCESS(status)) {   // STATUS_DELETE_PENDING
        Irp->IoStatus.Status = status;
        IoCompleteRequest(Irp, IO_NO_INCREMENT);
        return status;
    }
    IoSkipCurrentIrpStackLocation(Irp);
    status = IoCallDriver(ext->LowerDeviceObject, Irp);

    IoReleaseRemoveLock(&ext->RemoveLock, Irp);
    return status;
}
```

IRP_MJ_PNP 处理代码也必须被修改成适当地使用移除锁:

```
NTSTATUS FilterDispatchPnp(PDEVICE_OBJECT fido, PIRP Irp) {
    auto ext = (DeviceExtension*)fido->DeviceExtension;
    auto status = IoAcquireRemoveLock(&ext->RemoveLock, Irp);
    if(!NT_SUCCESS(status)) {   // STATUS_DELETE_PENDING
        Irp->IoStatus.Status = status;
        IoCompleteRequest(Irp, IO_NO_INCREMENT);
        return status;
    }

    auto stack = IoGetCurrentIrpStackLocation(Irp);
    UCHAR minor = stack->MinorFunction;

    IoSkipCurrentIrpStackLocation(Irp);
    auto status = IoCallDriver(ext->LowerDeviceObject, Irp);
    if (minor == IRP_MN_REMOVE_DEVICE) {
        // wait if needed
        IoReleaseRemoveLockAndWait(&ext->RemoveLock, Irp);

        IoDetachDevice(ext->LowerDeviceObject);
        IoDeleteDevice(fido);
    }
    else {
        IoReleaseRemoveLock(&ext->RemoveLock, Irp);
    }
    return status;
}
```

11.5　设备监视器

利用到目前为止展示的信息，我们已经可以构建一个通用的驱动程序，它能够作为过滤器附加到设备对象上。这样就允许拦截发送到我们感兴趣的（几乎）任何设备的请求，并且配合用户模式客户程序，以增加和删除要过滤的设备。

如同做过的很多次那样，我们先创建一个新的空白 WDM driver 项目，叫作 KDevMon。这个驱动程序能够附加到多个设备上，并暴露出自己的控制设备对象（Control Device Object，CDO）来处理用户模式客户程序的配置请求。跟往常一样，CDO 会在 DriverEntry 中创建，但是附加操作会被分开处理，由来自用户模式客户程序的请求控制。

为了管理所有目前正在过滤的设备，我们创建了一个辅助类，叫作 DevMonManager。它的主要目的是加入和删除需要过滤的设备。每个设备用下面的结构表示：

```
struct MonitoredDevice {
    UNICODE_STRING DeviceName;
    PDEVICE_OBJECT DeviceObject;
    PDEVICE_OBJECT LowerDeviceObject;
};
```

对每个设备，我们需要保存过滤器设备对象（由本驱动程序创建）、被附加的下层设备对象以及设备的名称。脱离时需要设备名称。DevMonManager 类含有一个定长的 MonitoredDevice 结构数组、一个用来保护数组的快速互斥量以及一些辅助函数。下面是 DevMonManager 的主要组成部分：

```
const int MaxMonitoredDevices = 32;

class DevMonManager {
public:
    void Init(PDRIVER_OBJECT DriverObject);
    NTSTATUS AddDevice(PCWSTR name);
    int FindDevice(PCWSTR name);
    bool RemoveDevice(PCWSTR name);
    void RemoveAllDevices();
    MonitoredDevice& GetDevice(int index);

    PDEVICE_OBJECT CDO;

private:
    bool RemoveDevice(int index);

private:
    MonitoredDevice Devices[MaxMonitoredDevices];
    int MonitoredDeviceCount;
    FastMutex Lock;
    PDRIVER_OBJECT DriverObject;
};
```

11.5.1 增加过滤设备

最令人感兴趣的函数是 DevMonManager::AddDevice，此函数完成附加到设备的工作。让我们一步一步地实现它。

```
NTSTATUS DevMonManager::AddDevice(PCWSTR name) {
```

首先，在同时进行多个增加 / 删除 / 查找操作时，必须获取互斥量。其次，进行一些快速的检查，看看数组是否已经用完，以及要处理的设备是否已经被过滤了：

```
AutoLock locker(Lock);
if (MonitoredDeviceCount == MaxMonitoredDevices)
    return STATUS_TOO_MANY_NAMES;

if (FindDevice(name) >= 0)
    return STATUS_SUCCESS;
```

现在寻找一个未使用的数组元素，用于保存我们新创建的过滤器信息：

```
for (int i = 0; i < MaxMonitoredDevices; i++) {
    if (Devices[i].DeviceObject == nullptr) {
```

在 MonitoredDevice 结构中，用一个 NULL 设备对象指针表示这是一个空闲的元素。下一步，我们尝试调用 IoGetDeviceObjectPointer 来获得想要加以过滤的设备对象的指针：

```
UNICODE_STRING targetName;
RtlInitUnicodeString(&targetName, name);

PFILE_OBJECT FileObject;
PDEVICE_OBJECT LowerDeviceObject = nullptr;
auto status = IoGetDeviceObjectPointer(&targetName, FILE_READ_DATA,
    &FileObject, &LowerDeviceObject);
if (!NT_SUCCESS(status)) {
    KdPrint(("Failed to get device object pointer (%ws) (0x%8X)\n", name, status));
    return status;
}
```

IoGetDeviceObjectPointer 的返回值事实上是顶端的设备对象，未必是目标设备对象。这不成问题，因为任何一种附加操作实际上都是附加到设备栈的顶部的。当然，这个函数调用可能会失败，多数是由于给定名称的设备并不存在。

下一步是创建新的过滤器设备对象并进行初始化，初始化的一部分是基于我们刚刚获得的设备对象指针。同时，我们需要用适当的数据填充 MonitoredDevice 结构。对每个创建的设备，都要有一个设备扩展，用来存放下层设备对象，那样在处理 IRP 时就能很容易地得到它。为此，我们定义了一个设备扩展结构，简单地叫它 DeviceExtension，以容纳这个指针（在 DevMonManager.h 文件中）：

```
struct DeviceExtension {
    PDEVICE_OBJECT LowerDeviceObject;
};
```

回到 DevMonManager::AddDevice ——创建过滤器设备对象：

```
PDEVICE_OBJECT DeviceObject = nullptr;
WCHAR* buffer = nullptr;

do {
    status = IoCreateDevice(DriverObject, sizeof(DeviceExtension), nullptr,
        FILE_DEVICE_UNKNOWN, 0, FALSE, &DeviceObject);
    if (!NT_SUCCESS(status))
        break;
```

除了 DEVICE_OBJECT 结构本身之外，还使用分配的设备扩展的大小调用 IoCreate-Device。设备扩展保存在 DEVICE_OBJECT 的 DeviceExtension 字段中，因此在需要时总是能访问。图 11-13 显示了调用 IoCreateDevice 的效果。

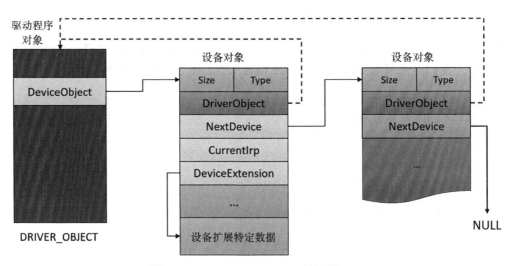

图 11-13　IoCreateDevice 的效果

现在继续对设备以及 MonitoredDevice 结构进行初始化：

```
// allocate buffer to copy device name
buffer = (WCHAR*)ExAllocatePoolWithTag(PagedPool, targetName.Length, DRIVER_TAG);
if (!buffer) {
    status = STATUS_INSUFFICIENT_RESOURCES;
    break;
}

auto ext = (DeviceExtension*)DeviceObject->DeviceExtension;
```

```
DeviceObject->Flags |= LowerDeviceObject->Flags & (DO_BUFFERED_IO | DO_DIRECT_IO);
DeviceObject->DeviceType = LowerDeviceObject->DeviceType;

Devices[i].DeviceName.Buffer = buffer;
Devices[i].DeviceName.MaximumLength = targetName.Length;
RtlCopyUnicodeString(&Devices[i].DeviceName, &targetName);
Devices[i].DeviceObject = DeviceObject;
```

> 从技术上来说，我们可以在调用 IoCreateDevice 时用 LowerDeviceObject->Device-Type 代替 FILE_DEVICE_UNKNOWN，不用显式复制 DeviceType 字段。

现在新的设备对象已经准备好了，剩下的就是将它附加上去并且完成更多的初始化：

```
status = IoAttachDeviceToDeviceStackSafe(
    DeviceObject,                        // filter device object
    LowerDeviceObject,                   // target device object
    &ext->LowerDeviceObject);            // result
if (!NT_SUCCESS(status))
    break;

Devices[i].LowerDeviceObject = ext->LowerDeviceObject;
// hardware based devices require this
DeviceObject->Flags &= ~DO_DEVICE_INITIALIZING;
DeviceObject->Flags |= DO_POWER_PAGABLE;

MonitoredDeviceCount++;
} while (false);
```

附加了设备之后，返回的指针就立即保存到设备扩展中。这很重要，因为附加过程本身至少会产生两个 IRP——IRP_MJ_CREATE 和 IRP_MJ_CLEANUP，所以驱动程序必须准备好处理它们。如同我们将要看到的，这个处理过程需要设备扩展中的下层设备对象是可用的。

剩下的就是清理工作：

```
if (!NT_SUCCESS(status)) {
    if (buffer)
        ExFreePool(buffer);
    if (DeviceObject)
        IoDeleteDevice(DeviceObject);
    Devices[i].DeviceObject = nullptr;
}
if (LowerDeviceObject) {
    // dereference - not needed anymore
    ObDereferenceObject(FileObject);
}
```

```
            return status;
        }
    }

    // should never get here
    NT_ASSERT(false);
    return STATUS_UNSUCCESSFUL;
}
```

解除对文件对象的引用很重要，这个引用是由 IoGetDeviceObjectPointer 得到的。如果解除失败会引起内核泄漏。注意我们并不需要（事实上是必须不能）解除从 IoGetDeviceObjectPointer 返回的设备对象的引用——当文件对象的引用计数达到零时，它会自动解除。

11.5.2 移除过滤设备

移除一个过滤器设备相当直接——与 AddDevice 反向操作即可：

```
bool DevMonManager::RemoveDevice(PCWSTR name) {
    AutoLock locker(Lock);
    int index = FindDevice(name);
    if (index < 0)
        return false;

    return RemoveDevice(index);
}

bool DevMonManager::RemoveDevice(int index) {
    auto& device = Devices[index];
    if (device.DeviceObject == nullptr)
        return false;

    ExFreePool(device.DeviceName.Buffer);
    IoDetachDevice(device.LowerDeviceObject);
    IoDeleteDevice(device.DeviceObject);
    device.DeviceObject = nullptr;

    MonitoredDeviceCount--;
    return true;
}
```

重要的部分是脱离设备和删除设备。FindDevice 是一个简单的辅助函数，用于在数组中通过名称定位设备。它返回设备在数组中的索引，或者在没有找到时返回 –1。

```
int DevMonManager::FindDevice(PCWSTR name) {
    UNICODE_STRING uname;
    RtlInitUnicodeString(&uname, name);
    for (int i = 0; i < MaxMonitoredDevices; i++) {
```

```
        auto& device = Devices[i];
        if (device.DeviceObject &&
            RtlEqualUnicodeString(&device.DeviceName, &uname, TRUE)) {
            return i;
        }
    }
    return -1;
}
```

这里唯一要注意的是在调用函数之前确保已经获取了快速互斥量。

11.5.3 初始化和卸载

DriverEntry 例程相当标准，创建一个 CDO 以允许增加和删除过滤器。不过还是有几处不同。最值得注意的是驱动程序必须支持所有的主功能代码，因为驱动程序现在服务于双重目标：一边是为针对 CDO 的调用提供增加和删除设备的配置功能，另一边则是使过滤设备的客户程序能够调用主功能代码。

现在开始编写 DriverEntry，先从创建 CDO 并通过符号链接暴露出设备开始，就像我们已经多次看到的那样：

```
DevMonManager g_Data;

extern "C" NTSTATUS
DriverEntry(PDRIVER_OBJECT DriverObject, PUNICODE_STRING) {
    UNICODE_STRING devName = RTL_CONSTANT_STRING(L"\\Device\\KDevMon");
    PDEVICE_OBJECT DeviceObject;

    auto status = IoCreateDevice(DriverObject, 0, &devName,
        FILE_DEVICE_UNKNOWN, 0, TRUE, &DeviceObject);
    if (!NT_SUCCESS(status))
        return status;

    UNICODE_STRING linkName = RTL_CONSTANT_STRING(L"\\??\\KDevMon");
    status = IoCreateSymbolicLink(&linkName, &devName);
    if (!NT_SUCCESS(status)) {
        IoDeleteDevice(DeviceObject);
        return status;
    }
    DriverObject->DriverUnload = DevMonUnload;
```

这块代码里没什么新的内容。下一步我们必须初始化所有的分发例程以支持所有主功能：

```
for (auto& func : DriverObject->MajorFunction)
    func = HandleFilterFunction;
```

```
//  equivalent to:
//  for (int i = 0; i < ARRAYSIZE(DriverObject->MajorFunction); i++)
//      DriverObject->MajorFunction[i] = HandleFilterFunction;
```

在本章前面我们已经见过类似的代码了。上面的代码使用了 C++ 引用把所有的主功能指向 HandleFilterFunction，我们马上就会遇到这个函数。最后，为了方便，我们需要把返回的设备对象保存到全局的 g_Data（DevMonManager）对象中并对其进行初始化。

```
g_Data.CDO = DeviceObject;
g_Data.Init(DriverObject);

return status;
}
```

Init 方法只是初始化快速互斥量以及将驱动程序对象指针保存下来供以后调用 IoCreateDevice 时使用（上一节里我们已经讲过了）。

> 在这个驱动程序中，为了简化代码，我们不使用移除锁。我们鼓励读者像前一章中描述的那样加入对移除锁的支持。

在我们深入到通用分发例程中之前，先仔细看一下卸载例程。当驱动程序被卸载时，我们除了需要跟平常一样删除符号链接和 CDO 之外，还必须脱离所有当前激活的过滤器。下面是其代码：

```
void DevMonUnload(PDRIVER_OBJECT DriverObject) {
    UNREFERENCED_PARAMETER(DriverObject);
    UNICODE_STRING linkName = RTL_CONSTANT_STRING(L"\\??\\KDevMon");
    IoDeleteSymbolicLink(&linkName);
    NT_ASSERT(g_Data.CDO);
    IoDeleteDevice(g_Data.CDO);

    g_Data.RemoveAllDevices();
}
```

这里的关键代码是对 DevMonManager::RemoveAllDevices 的调用。这个函数相当直接，依靠 DevMonManager::RemoveDevice 来完成工作：

```
void DevMonManager::RemoveAllDevices() {
    AutoLock locker(Lock);
    for (int i = 0; i < MaxMonitoredDevices; i++)
        RemoveDevice(i);
}
```

11.5.4 处理请求

HandleFilterFunction 分发例程是最重要的一部分。它会在每个主功能中被调用，目标是被过滤的设备之一或者 CDO。这个例程必须能区分两者，这也是我们前面要保存 CDO 指针的原因。CDO 支持创建、关闭和 DeviceIoControl 这些主功能。下面是初始代码：

```
NTSTATUS HandleFilterFunction(PDEVICE_OBJECT DeviceObject, PIRP Irp) {
    if (DeviceObject == g_Data.CDO) {
        switch (IoGetCurrentIrpStackLocation(Irp)->MajorFunction) {
            case IRP_MJ_CREATE:
            case IRP_MJ_CLOSE:
                return CompleteRequest(Irp);

            case IRP_MJ_DEVICE_CONTROL:
                return DevMonDeviceControl(DeviceObject, Irp);
        }
        return CompleteRequest(Irp, STATUS_INVALID_DEVICE_REQUEST);
    }
```

如果目标设备是 CDO，就对主功能代码进行单独处理。对于创建和关闭，就通过调用一个我们在第 7 章见过的辅助函数，简单地以成功状态完成 IRP。

```
NTSTATUS CompleteRequest(PIRP Irp,
    NTSTATUS status = STATUS_SUCCESS,
    ULONG_PTR information = 0);

NTSTATUS CompleteRequest(PIRP Irp, NTSTATUS status, ULONG_PTR information) {
    Irp->IoStatus.Status = status;
    Irp->IoStatus.Information = information;
    IoCompleteRequest(Irp, IO_NO_INCREMENT);
    return status;
}
```

对于 IRP_MJ_DEVICE_CONTROL，我们调用的是 DevMonDeviceControl，这个函数应该实现用于增加和移除过滤器的控制代码。对其余的主功能，就用"不支持的操作"这一错误状态完成 IRP。

如果设备对象不是 CDO，那一定是过滤器之一。此处驱动程序可以针对请求做任何操作：记日志、检查其内容、修改——随便想做什么都可以。在我们的驱动程序里，我们仅仅只是向调试器输出发送了一些跟请求有关的信息，然后将请求发送到过滤器下的设备。

第一步，取出设备扩展以获得对下层设备的访问：

```
auto ext = (DeviceExtension*)DeviceObject->DeviceExtension;
```

下一步，要通过深挖 IRP 取得发出 IRP 的线程，然后得到调用者的线程和进程 ID：

```
auto thread = Irp->Tail.Overlay.Thread;
HANDLE tid = nullptr, pid = nullptr;
if (thread) {
```

```
    tid = PsGetThreadId(thread);
    pid = PsGetThreadProcessId(thread);
}
```

多数情况下，当前线程即是发出最初请求的线程，但并不一定如此——可能某个高层的过滤器接收了请求，不管因为什么原因并没有立即将其向下传递，而是随后从另外一个线程向下进行传递。

现在是时候输出线程和进程 ID，还有请求的操作类型了：

```
auto stack = IoGetCurrentIrpStackLocation(Irp);

DbgPrint("Intercepted driver: %wZ: PID: %d, TID: %d, MJ=%d (%s)\n",
    &ext->LowerDeviceObject->DriverObject->DriverName,
    HandleToUlong(pid), HandleToUlong(tid),
    stack->MajorFunction, MajorFunctionToString(stack->MajorFunction));
```

MajorFunctionToString 辅助函数只是返回一个代表主功能代码的字符串。例如，IRP_MJ_READ 就返回 "IRP_MJ_READ"。

这时驱动程序可以检查请求了。如果接收到的是 IRP_MJ_DEVICE_CONTROL，那么就检查控制代码和输入缓冲区。如果接收到的是 IRP_MJ_WRITE，就检查用户缓冲区，等等。

> 这个驱动程序可以进行扩展以捕获请求并将其保存在一些列表中（比如像我们在第 8 章和第 9 章做的那样），然后允许用户模式客户程序查询这些信息。这些作为练习留给读者。

最后，既然我们不想破坏目标设备的操作，就把请求原样传递下去：

```
    IoSkipCurrentIrpStackLocation(Irp);
    return IoCallDriver(ext->LowerDeviceObject, Irp);
}
```

前面提到的 DevMonDeviceControl 函数是驱动程序中 IRP_MJ_DEVICE_CONTROL 的处理函数。用于动态增加或者删除要过滤的设备。控制代码定义如下（在 KDevMonCommon.h 中）：

```
#define IOCTL_DEVMON_ADD_DEVICE \
    CTL_CODE(0x8000, 0x800, METHOD_BUFFERED, FILE_ANY_ACCESS)
#define IOCTL_DEVMON_REMOVE_DEVICE \
    CTL_CODE(0x8000, 0x801, METHOD_BUFFERED, FILE_ANY_ACCESS)
#define IOCTL_DEVMON_REMOVE_ALL \
    CTL_CODE(0x8000, 0x802, METHOD_NEITHER, FILE_ANY_ACCESS)
```

处理的代码现在应该相当易懂：

```
NTSTATUS DevMonDeviceControl(PDEVICE_OBJECT, PIRP Irp) {
    auto stack = IoGetCurrentIrpStackLocation(Irp);
```

```
    auto status = STATUS_INVALID_DEVICE_REQUEST;
    auto code = stack->Parameters.DeviceIoControl.IoControlCode;

    switch (code) {
        case IOCTL_DEVMON_ADD_DEVICE:
        case IOCTL_DEVMON_REMOVE_DEVICE:
        {
            auto buffer = (WCHAR*)Irp->AssociatedIrp.SystemBuffer;
            auto len = stack->Parameters.DeviceIoControl.InputBufferLength;
            if (buffer == nullptr || len < 2 || len > 512) {
                status = STATUS_INVALID_BUFFER_SIZE;
                break;
            }

            buffer[len / sizeof(WCHAR) - 1] = L'\0';
            if (code == IOCTL_DEVMON_ADD_DEVICE)
                status = g_Data.AddDevice(buffer);
            else {
                auto removed = g_Data.RemoveDevice(buffer);
                status = removed ? STATUS_SUCCESS : STATUS_NOT_FOUND;
            }
            break;
        }
        case IOCTL_DEVMON_REMOVE_ALL:
        {
            g_Data.RemoveAllDevices();
            status = STATUS_SUCCESS;
            break;
        }
    }

    return CompleteRequest(Irp, status);
}
```

11.5.5 测试驱动程序

这个用来测试的用户模式控制台应用也是相当标准的，它接收一些命令来增加和删除设备。下面是执行命令的例子：

```
devmon add \device\procexp152
devmon remove \device\procexp152
devmon clear
```

这个用户模式客户程序的 main 函数如下（包含很少量的错误处理）：

```
int wmain(int argc, const wchar_t* argv[]) {
    if (argc < 2)
        return Usage();
```

```
    auto& cmd = argv[1];

    HANDLE hDevice = ::CreateFile(L"\\\\.\\kdevmon", GENERIC_READ | GENERIC_WRITE,
        FILE_SHARE_READ, nullptr, OPEN_EXISTING, 0, nullptr);
    if (hDevice == INVALID_HANDLE_VALUE)
        return Error("Failed to open device");

    DWORD bytes;
    if (::_wcsicmp(cmd, L"add") == 0) {
        if (!::DeviceIoControl(hDevice, IOCTL_DEVMON_ADD_DEVICE, (PVOID)argv[2],
            static_cast<DWORD>(::wcslen(argv[2]) + 1) * sizeof(WCHAR), nullptr, 0,
            &bytes, nullptr))
            return Error("Failed in add device");
        printf("Add device %ws successful.\n", argv[2]);
        return 0;
    }
    else if (::_wcsicmp(cmd, L"remove") == 0) {
        if (!::DeviceIoControl(hDevice, IOCTL_DEVMON_REMOVE_DEVICE, (PVOID)argv[2],
            static_cast<DWORD>(::wcslen(argv[2]) + 1) * sizeof(WCHAR), nullptr, 0,
            &bytes, nullptr))
            return Error("Failed in remove device");
        printf("Remove device %ws successful.\n", argv[2]);
        return 0;
    }
    else if (::_wcsicmp(cmd, L"clear") == 0) {
        if (!::DeviceIoControl(hDevice, IOCTL_DEVMON_REMOVE_ALL,
            nullptr, 0, nullptr, 0, &bytes, nullptr))
            return Error("Failed in remove all devices");
        printf("Removed all devices successful.\n");
    }
    else {
        printf("Unknown command.\n");
        return Usage();
    }

    return 0;
}
```

前面我们已经多次见过这种代码了。

如下安装驱动程序：

```
sc create devmon type= kernel binpath= c:\book\kdevmon.sys
```

用如下方式启动：

```
sc start devmon
```

作为第一个例子，我们将运行 Process Explorer（必须以提升后的权限运行，这样它的驱动程序在需要时就能够安装），并且过滤发过来的请求：

```
devmon add \device\procexp152
```

记住 WinObj 在对象管理名字空间的 Device 目录中显示了一个叫作 ProcExp152 的设备。我们可以以提权方式运行 SysInternals 的 DbgView 工具，并将它配置成记录内核输出。下面是一些输出示例：

```
1 0.00000000 driver: \Driver\PROCEXP152: PID: 5432, TID: 8820, MJ=14 (IRP_MJ_DEVICE_\
CONTROL)
2 0.00016690 driver: \Driver\PROCEXP152: PID: 5432, TID: 8820, MJ=14 (IRP_MJ_DEVICE_\
CONTROL)
3 0.00041660 driver: \Driver\PROCEXP152: PID: 5432, TID: 8820, MJ=14 (IRP_MJ_DEVICE_\
CONTROL)
4 0.00058020 driver: \Driver\PROCEXP152: PID: 5432, TID: 8820, MJ=14 (IRP_MJ_DEVICE_\
CONTROL)
5 0.00071720 driver: \Driver\PROCEXP152: PID: 5432, TID: 8820, MJ=14 (IRP_MJ_DEVICE_\
CONTROL)
```

显然，在这台机器上，Process Explorer 的进程 ID 为 5432（以及它有一个 ID 为 8820 的线程）。显而易见，Process Explorer 周期性地向它的驱动程序发送请求，并且请求总是 IRP_MJ_DEVICE_CONTROL。

能过滤的设备可以用 WinObj 查看，大多数在 Device 目录下，如图 11-14 所示。

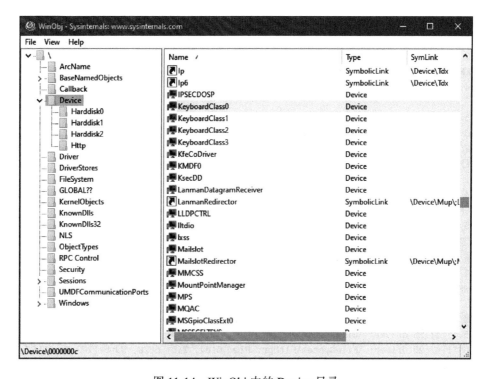

图 11-14　WinObj 中的 Device 目录

我们把 keyboardclass0 过滤一下，这个设备由键盘类驱动程序管理：

```
devmon add \device\keyboardclass0
```

按下一些键，会看到每按一个键就有一行输出。下面是其中一些输出：

```
1 11:31:18 driver: \Driver\kbdclass: PID: 612, TID: 740, MJ=3 (IRP_MJ_READ)
2 11:31:18 driver: \Driver\kbdclass: PID: 612, TID: 740, MJ=3 (IRP_MJ_READ)
3 11:31:19 driver: \Driver\kbdclass: PID: 612, TID: 740, MJ=3 (IRP_MJ_READ)
4 11:31:19 driver: \Driver\kbdclass: PID: 612, TID: 740, MJ=3 (IRP_MJ_READ)
5 11:31:20 driver: \Driver\kbdclass: PID: 612, TID: 740, MJ=3 (IRP_MJ_READ)
6 11:31:20 driver: \Driver\kbdclass: PID: 612, TID: 740, MJ=3 (IRP_MJ_READ)
```

进程 612 是什么？这是运行在用户会话中的一个 CSrss.exe 实例，CSrss 的职责之一就是从输入设备读取数据。注意这是一个读操作，所以键盘类驱动程序会期望得到一些响应缓冲区。怎样才能得到这些缓冲区？我们将在下一节中讲述。

我们还可以试试别的设备。有些设备的附加操作会失败（通常是那些独占打开的设备），还有一些不适合这种过滤，特别是文件系统驱动程序。

下面是多 UNC 提供者（Multiple UNC Provider，MUP）设备的例子：

```
devmon add \device\mup
```

导航到某些网络文件夹就能看到大量活动，如下：

```
001 11:46:19 driver: \FileSystem\FltMgr: PID: 4, TID: 6236, MJ=2 (IRP_MJ_CLOSE)
002 11:46:25 driver: \FileSystem\FltMgr: PID: 7212, TID: 5600, MJ=0 (IRP_MJ_CREATE)
003 11:46:25 driver: \FileSystem\FltMgr: PID: 7212, TID: 5600, MJ=13 (IRP_MJ_FILE_SY\
STEM_CONTROL)
004 11:46:25 driver: \FileSystem\FltMgr: PID: 7212, TID: 5600, MJ=18 (IRP_MJ_CLEANUP\
)
005 11:46:25 driver: \FileSystem\FltMgr: PID: 7212, TID: 5600, MJ=2 (IRP_MJ_CLOSE)
006 11:47:00 driver: \FileSystem\FltMgr: PID: 7212, TID: 4464, MJ=0 (IRP_MJ_CREATE)
007 11:47:00 driver: \FileSystem\FltMgr: PID: 7212, TID: 4464, MJ=13 (IRP_MJ_FILE_SY\
STEM_CONTROL)
...
054 11:47:25 driver: \FileSystem\FltMgr: PID: 7212, TID: 8272, MJ=13 (IRP_MJ_FILE_SY\
STEM_CONTROL)
055 11:47:25 driver: \FileSystem\FltMgr: PID: 7212, TID: 8272, MJ=18 (IRP_MJ_CLEANUP\
)
056 11:47:25 driver: \FileSystem\FltMgr: PID: 7212, TID: 8272, MJ=2 (IRP_MJ_CLOSE)
057 11:47:25 driver: \FileSystem\FltMgr: PID: 7212, TID: 8272, MJ=5 (IRP_MJ_QUERY_IN\
FORMATION)
...
094 11:47:25 driver: \FileSystem\FltMgr: PID: 6164, TID: 6620, MJ=0 (IRP_MJ_CREATE)
095 11:47:25 driver: \FileSystem\FltMgr: PID: 7212, TID: 7288, MJ=0 (IRP_MJ_CREATE)
096 11:47:25 driver: \FileSystem\FltMgr: PID: 6164, TID: 6620, MJ=5 (IRP_MJ_QUERY_IN\
FORMATION)
097 11:47:25 driver: \FileSystem\FltMgr: PID: 6164, TID: 6620, MJ=18 (IRP_MJ_CLEANUP\
```

```
)
098 11:47:25 driver: \FileSystem\FltMgr: PID: 7212, TID: 7288, MJ=5 (IRP_MJ_QUERY_IN\
FORMATION)
099 11:47:25 driver: \FileSystem\FltMgr: PID: 6164, TID: 6620, MJ=2 (IRP_MJ_CLOSE)
100 11:47:25 driver: \FileSystem\FltMgr: PID: 7212, TID: 7288, MJ=12 (IRP_MJ_DIRECTO\
RY_CONTROL)
101 11:47:25 driver: \FileSystem\FltMgr: PID: 6164, TID: 6620, MJ=0 (IRP_MJ_CREATE)
102 11:47:25 driver: \FileSystem\FltMgr: PID: 7212, TID: 7288, MJ=12 (IRP_MJ_DIRECTO\
RY_CONTROL)
103 11:47:25 driver: \FileSystem\FltMgr: PID: 7212, TID: 7288, MJ=18 (IRP_MJ_CLEANUP\
)
104 11:47:25 driver: \FileSystem\FltMgr: PID: 7212, TID: 7288, MJ=2 (IRP_MJ_CLOSE)
105 11:47:25 driver: \FileSystem\FltMgr: PID: 6164, TID: 6620, MJ=5 (IRP_MJ_QUERY_IN\
FORMATION)
106 11:47:25 driver: \FileSystem\FltMgr: PID: 6164, TID: 6620, MJ=12 (IRP_MJ_DIRECTO\
RY_CONTROL)
107 11:47:25 driver: \FileSystem\FltMgr: PID: 6164, TID: 6620, MJ=27 (IRP_MJ_PNP)
```

请注意，这个层次在过滤管理器之上，我们在第 10 章中见到过过滤管理器。另外还要注意这些输出里涉及了多个进程（都是 Explorer.exe）。MUP 设备是一个远程文件系统的卷。最好是使用文件系统小过滤驱动过滤这类设备。

 请随便做各种实验！

11.5.6 请求的结果

在 DevMon 中使用的通用分发例程只能看到到达的请求。这些请求能被检查，但是还有个有趣的问题——怎样才能得到请求的结果？设备栈下面的某个驱动程序将会调用 IoCompleteRequest。如果驱动程序对结果感兴趣，那它必须设置一个 I/O 完成例程。

如同我们在第 7 章中讨论过的那样，完成例程在 IoCompleteRequest 被调用时，以注册的相反顺序被调用。设备栈中的每一层（除了最底下的那层）都能设置一个完成例程，作为请求完成的一部分被调用。这时驱动程序就可以观察 IRP 的状态、检查输出缓冲区，等等。

设置完成例程需要通过 IoSetCompletionRoutine 或者（更好的）IoSetCompletion-RoutineEx 完成。以下是后者的原型：

```
NTSTATUS IoSetCompletionRoutineEx (
    _In_ PDEVICE_OBJECT DeviceObject,
    _In_ PIRP Irp,
    _In_ PIO_COMPLETION_ROUTINE CompletionRoutine,
    _In_opt_ PVOID Context,        // driver defined
    _In_ BOOLEAN InvokeOnSuccess,
    _In_ BOOLEAN InvokeOnError,
    _In_ BOOLEAN InvokeOnCancel);
```

多数参数都可以自解释。最后三个参数指出了 IRP 用何种完成状态调用完成例程。

❏ 如果 InvokeOnSuceess 为 TRUE，完成例程在 IRP 的状态满足 NT_SUCCESS 宏时被调用。

❏ 如果 InvokeOnError 为 TRUE，完成例程在 IRP 的状态不满足 NT_SUCCESS 宏时被调用。

❏ 如果 InvokeOnCancel 为 TRUE，完成例程在 IRP 的状态为 STATUS_CANCELLED 时被调用，这个状态的意思是请求被取消了。

完成例程本身必须具有如下原型：

```
NTSTATUS CompletionRoutine (
    _In_ PDEVICE_OBJECT DeviceObject,
    _In_ PIRP Irp,
    _In_opt_ PVOID Context);
```

完成例程会在 IRQL≤DISPATCH_LEVEL(2) 时，在任意线程（调用 IoCompleteRequest 的线程）中被调用。这就意味着必须遵守第 6 章中关于 IRQL 2 的所有规则。

完成例程能做什么？它可以检查 IRP 的状态和缓冲区，可以调用 IoGetCurrent-IrpStackLocation 从 IO_STACK_LOCATION 中获得更多信息。因为 IoCompleteRequest 已经被调用过了（这是我们执行到完成例程里的首要原因），所以它不能再被调用了。

完成例程的返回状态值可以是哪些？实际上只有两个选项：STATUS_MORE_PROCESSING_REQUIRED 和其他。返回前者这个特殊状态的意思是告诉 I/O 管理器停止把 IRP 沿着设备栈向上传递并取消 IRP 已经完成了的事实。驱动程序获得 IRP 的所有权，并最终必须再次调用 IoCompleteRequest（这不是一个错误行为）。这个选项多数用于基于硬件的驱动程序，在本书中不再讨论。

从完成例程返回的任何其他状态值都会继续把 IRP 沿着设备栈向上传递，可能会调用上层驱动的其他完成例程。在这种情况下，如果下层设备将 IRP 标记为待定，那么驱动程序也必须这么做：

```
if (Irp->PendingReturned)
    IoMarkIrpPending(Irp);   // sets SL_PENDING_RETURNED in irpStackLoc->Control
```

这个操作是必需的，因为 I/O 管理器在完成例程返回之后会执行如下操作：

```
Irp->PendingReturned = irpStackLoc->Control & SL_PENDING_RETURNED;
```

> ℹ 造成这些复杂情形的实际原因已经超出了本书的范围。关于这个主题最好的信息来源是 Walter Oney 的优秀书籍 *Programming the Windows Driver Model* 第二版（微软出版社，2003）。尽管这本书已经比较旧了（涵盖的是 Windows XP，并且只是关于硬件设备驱动程序的），但是它的内容依然很有相关性，并且包含一些很好的信息。

为 DevMon 驱动程序实现一个 I/O 完成例程。我也将会继续扩展这个驱动程序，以把完成例程包含在内。

11.6 驱动程序挂钩

使用在本章和第 10 章中描述的过滤驱动程序为开发者提供了相当强的能力：拦截几乎所有设备请求的能力。在本节中，将会提到另一种技术，虽然它并非"官方的"，但在某些情况下可能相当有用。

驱动程序挂钩技术基于这样的想法：替代运行中的驱动程序的分发例程指针。这就自动为所有此驱动程序管理的设备提供了"过滤"。进行挂钩操作的驱动程序保存了原先在驱动程序对象主功能数组中的函数指针并用它自己的函数代替。任何一个到达被挂钩的驱动程序控制下的设备的请求，都会调用进行挂钩的驱动程序提供的分发例程。这里没有额外的设备对象或者任何附加。

⚠ 一些驱动程序受到 PatchGuard 的保护而不允许此类挂钩操作。一个典型的例子是 NTFS 文件系统驱动程序——在 Windows 8 及以上版本中——不能用这种方式进行挂钩。如果这么做了，系统最多在几分钟之后就会崩溃。

ℹ PatchGuard（也被称为 Kernel Patch Protection）是一种内核机制，它会对被认为重要的数据结构进行散列操作，如果检测到任何修改，就让系统崩溃。一个经典的例子是系统服务分发表（System Service Dispatch Table，SSDT），它指向各种系统服务。从 Windows Vista（64 位）开始，这个表就不允许挂钩了。

驱动程序拥有名称，所以是对象管理器名字空间的一部分，驻留于 Driver 目录中，如图 11-15 中 WinObj 所示（必须提权运行）。

为了对驱动程序进行挂钩，我们需要找到驱动程序对象指针（DRIVER_OBJECT），要做到这点我们可以用一个未公开的输出函数，它能够根据给出的名称定位到任何驱动程序：

```
NTSTATUS ObReferenceObjectByName (
    _In_ PUNICODE_STRING ObjectPath,
    _In_ ULONG Attributes,
    _In_opt_ PACCESS_STATE PassedAccessState,
    _In_opt_ ACCESS_MASK DesiredAccess,
    _In_ POBJECT_TYPE ObjectType,
    _In_ KPROCESSOR_MODE AccessMode,
    _Inout_opt_ PVOID ParseContext,
    _Out_ PVOID *Object);
```

下面是调用 ObReferenceObjectByName 定位 kbdclass 驱动程序的一个示例：

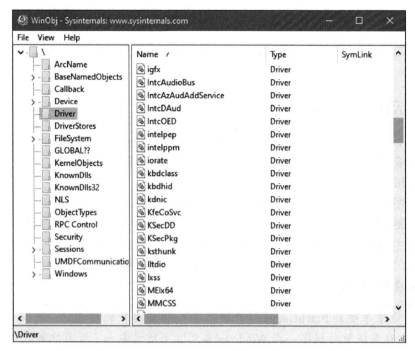

图 11-15　WinObj 中的 Driver 目录

```
UNICODE_STRING name;
RtlInitUnicodeString(&name, L"\\driver\\kbdclass");

PDRIVER_OBJECT driver;
auto status = ObReferenceObjectByName(&name, OBJ_CASE_INSENSITIVE,
    nullptr, 0, *IoDriverObjectType, KernelMode,
    nullptr, (PVOID*)&driver);
if(NT_SUCCESS(status)) {
    // manipulate driver
    ObDereferenceObject(driver);    // eventually
}
```

进行挂钩的驱动程序现在可以替换主功能指针、卸载例程、增加设备例程，等等。任何一个这样的替换都必须保存好原先的函数指针，以便在需要时解除挂钩，另外还可以将请求转发给真正的驱动程序。因为替换操作必须是原子操作，所以最好使用 InterlockedExchangePointer 函数进行原子化交换。

下面的代码片段演示了这种技术：

```
for (int j = 0; j <= IRP_MJ_MAXIMUM_FUNCTION; j++) {
    InterlockedExchangePointer((PVOID*)&driver->MajorFunction[j], MyHookDispatch);
}
InterlockedExchangePointer((PVOID*)&driver->DriverUnload, MyHookUnload);
```

在 Github 上我的 DriverMon 项目中可以找到一个完整的挂钩技术的例子，地址是 https://github.com/zodiacon/DriverMon。

11.7　内核库

在学习编写驱动程序的课程中，我们开发了一些类和辅助函数，它们会被多个驱动程序用到。那么，把它们包装到一个单独的库文件中，我们就可以对它们直接进行引用，而不用把源代码文件从一个项目复制到另一个项目，这是个有意义的工作。

WDK 的项目模板没有显式提供驱动程序静态库的模板，但是要创建一个这样的项目也并不复杂。先创建一个普通的驱动程序项目（比如基于 WDM 空驱动程序），然后如图 11-16 所示把项目类型改成静态库。

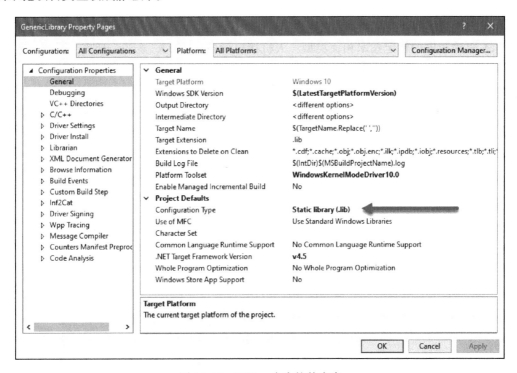

图 11-16　配置一个内核静态库

想要跟这个库链接的驱动程序项目只需要用 Visual Studio 加入一个引用。在 Solution Explorer 中右击 References 节点，选择 Add Reference 并检查库项目。图 11-17 显示了一个示例驱动程序的 References 节点在加入引用之后的样子。

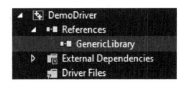

图 11-17　引用一个库

> 用"老式风格"也能达到同样的效果，即在项目属性中把 LIB 文件作为链接器的输入，或者在源代码中使用 #pragma comment(lib, "genericlibrary.lib")。

11.8　总结

因为内核驱动程序的范围非常广，所以本书中涵盖了很多内容。即使如此，本书也只是对内核设备驱动程序世界的简要介绍。本书中没有包括的主题有：

- ❑ 基于硬件的设备驱动程序
- ❑ 网络驱动程序和过滤器
- ❑ Windows 过滤平台（WFP）
- ❑ 更多的文件系统小过滤驱动的主题
- ❑ 其他通用的开发技术：旁视列表、位图、AVL 树
- ❑ 驱动程序的特定技术相关类型：人机接口设备（HID）、显示、音频、图像、蓝牙、存储…

这里列出的某些主题是将来"高级"书的不错候选。

微软已经将上述所有驱动程序类型公开了，并且在 Github 上有官方的样例，它们会定期更新。这是我们寻找更多信息的首选。

我们已经到达了本书的终点。希望大家学习内核编程快乐！

推 荐 阅 读

API安全实战

作者：〔美〕尼尔·马登(Neil Madden) 译者：只莹莹 缪纶 郝斯佳

书号：978-7-111-70774-5 定价：149.00元

　　API控制着服务、服务器、数据存储以及Web客户端之间的数据共享。当下，以数据为中心的程序设计，包括云服务和云原生应用程序，都会对其提供的无论是面向公众还是面向内部的API采用一套全面且多层次的安全方法。

　　本书提供了在不同情况下创建API的实践指南。你可以遵循该指南创建一个安全的社交网络API，同时也将掌握灵活的多用户安全、云密钥管理和轻量级加密等技术。最终，你将创建一个能够抵御复杂威胁模型和恶意环境的API。

推 荐 阅 读

Effective Java中文版（原书第3版）

作者：[美] 约书亚·布洛克（Joshua Bloch） ISBN：978-7-111-61272-8 定价：119.00元

  Java之父James Gosling鼎力推荐、Jolt获奖作品全新升级，针对Java 7、8、9全面更新，Java程序员必备参考书

  包含大量完整的示例代码和透彻的技术分析，通过90条经验法则，探索新的设计模式和语言习惯用法，帮助读者更加有效地使用Java编程语言及其基本类库